이일하 교수의

생물학
산책

이일하 교수의 **생물학 산책**

1판 1쇄 펴냄 2014년 12월 10일
1판 8쇄 펴냄 2024년 4월 25일

지은이 이일하

주간 김현숙 | **편집** 김주희, 이나연
디자인 이현정, 전미혜
마케팅 백국현(제작), 문윤기 | **관리** 오유나

펴낸곳 궁리출판 | **펴낸이** 이갑수

등록 1999년 3월 29일 제300-2004-162호
주소 10881 경기도 파주시 회동길 325-12
전화 031-955-9818 | **팩스** 031-955-9848
홈페이지 www.kungree.com
전자우편 kungree@kungree.com
페이스북 /kungreepress | **트위터** @kungreepress
인스타그램 /kungree_press

ⓒ 이일하, 2014.

ISBN 978-89-5820-283-7 03470

이일하 교수의

생물학
산책

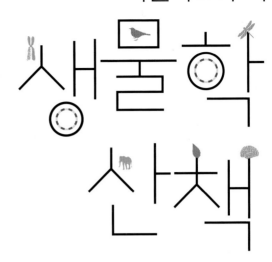

21세기에 다시 쓰는 생명이란 무엇인가?

이일하 지음

궁리
KungRee

저자의 말

여러 해 동안 나는 다양한 곳에서 '생명이란 무엇인가'라는 주제의 강연을 요청받아 진행해왔다. 강연의 초창기, 한 시간짜리 강연이지만 그 안에 '생명'을 정확하게 파악할 수 있는 모든 내용을 담았다고 스스로 만족하고 뿌듯해했던 기억이 난다. 그러나 점점 시간이 지나면서 내가 청중들에게 생명을 개념적으로 모두 이해하게 했다는 생각은 착각이었음을 알았다. 어찌 보면, 무려 30여 년 동안 공부하고 연구하면서 나 자신도 모르게 서서히 내 정신세계에 스며들었던 생물학적 개념을 고작 한 시간에 다 이해시킨다는 것은 물리적으로 불가능한 일일 것이다. 그때부터였다. 생명(생물학)에 대한 이야기를 책으로 풀어써보면 어떨까, 각자의 속도에 맞춰 읽고 이해하며 한 걸음씩 배워갈 수 있는 제대로 된 생물학 커리큘럼을 담은 책이라면, 생명을 보다 잘 이해할 수 있지 않을까! 그를 통해 내가 알고 있는 생물학적 개념의 핵심을 오롯이 전달할 수 있지 않을까! 하는 작은 바람이 마음속에서 자라나기 시작했다.

몇 년 전 지질학자 한 분과 식사하며 담소를 나눌 기회가 있었다. 기독교 신자이기도 한 그분은 지질학 분야에서 꽤 인지도가 있고 학식도 깊었다. 식물분자생물학을 연구하고 있다는 내 이야기를 들은 그분은 "식물의 종자는 참 놀라워요. 죽었던 것이 어떻게 따뜻한 봄이 오면 새싹을 틔우고 살아나는지……" 하고 말했다. 지질학자의 입장에서는 식물의 발아 과정이 죽은 이가 다시 살아나는, 일종의 '부활'이라 부를 수 있는 경이로운 일로 보인 것이다. 하긴 수천 년 된 종자가 발아했다는 기사도 나오는 판이니 그렇게 오해할 만도 하다. '일반인들은 이런 생물학적 오해도 할 수 있구나' 하는 그때의 생각은 내게 생명이 무엇인지 친절하게 소개하는 책의 필요성을 더욱 절실하게 했다.

2000년대에 들어서면서부터는 가히 21세기는 생물학의 세기라는 구호에 걸맞게 각종 신문기사나 사설, 매스컴 등에 생물학 관련 기사가 넘쳐나고 있다. 하지만 얼마나 많은 사람들이 그 기사에 깔린 생물학적 지식을 정확히 이해하고 뉴스를 접할까 하는 의구심이 들 때가 있다. 아마 이 때문에 뉴스는 항상 '세계 최초'라는 수식을 달고 나와야 기사가 성립되는 촌스러운 상황이 연출되는지도 모른다. (모든 자연과학 논문에 발표된 내용은 다 세계 최초이다. 세계 최초가 아니면 논문으로 발표될 수 없기 때문이다. 그러니 이제 제발 그 '세계 최초'라는 수식어를 그만 쓰자!)

1990년대 말부터 현재까지 내가 친지들에게 가장 많이 들어온 생물학 관련 질문 중 하나는 'GMO 식품을 먹어도 안전하냐'라는 것이다. 이 질문에 대한 간단한 답은 '안전하다'이다. 그러나 친지들은 신뢰할 수 있는 생물학자에게서 보다 알아듣기 쉬운 설명이 나오기를 원했다. 물론 음식이 인간의 배 속에 들어가면 모든 성분이 다 영양원으로 소화되기 때문에…… 어쩌고저쩌고 하고 비교적 간단히 설명할 수도 있지만, 친지들이 정말로 그 사실을 온전히 자신의 것으로 소화시켜 이해하기는 어려워 보인다. 피상적으로가 아니라 마음으로 '아, 정말 그렇구나!' 하고 생명을 이해하기 위해서는 기초적인 생물학 지식을 논리적으로 바르게 알아가는 일이 무엇보다 선행되어야 하기 때문이다.

많은 일반인들은 내가 생물학 교수라는 얘기를 들으면 "난 생물학이 재미없었어요, 그나마 과학 과목 중에 생물학이 쉬웠어요!"라는 말을 하고는 한다. 물론 중고등학생들도 똑같은 말을 종종 한다. 재미는 없지만 쉬운, 일견 모순처럼 보이는 두 의견은 생물학이 암기 과목이라는 곳에서 합의점에 이른다. 현재 중고등학생들과 그와 같은 교육 과정을 거쳐 사회에 진출한 사람들, 더 포괄적으로 이야기하자면 생물학 전공자를 제외한 나머지는 대개 생물학에 대해 이처럼 오해하고 있다. 하지만 나는 대학 시절부터 지금까지, 30여 년의 시간 동안 생물학을 공부 혹은 연구하면서 생물학이 암기 과목이라는 데 동의할 수 없게 되었다. 특히 연구 생활을 하면서는 생물학이 물리나 수학, 화학처럼 논리적 사고를 필요로 하는 전형적인 과학과목이라는 생각을 확고히 하게 되었다. 어째서 이런 괴리가 생겨버렸을까? 중고등학교, 심지어 대학에서도 생물학을 논리적 학문으로 배우지 못했기 때문은 아닐까?

2011년 겨울, 서울대학교 입시 면접 및 구술고사 문제를 출제하기 위해 일주일 간 모처에서 합숙한 적이 있다. 당시 고등학교 생물 교과서 여러 권을 찬찬히 살펴볼 기회가 생겼는데, 생물학에 대한 오랜 오해의 이유를 그곳에서 찾을 수 있었다. 교과서 속 생물학은 논리적으로 전개되는 학문이 아니라 잡다한 지식의 암기를 필요로 하는 박물학이자 논리적·수리적 사고가 필요 없는 학문으로 비춰지고 있었다. 이러한 심각한 왜곡 현상이 고착되고, 이로 인해 많은 학생들이 "난 암기가 싫어서 생물학이 싫어요!"라는 절규에 가까운 외침과 함께 생물학에 대한 호기심을 내던져버렸다. 참으로 안타까운 일이 아닌가……. 이는 내가 이 책을 집필하게 된 가장 큰 이유이기도 하다. 생물 공부가 암기만 하면 되는 지루한 과목이라는 일반화된 상식을 깨고 싶었기 때문이다. 이 책을 통해 생물학도 물리학이나 수학, 화학 같은 논리적 과학의 한 영역으로 자리매김할 수 있기를 바란다.

이 책의 제목을 한때 '21세기에 다시 쓰는 생명이란 무엇인가'라고 할까 심각하게 고민한 적이 있다. 천재 물리학자 슈뢰딩거가 1948년에 쓴 『생명이란 무엇인가』라는 책 제목을 차용한 것이다. 슈뢰딩거는 DNA가 무엇인지 유전자가 어떻게 생겼는지 전혀 상상조차 하지 못하던 시기에 생물을 분자 수준에서 이해하려 시도한 책을 썼다. 당시까지 축적된 물리적·화학적 지식을 동원하여 생명을 과학적으로 해명하려 한 것이다. 그가 지금 시대의 생물학적 지식을 알고 있었다면 어떻게 책을 쓸까를 상상해보고는 했다. 그런 관점에서 이 책을 읽어보면 한층 더 재미있게 생물학을 접할 수 있을 것 같다. 말하자면 물리학과 화학의 지식을 동원하여 생물을 이해한다는 관점으로 이 책을 읽어보면 좋을 것이다.

이 책은 내가 고1인 우리 아이에게 생물을 이해시킨다면 어떤 이야기를 하게 될까 고민하여 얻은 성과물이라고도 할 수 있다. 아이와 함께 산책을 하며 재미있는 생물학 이야기를 들려주듯이 해보자 생각하고 쓴 글이다. 여러 가지 이유로 생물학을 접해보고 싶은 이들에게 이 책을 바치며, 무엇보다 세상, 우주, 인간, 나를 이해하는 즐거운 생물학 여행에 동참해주어 고맙다는 인사를 전한다.

2014년 11월

지은이 이일하

차례

프롤로그

2009년 여름 하와이 학회에 참석했다가 바닷물에 빠져 죽은 적이 있다. 스노클링을 하면서 정신없이 물고기를 쫓아가다 그만 차갑고 깊은 물웅덩이 속으로 빨려 들어가 정신을 잃은 것이다. 순간적으로 일어난 사건이라 주변의 아무도 사고가 난 것을 몰랐고 익사가 될 때까지 꽤 긴 시간 방치되었었나 보다. 저절로 물에 떠오른 시신이 사람들에게 발견되고 이를 보고 놀란 수영객들에 의해 해변에는 한바탕 소동이 벌어졌다. 급히 건져올린 시신은 눈동자가 뒤집혀 있었고, 달려온 앰뷸런스에서 긴급조치를 하며 심장박동기를 갖다대었을 때 심장은 멈춰 있었다. 죽은 것이다. 전기충격기로 심장에 충격을 가하길 세 차례 다행히 심장은 다시 박동하기 시작했고, 급히 병원으로 실려간 나는 일주일간의 특수 저온 조치를 통해 되살아났다. 의식이 없는 혼수 상태에서 일주일을 보낸 뒤에야 발가락이 움직이더니 이어서 의식이 돌아왔다고 한다. 말하자면 임사 체험을 한 것이다. 회복되어 일상으로 돌아왔을 때 가장 많이 받은 질문이 임사 상태에서 무엇을 보았는가 하는 질문이었다. 흔히 듣는 대로 찬란한 빛이 내려쬐는 평화로운 동산에 꽃과 새들이 노래하는 평화로운 정경을 보았느냐, 아님 다른 임사 체험이라도 했느냐는 질문이다. 최근 하버드 대학의 신경외과 의사이자 뇌신경 과학자인 이븐 알렉산더 교수가 일주일간 혼수 상태에 빠졌다가 깨어나서 '자신은 천국을 보았다'고 주장하는 책을 펴내 화제가 된 적 있다. 임사 체험을 하고 난 뒤 깨어나서 사후세계에 대해 과학적인 지식을 동원해가며 열심히 자신이 본 천국에 대해 설명하고 다닌단다. 풋! 스스로를 신경생물학자로 생각하고 있다니 놀라웠다. 나는 생물학자로서 이런 질문을 던져보았다. 사고가 났을 때 전기충격기로 심장을 되살려내기 전의 나는 생명체일까, 무생물일까? 심장이 멈췄을 때의 나와 심장이 다시 박동할 때의 나는 물리적·화학적으로 얼마나 다른 상태일까? 생물학적으로는 또 얼마나 다른 상태일까? 이러한 의문이 지난 5년 동안 내 뇌리를 계속 뱅뱅 맴돌았다.

'생명이란 무엇인가'라는 질문은 사실 굉장히 쉬운 질문이다. 사물에 대한 인지 능력을 가지기 시작하는 서너 살 나이만 되어도 근사하게 다듬어진 돌멩이가 무생물이고 내 주변을 귀찮게 맴도는 파리가 생물임을 쉽게 구분한다. 어떤 물체를 갖다놓고 이게 생물이냐 아니냐를 물어보면 꼬마 아이들도 쉽게 답을 할 것이다. 태어나서 한 번도 본 적 없는 식물을 갖다놓고 이게 생물이냐 아니냐를 물어보면 대단히 쉽게 생물, 그것도 식물임을 정확히 알아맞힌다. 물론 그 식물의 이름은 모른다. 이름은 모르지만 생물임을 알아볼 수 있는 것은 플라톤의 표현을 빌리자면 생명체에는 생명이라 부를 수 있는 어떤 '이데아'가 있는 것이다. 난 이 책에서 생명체가 갖고 있는 '이데아'에 대해 이야기하고 싶다.

생명이란 무엇인가! 직관적으로 알고 있는 이 질문에 논리적으로 답하기는 의외로 쉽지 않다. 물에 빠져 죽은 상태로 건져 올려진 나는 생명인가, 아닌가? 앰뷸런스의 구급대원이 전기충격기로 충격을 두 번만 주고 포기했으면, 흰 천으로 내 몸을 싼 채 병원으로 싣고 가서 냉장실에 집어넣었으면, 나는 그야말로 죽은 것이며 무생물이 되었을 것이다. 내 연구실 냉장고에 바짝 마른 채 10년째 저장되어 있는 보리씨앗은 내 지인인 지질학자의 생각처럼 죽은 것인가, 혹은 산 것인가? 물 밖으로 꺼낸 날도래는 꼼짝도 하지 않고 한참 동안 그대로 있다. 더구나 껍질이 모래알갱이로 이루어져 있으니 무생물처럼 보인다. 산호초는 또 어떤가! 이렇듯 얼핏 보면 무생물처럼 보이는 무수히 많은 생물들이 있다. 이들을 모두 아우르는 생명에 대한 정의, 이데아가 필요하다. 생명체의 이데아를 드러내기 위해 생명의 정의에서부터 시작하여 생명의 여러 가지 특성, 생명의 작동원리, 말하자면 작동 매뉴얼에 대해 설명해야 한다. 우선, 여기 프롤로그에서는 생명의 본질을 설명해줄 수 있는 특성들, 이데아에 대해 간단히 살펴보기로 하자.

생명의 특성

위키피디아에 따르면 "생명이란 자체 신호를 가지고 스스로를 유지할 수 있는 물체를, 그러한 기능이 종료되었거나(죽음) 또는 그러한 기능이 없어 비활성체로 분류되었거나를 막론하고 그렇지 않은 것과를 구별 짓는 특성이다". 솔직히 이 말이 무슨 소리인지 생물학자인 나도 단숨에 이해되지는 않는다. 아마 이 글을 올린 사람은 생명체의 자기 유지 기능, 즉 항상성을 생명의 핵심으로 본 것 같다. 나는 이 글을 올린 사람과 약간 다른 관점에서 생명의 핵심을 이해하고 있다. 우선 생명의 교과서적 다섯 가지 특성을 살펴보자.

첫째, 생명체는 성장을 하고 이를 위해 물질대사를 한다. 영양분을 섭취하고, 배설하는 행위를 통해 생물은 고도로 정교한 형태를 계속 유지하며 성장한다.

둘째, 생명체는 주변 환경의 자극에 대해 적극적으로 반응하는 특성을 보인다. 전혀 움직이지 않는 것처럼 보이는 식물도 빛에 대해서 반응하고 온도에 대해 생리적으로 천천히 반응한다.

셋째, 모든 생물은 지속되는 환경에 대해 적응하는 특성을 보인다. 추운 북극 지역에 사는 동물들이 지방질이 풍부하고 뚱뚱한 반면 뜨거운 적도 지역에 사는 동물들이 대개 날씬한 특성을 보이는 이유가 이러한 환경에 대한 적응 때문이다.

넷째, 어떤 생물도 영원히 살 수 없기 때문에 모든 생물은 생식을 통해 자손을 남긴다.

다섯째, 모든 생물은 천천히 진화 과정을 거친다. 오늘날 우리가 볼 수 있는 지상의 모든 생물체는 진화 과정에서 살아남은 최종 승리자이다.

이와 같은 다섯 가지 특성인 물질대사, 자극반응, 환경적응, 생식과 진화 가운데 가장 핵심적인 생명의 요소를 꼽으라면 난 항상 생식과 진화를 꼽는다. 이를 진화론자들이 흔히 쓰는 용어로 바꾸면 복제와 변이다. 생식이란 자신과 같은 자손을 복제하는 것이고, 진화란 복제 과정에서 일어나는 사소한 에러, 즉 변이가 축적되면서 서서히 생물체가 바뀌어가는 것을 말한다. 그런 맥락에서 복제와 변이가 생물의 가장 핵심적 요소라는 주장은 위키피디아의 정의에서 강조하는 항상성과 일맥상통하는 측면이 있다. 생물은 영원히 살 수 없기 때문에 자손을 통해서라도 지상에서 영속하려는 특성을 가진 존재로, 수천 세대를 이어가면서 자신을 지구 상에 유지하려는 항상성을 욕망으로 품고 있는 존재이다. 이제 기능적 측면에서 생명의 특성들을 살펴보자.

1부 · 생명은 흐름이다

생물은 탄소, 수소, 산소, 질소, 인, 황 등의 매우 단순한 화학원소들이 고도로 정교하게 조립되어 생명 활동을 갖게 된 존재(entity)이다. 내 몸을 구성하는 화학원소들은 137억 년 전 빅뱅에 의해 우주가 만들어지면서 생성된 그 원소들이다. 이 원소들이 때론 물질 속에 갇혀 있기도 하고 때론 생명체 속에 들어가기도 하면서 돌고 돌아, 윤회한 뒤 오늘 현재의 내 몸속에 들어와 있다. 이 화학원소들은 내 몸속에 오래 머물지도 않을 것이다. 내 몸을 구성하는 화학원소의 90퍼센트 이상은 1년 이내에 다른 원소로 치환된다. 그렇게 생각하면 내 몸은 개울물과 같이 세월에 따라 흘러가는 하나의 물질 흐름에 지나지 않는다. 그런데 어떻게 생명이 흐름 속에서도 자신의 정체성을 유지할 수 있을까?

생명은 탄소골격의 유기복합체

생명체에는 화학원소들 이외의 어떤 성분, 이를테면 영혼이나 생기력과 같은 초자연적인 어떤 것이 깃들어 있지 않다. 이것은 인간이라는 고귀한 생명에도 적용되는 말이다. 우리 생물학자들은 생물은 결국 유기물 덩어리라는 데 쉽게 동의한다.[*]

그렇다면 물질이 생명이 된다는 말이냐고 반문하는 사람들이 있다. 이 반문의 답은 애석하게도 그렇다이다. 물질이 생명이 되는 이 경이로운 현상에는 창발성이라는 물질세계의 흥미로운 특성이 깔려 있다. 단순한 것에서 복잡한 것으로 조직화되어가는 과정에 이전에 존재하지 않았던 새로운 특성이 나타나는 것이 창발성인데, 이 때문에 조직화가 어떤 임계점을 넘어서면 물질에서 생명성이 돌연히 나타나게 된다.

지구 생명체는 당연히 지구 상에 존재하는 물질들로 빚어져 있다. 이 물질들 중 탄소는 다양한 원소들과 결합할 수 있는 다재다능한 화학적 특성이 있어 지구 생명체의 골격을 이루는 원소가 되었다. 말하자면 생명체는 탄소골격으로 이루어진 고분자복합체인 셈이다. 탄소골격으로 이루어진 분자들 중 생명체를 구성하는 네 가지 거대분자가 탄수화물, 지질, 단백질, 핵산이다. 이들은 생명체를 구성하는 75퍼센트의 물을 제외하면 나머지의 대부분을 차지한다. 이 네 가지 거대분자를 조직할 때는 그보다 간단한 단위분자를 레고블록을 쌓듯이 연결시킨다. 단백질은 아미노산이라는 단위분자가, 탄수화물은 당이라는 단위분자가, 핵산은 뉴클레오티

---

[*] 제임스 왓슨은 자신의 저서 『DNA: 생명의 비밀』에서 "생명은 그저 화학 반응들이 폭넓게 조화를 이루어 배열된 것"이라 기술하고 있다. 왓슨처럼 대단한 생물학자가 아니어도 대부분의 생물학자들은 비슷한 견해를 가지고 있다.

드라는 단위분자가 사슬처럼 연결되어 만들어진 고분자중합체이다. 물론 이 과정에서 단위분자에는 없던 새로운 특성이 거대분자에서 창발적으로 나타난다. 이들 네 가지 거대분자들이 다시 정교하게 서로 결합하여 세포라는 생명의 단위가 만들어지고, 세포들이 다시 서로 정교하게 연결되어 하나의 생명체가 만들어진다. 단계별로 높은 수준의 조직화가 진행될 때마다 새로운 특성이 창발적으로 나타나서 인간과 같이 정교한 생물체가 되는 것이다.

단백질과 핵산: 기능과 정보

생명을 구성하는 네 가지 거대분자 가운데 생명체에 기능을 제공하는 분자는 단백질이고, 정보를 제공하는 분자는 핵산, 즉 우리가 흔히 DNA라고 알고 있는 분자이다. 단백질이 기능을 제공한다는 말은 생명체가 호흡을 한다거나 뛴다거나 광합성을 한다거나 꽃을 피운다거나 등등 어떤 기능이 나타날 때 그 기능을 가능하게 한다는 의미이다. 모든 생명 현상을 가능하게 하는 궁극적 원인은 단백질이며 생명체를 만들어내는 것 또한 단백질이다. DNA가 정보를 제공한다는 말은 생명체의 생명 현상이 다음 세대에서도 똑같이 나타날 수 있게 단백질 합성의 정보를 DNA에 저장하여 전달한다는 말이다. 정리하면 생명 활동의 근원은 단백질이고 DNA 정보는 단백질 합성의 정보이다.

단백질은 아미노산이라 불리는 20종의 단위체가 사슬 구조로 연결되어 있는 고분자중합체이다. 이러한 사슬을 구성하는 아미노산의 종류와 서열이 단백질에 기능을 부여한다. 어떤 아미노산이 어떤 순서로 배열되었느냐에 따라 단백질의 3차 구조가 결정되는데, 이 구조로 말미암아 단백질의 기능이 결정된다. 즉 모양에 따라 각종 유기화합물과 결합할 수도 있고 각종 화학 작용의 촉매로 작용할 수도 있는 것이다. 단백질의 3차 구조가 중요하다는 사실은 단백질을 끓여보면 금방 알 수 있다. 단백질을 끓는 물에서 끓이면 아미노산 서열에 아무런 변화도 일어나지 않지만 그 기능이 소실된다. 이는 열에 의해 단백질의 3차 구조가 변하기 때문이다.

이와 달리 핵산의 정보 저장 기능은 그 단위체인 뉴클레오티드, 혹은 염기(A, T, G, C 네 가지만 있다)의 서열에 있다. DNA의 정보 기능은 화학적 변성이 일어나지만 않는다면 끓인다고 해서 사라지지 않는다. 3차 구조가 중요하지 않기 때문이다. 그래서 단백질 정보는 3차 구조가 중요한 아날로그 정보이고 DNA 정보는 서열이 중요한 디지털 정보이다.

엔트로피 법칙에 맞서는 생명

우리 몸은 얼핏 보면 우주의 섭리인 열역학 제2법칙, 즉 엔트로피(무질서도) 증가 법칙에 어긋나는 존재인 듯하다. 세월이 지날수록 무질서해지는 것이 아니라 점점 더 질서가 잡혀가는 존재이기 때문이다. 이를 깊이 성찰한 물리학자 에르빈 슈뢰딩거는 생명을 음의 엔트로피를 먹고 살아가는 존재라 정의했다. 생명체는 모든 환경으로부터 독립되어 있는 것처럼 보이지만 실제로는 닫힌 계가 아니고 열린 계이고, 생물체 내에 축적되는 무질서도를 감소시키기 위해 영양분을 끊임없이 섭취함으로써 자연의 법칙을 회피한다. 이를테면 우리 몸은 엔트로피 법칙으로 보면 끊임없이 굴러가는 자전거와 같다. 자전거가 넘어지지 않기 위해서는 계속 굴러가야 하듯이 생명체가 살아 있기 위해서는 음의 엔트로피를 흡수하여 계속해서 체내 질서를 유지해야 한다. 물질대사는 자전거를 계속 굴러가게 하는 동력인 동시에 흐름 속에서 질서를 유지하게 하는 메커니즘이다.

이런 관점에서 생물은 끊임없이 파도에 씻겨 내려가는 모래성이다. 생명체를 구성하는 원소와 분자들은 계속해서 씻겨나간다. 우리 몸을 구성하는 원자들 대부분이 1년 안에 새로운 원자로 교체된다. 즉 엔트로피의 법칙에 따라 낡고 무질서해진 분자들이 씻겨나가는 것이다. 하지만 생물체의 파도는 모래알을 씻어가기만 하는 것이 아니라 새로운 모래알을 가져와서 모래성의 형태를 유지시켜주기도 한다. 모래성의 형태가 유지되는 메커니즘은 직소퍼즐 맞추기와 같다. 낡은 조각이 씻겨나간 자리에 그와 같은 형태를 가진 새로운 조각이 주변 퍼즐조각들의 형태 속에 상보적으로 맞춰져서 들어가게 된다. 생물체 내에는 이러한 분자 간 상호 작용이 수없이 많이 나타나는데, 이것이 1년 전 내 모습이 대부분의 원소가 다바뀌었음에도 불구하고 지금의 내 모습과 같게 유지해주는 메커니즘이다. 말하자면 생명체는 동적 평형 상태에 있는 모래성이며, 물질대사는 형태를 잃지 않고 그 모습을 유지해주는 힘이다.

생명의 에너지 대사

자동차가 가솔린이라는 탄화수소 연료로 작동하듯이 생명을 구성하는 세포는 ATP라는 유기분자를 연료로 사용해 작동한다. ATP는 가솔린보다 분자량이 5배쯤 무겁지만 쉽게 쓰고 쉽게 재생하는 화학적 특성을 가지고 있다. 생명의 에너지 연료를 생산하는 장소는 미토콘드리아와 엽록체이다. 세포는 미토콘드리아라고 하는 배터리를 가지고 있어 이곳에서 ATP가 계속 생산된다. 식물의 경우에는 미토콘드리아뿐만 아니라 엽록체라는 또 다른 배터리를 가지는데, 지구 상의 생물체는 모두 엽록체라는 배터리에서 충전한 태양 에너지에 의존하고 있다.

미토콘드리아와 엽록체라는 배터리가 ATP를 생산하는 방식은 에너지 준위가 높은 전자를 전자전달계라는 통로 속에 콸콸 흘려 얻게 되는 힘을 이용하는 것이다. 전자가 전자전달계 통로를 흘러가는 힘을 이용해 발전기 모터를 돌리면 ADP가 ATP로 전환된다. 이때 전자는, 미토콘드리아에서는 포도당 등의 음식물에서 떼어낸 전자이고, 엽록체에서는 빛 에너지를 받아 들뜬 엽록소에서 떨어져나온 전자이다. 이렇게 생성된 ATP는 생명 활동에 필요한 거의 대부분의 반응, 운동, 생리적 작용에 연료로 사용된다.

2부 · 생명은 반복한다

하나의 흐름인 생명체는 그 흐름이 중단되는 순간 죽음을 맞이한다. 생명의 이른 초기 역사부터 생명체는 자신의 존재를 영속시키기 위한 방법을 찾아냈다. 개체로서의 영속은 불가능하지만 생명의 흐름을 세대에서 세대로 이어가는 것은 가능함을 알아낸 것이다. 생명이 소멸되지 않고 영속하는 방법은 바로 세포분열이다. 세포분열을 통해 생명은 태어나고, 성장하고, 자식을 낳고, 죽는 과정을 반복한다. 세포가 세포를 낳고, 또 세포가 세포를 낳는 과정을 되풀이하면서 우리는 지구 상에서 소멸되지 않고 남아 있게 된다.

세포론

지구 상에 존재하는 모든 세포는 기왕에 존재하던 세포에서 유래한다. 현재 지구의 어느 공간에서도 새로이 창조되는 세포는 없다. 이를 세포론이라 한다. 모든 생명체는 세포라는 아주 작은 단위체로 구성되어 있다. 코끼리만 한 세포가 존재하지 못하는 물리적 이유는 엔트로피 때문이다. 세포 내 질서를 유지하기 위해서는 음의 엔트로피, 즉 에너지의 지속적 투입이 필요하다. 또한 모든 화학 반응은 무질서를 축적하게 되는데, 생체 내 화학 반응도 이와 다르지 않아서 화학 반응이 진행된 후 반응찌꺼기가 남아 무질서하게 축적된다. 세포에는 질서를 유지하기 위한 에너지의 투입과 반응찌꺼기의 방출이 효율적으로 계속 이루어져야 한다. 이러한 에너지의 투입과 찌꺼기의 방출은 세포가 바깥세상을 향해 열어놓은 창이라 할 세포막을 통해 이루어진다. 세포 내용물, 즉 세포의 체적과 세포막의 표면적 비율이 일정하게 유지되어야 세포 내외로의 물질 수송이 원활하게 이루어질 수 있다. 이 때문에 하나의 세포가 가질 수 있는 최대 크기가 제한되고 그 이상의 크기로 커지면 세포분열을 통해 세포를 작게 분할하게 된다.

세포분열

세포가 분열하는 방법은 두 가지다. 하나는 체세포분열이고 다른 하나는 감수분열이다. 체세포분열은 정확하게 동일한 유전 정보를 가진 딸세포를 생산하는 것이 목적이고, 감수분열은 가능하면 다양한 유전 정보를 가진 정자나 난자를 생산하는 것이 목적이다. 체세포분열의 결과 내 몸을 구성하는 수십조 개의 세포가 모두 동일한 유전체(게놈이라는 표현이 더 일반화되었으므로 앞으로는 게놈이라 함) 정보를 가질 수 있게 된다. 반면 감수분열의 결과 헤아릴 수 없을 정도로 다양한 인간군상이 나타나게 된다. 현재까지 지구 상에 생존했던 1,000억 명의 인구 중 어느 누구도 나와 똑같은 유전 정보를 가진 인간은 없었으며, 앞으로도 영원히 존재하지 않을 것이다. 일란성 쌍생아의 경우가 아니라면 말이다. 감수분열을 통한 유전적 다양성은 고등동식물에서 성이 나타난 진화적 이유를 설명하기도 한다. 오랜 진화의 역사에서 커다란 환경 변화에도 고등동식물이 살아남을 수 있었던 것은 변화한 환경에 적응하는 변이종이 항상 존재해왔기 때문이다. 한편으로는 고등동식물이 병원균에 의한 멸종을 피하기 위해 성을 선택했다는 이론이 제안되기도 했다. 병원균의 빠른 진화 속도를 쫓아가기 위해서 고등동식물이 성을 통한 유전적 다양성을 꾀했다는 것이다.

유전의 법칙

세포분열 과정이 현미경으로 관찰되기도 전에 멘델은 순전히 통계 처리를 통해 유전의 법칙을 찾아냈다. 이 법칙의 발견으로 멘델은 유전을 결정해주는 어떤 인자가 있음을, 즉 '유전 물질의 입자성'을 분명히 인식시켰다. 분리의 법칙도, 독립의 법칙도 모두 유전인자가 입자성을 가지고 배우체에 나뉘어 담긴다는 원리를 뚜렷이 보여주는 것이다. 이후 세포생물학자들이 세포분열을 통해 반복되는 생명의 특성을 이해하게 되었고, 더구나 유전 물질이 염색체에 있을 것이라 짐작하게 됨으로써 멘델 이후 35년 뒤 유전 법칙이 재발견된다. 이때부터 생물학자들은 유전 물질의 화학적 특성, 정체성에 대해 이런저런 담론을 나누게 된다.

생명은 자기 복제 시스템

20세기 초반 과학자들은 유전 물질로서 가장 가능성이 높은 물질이 단백질이라 생각했다. 생명 현상은 너무나 복잡하고 다양하기 때문에 이러한 특성을 담을 수 있는 물질로 단백질을 꼽은 것이다. 단백질은 그 단위체인 아미노산이 20종이나 되어 매우 다양한 종류의 단백질을 만들어내는 것이 가능하고, 더구나 당시의 효소학적 연구를 통해 단백질의 뛰어난 화학적 특성(단백질은 생명체에 생물학적 기능을 제공한다)에 대해 익히 알고 있었기 때문이다. 그러나 1953년 왓슨과 크릭이 DNA의 이중나선 구조를 밝혀내는 순간 유전 물질이 DNA라는 것을 순식간에 알게 되었다. DNA는 매우 단순한 단위체, 네 종류의 염기로 이루어져 있으며 AT, GC 염기쌍 규칙에 따라 복제성을 가진 분자임이 너무나 쉽고 명쾌하게 드러난 것이다. 이러한 자기 복제성 분자를 찾아냄으로써 우리는 생명에 대한 집단적인 깨달음을 얻게 된다. 마치 안개가 걷힌 뒤 시야가 확 트이는 것처럼 우리는 생명이 자기 복제 시스템임을 명확하게 깨닫게 되었다. 생명은 DNA라는 정보 매체에 자신의 정보를 담아 세포에서 세포로, 세대에서 세대로 복제하여 전달한다.

3부 · 생명은 해독기다

DNA에 저장된 정보는 단백질 합성의 정보라고 했는데, 디지털 정보(DNA 정보)가 아날로그 정보(단백질 정보)로 전환되는 과정은 흥미롭다. 특정한 염기 서열의 정보가 아미노산 서열 정보로 전환되면 단백질이 합성되는데, 이를 위해서는 해독을 위한 특별한 장치가 필요하다. 110볼트 가전기기를 220볼트용 전기에 연결시키기 위해서는 전압을 전환시키는 어댑터가 필요하듯이, 염기 서열 정보를 아미노산 서열 정보로 전환시키기 위해서는 어댑터가 필요하다. 이러한 어댑터 역할을 하는 분자가

tRNA이다. 리보좀은 DNA에 들어 있는 디지털 정보를 읽어 아미노산 서열 정보로 전환하는 세포소기구이다.

정보를 해독하는 과정

세포는 물주머니와 같으며, 주머니 속에 인지질로 이루어진 작은 포켓들이 중첩되어 포개진 구조로 되어 있다. 세포 내부는 인지질 포켓에 의해 더 작은 공간으로 나뉘어 있다. 이렇게 분할된 공간들은 세포에 필요한 다양한 기능들을 나눠 맡고 있다. 일종의 분업과 협업이 유기적으로 세포 속에서 일어나는 것이다. 세포 내에서 일어나는 분업과 협업의 예를 침샘세포에서 분비되는 아밀라제 효소의 생성으로 살펴보자.

아밀라제라는 효소 단백질이 세포 내에서 생산되기 위해서는 세포핵 속에 저장된 DNA 정보 가운데에서 아밀라제 정보를 담고 있는 부분을 찾아내어 복사하는 전사가 일어나야 한다. 이때 복사된 전사체는 RNA 형태이며, 핵 속에서 생성된 뒤 세포질로 방출된다. DNA 정보를 곧장 단백질의 아미노산 서열 정보로 전환하지 않는 이유는 DNA의 길이가 너무 길어 대단히 거추장스러운 문제가 생기기 때문이다. 말하자면 100여 개의 건물로 이루어진 관악캠퍼스에서 20동 건물을 지으려면, 20동에 대한 설계도만 있으면 되지 관악캠퍼스 설계도 전체가 필요한 것은 아니다. 때문에 전체의 설계도 원본은 놔두고 20동에 대한 설계도만 복사해서 가져와 20동을 지을 것이다. 마찬가지로 아밀라제 효소 하나를 생산하기 위해 2만 1,000여 개의 단백질 정보를 가진 전체 게놈 정보를 다 가지고 다니면서 이용할 필요가 없다. 자연은, 특히 생물은 그런 어리석은 짓을 절대 허용하지 않는다. 이 때문에 아밀라제 효소 유전자를 복사하여 만든 복사체

RNA를 생성한다. 생성된 아밀라제 복사체 RNA는 핵 밖으로 나오면 리보좀에 의해 해독되어 단백질을 생산하게 된다. tRNA라는 어댑터는 세 염기 단위로 RNA 서열을 읽어 아미노산 정보로 전환해준다. 3염기가 하나의 아미노산에 대한 정보를 가지고 있기 때문이다. 생산된 아밀라제는 소포체라는 세포 내의 작은 공간에서 만들어진 다음 골지체 등에서 가공되고, 리소좀이라는 작은 지질 주머니를 거쳐 세포막 밖으로 방출된다. 이 과정에 세포 내의 다양한 소공간들이 분업과 협업을 유기적으로 수행하는 것을 볼 수 있다.

4부 · 생명은 정보다

게놈을 생명의 설계도에 비유하고는 하는데 그 속에는 어떤 내용이 있을까? 크게 두 가지 정보가 들어 있다. 하나는 생명체가 만들어지는 데 필요한 유전자 목록에 대한 정보이고, 또 다른 하나는 이 유전자들이 언제 어떻게 사용되어야 하는지를 결정하는 유전자 조립 순서에 대한 정보이다. 이를 학술적으로 '유전자 발현 조절 정보'라고 한다.

게놈 속의 정보

한 생명체가 가지고 있는 유전 정보의 총합을 게놈이라고 한다. 이 게놈 속의 정보를 흔히들 청사진에 비유한다. 생물체를 만드는 데 필요한 설계도라는 의미다. 그러나 생물학적으로 봤을 때 가장 잘못된, 적절치 못한 비유가 이 청사진 비유가 아닌가 한다. 게놈에 들어 있는 정보는 청사진 정보가 아니라 오리가미, 즉 종이접기의 순서도 정보로, 이 둘은 대단히 다른 정보이다. 예를 들어 종이배를 생각해보자. 아이들에게 종이배 만드는 것을 가르치는 방법으로는 설계도 방식과 오리가미 방식이 있다. 청사진으로 상징되는 설계도 방식은 종이배의 각 부위를 섹션별로 나누어서 각각이 어떤 형태로 되어 있는지 정확하게 묘사하는 방식이다. 이때는 길이와 각도, 높이 등이 매우 구체적으로 묘사되어야 한다. 그러나 이런 방식으로 어린아이에게 종이배를 만드는 방법을 가르쳐주는 어른은 없다. 그렇게 가르쳐줬다가는 아이들이 종이배를 만드는 방법을 배우기는커녕 그것이 기적의 산물이라 오해할 것이다. 종이배는 당연히 접는 순서를 가르쳐야 한다. 접는 순서를 가르치면 아무리 복잡한 오리가미라도 만드는 법을 쉽게 익힐 수 있다. 게놈에 들어 있는 유전 정보는 당연히 쉽고 효율적인 오리가미 정보이다.

인간의 게놈은 30억 염기쌍으로 이루어져 있다. 즉 A, T, G, C라는 문자로 이루어진 책에 30억 개의 활자가 찍혀 있는 것이라 비유할 수 있다. 이 게놈 정보 안에는 대략 2만 1,000개의 유전자에 대한 정보가 들어 있다. 다시 말하지만 유전자 정보는 단백질 합성에 대한 정보이다. 따라서 인간 게놈에는 2만 1,000개의 서로 다른 기능을 가진 단백질 생성의 정보가 들어 있다. 위스콘신 대학의 진화발생학(이보디보라고도 한다) 전문가 션 캐럴은 『이보디보: 생명의 블랙박스를 열다』에서 2만여 개의 유전자만 있으면 지구 상의 아무리 복잡한 생물체라도 모두 만들어낼 수 있다고 주장한다.

식물발생학 전문가인 나 또한 이 의견에 동의한다. 2만 1,000개의 유전자를 가지면 인간이라는 고귀한 생명체도 만들 수 있다. 그런데 최근 유전체학이 발달하면서 놀라운 사실이 쏙쏙 밝혀지고 있다. 인간이 가진 유전자의 총 수가 2만 1,000개밖에 안 된다는 사실도 놀라운데, 인간과 유사한 침팬지라는 동물과 비교하면 전체 게놈에서 고작 1.3퍼센트의 차이밖에 없다고 한다. 그 생김새나 생물학적 특성의 유사성으로 미뤄보아 어쩌면 당연한 결과이지만, 인간 중심의 사고를 가진 인문학자들에게는 이것이 꽤나 충격적이었던 듯하다. 1.3퍼센트의 차이 안에는 무엇이 들어 있기에 인간과 침팬지라는 그 어마어마한 차이를 만들어냈을까? 아직은 그 해답을 얻기 위해 더 많은 시간을 연구해봐야 할 테지만, 지금까지 얻은 결과로는 대단히 사소한 차이에 지나지 않는다. 그토록 작은 차이로부터 너무나 경이로운 무한한 인간적 특성들이 발현되었고, 진화되어갈 것이다. 다윈의 『종의 기원』 마지막 문장을 빌려 말하자면, 이러한 생명관에는 장엄함이 깃들어 있다. 게놈의 유사성은 단지 침팬지에만 국한된 것이 아니라 척추동물 모두에 해당된다. 이를테면 인간과 생쥐의 게놈 내 유전자의 총 수는 거의 같다. 더구나 유전자가 배열되어 있는 순서조차 96퍼센트 유사하다. 인간과 생쥐를 만들어내는 유전자 목록의 정보는 사실상 거의 같다. 따라서 두 생물 간의 차이를 만들어내는 것은 이 부품들을 언제 어떻게 활용하는가 하는 조립 순서의 차이다. 오리가미 순서도의 순서를 적용하는 차이가 엄청나게 다양한 척추동물들을 빚어내는 것이다.

게놈 정보의 활용: 배발생

생물의 배발생 과정을 들여다보면 오리가미 과정이 어떻게 이루어지는지 볼 수 있다. 특히 척추동물의 배발생 과정은 오리가미의 순서가 어떻게 결정되어왔는지, 그 진화적 과정까지 일목요연하게 살펴볼 수 있다. 발생하는 배가 어류처럼 보였다가 양서류처럼 되고 파충류, 조류, 포유류를 거쳐 인간이 되는 과정을 거치게 된다. 인간이라는 복잡한 생물체가 어떻게 형성되었는지를 오리가미의 순서도라는 관점에서 생각해보면 그것이 기적에 가까운 일이기 때문에 창조되었어야 마땅하다는 창조론자들의 주장을 쏙 들어가게 만들 수 있다. 생물의 발생 과정은 저절로 부풀어 오르는 종이접기이며, 종이접기가 진행되는 동안 각 부분들이, 즉 부분을 차지한 세포들이, 게놈의 정보를 활용해 끊임없이 더 작은 부분들을 접어나가는 과정이라 할 수 있다. 이런 사실을 진화생물학자 리처드 도킨스는 『지상 최대의 쇼』에서 수천 세대 이후까지 후손들에게 정확히 '이런 모양의 생물체를 만들라'는 교지를 내리기 위한 가장 완벽한 방법이라 했다. 이러이러한 순서대로 접으라고 하는 순서도 정보를 대물림하는 것이다.

생물의 모듈성

별로 다르지 않은 게놈 정보를 이용하여 그토록 다양한 생물 형태를 빚어낼 수 있는 근원은 신체 부속지들이 모듈화되어 있는 생물체의 특성에 있다. 즉 비슷한 패턴이 반복되어 있다는 것인데, 예를 들어 식물체를 생각해보자. 한 번도 본 적 없는 식물을 이름은 몰라도 단번에 그것이 식물임을 알게 하는 것은 식물의 단순한 모듈, 즉 줄기와 잎이 반복되는 모듈때문이다. 식물이 가장 단순한 모듈의 예를 보여주지만 동물도 모듈화되어 있기는 마찬가지다. 실험동물로 가장 많이 사용되는 초파리를 보면 모두 8개의 마디(체절)로 이루어져 있다. 쉽게 관찰할 수 있는 파리를 떠올려보라. 엉덩이 부위에 마디가 보일 것이다. 흉부 또한 3개의 마디로 되어 있다. 이들이 모두 모듈화되어 있는 체절이며, 각 체절들은 유사성을 가짐과 동시에 상이성을 가진다. 어떤 체절에는 날개가, 어떤 체절에는 다리가 붙어 있는 등 변이가 나타나는 것이다.

곤충의 비유에서 체절 간의 유사성이 잘 이해되지 않으면 당신의 손가락 마디를 들여다보라. 엄지, 검지, 중지에 따라 길이가 조금씩 다르지만 모두 세 마디로 이루어져 있고 마디 간의 길이는 모두 황금비율로 이루어져 있다. 마디별, 즉 체절별 유사성과 상이성이 공존하고 있는 것이다. 이러한 현상을 유전학적으로 표현하면 유사성의 특성은 같은 종류의 유전자 작용에 의해, 상이성의 특성은 다른 종류의 유전자 작용에 의해 결정되는 것이라 말할 수 있다. 따라서 한 생물 개체의 발생 과정을 들여다보면 유사성과 상이성이 모듈별로 나타나기 때문에 소수의 유전자만으로도 다양한 형태를 만들어내는 것이 가능함을 이해할 수 있고, 나아가 생물 다양성의 측면에서도 많지 않은 유전적 차이로 각 종마다 매우 다양한 생물적 특성들이 나타난다는 것을 이해할 수 있다. 정리하면 모든 생물체는 모듈화되어 있다. 모듈화된 신체 부속지들은 비슷한 유전자 툴킷을 이용해 동일한 방식으로 각 부속지들을 만들어낸다. 이 때문에 2만여 개의 유전자가 있으면 아무리 복잡한 생물체라도 능히 만들어낼 수 있는 것이다.

5부 · 생명은 진화한다

우리는 아직 이유를 모르지만 영원히 살지 못한다. 40억 년의 오랜 진화 과정을 통해 영원히 사는 방법을 깨친 생명체는 나타나지 않았다. 생명체는 영원히 살기 위한 대안으로 복제성을 선택했다. 복제를 통해 자신이 가진 정보를 대대손손 전달하는 것이다. 그런데 복제는 에러를 피할 수 없다. 우리가 살고 있는 이 우주는 확률의 법칙에 따라 움직이는 동적 평형 상태의 세계이기 때문이다. 에러를 피할 수 없는 복제기계는 변이를 만들어내고, 그 변이들은 자연선택을 통해 진화한다. 생명체에게 진화는 피할 수 없는 숙명이다.

끝나지 않는 군비경쟁

2009년 한 해 창궐한 신종플루는 전 국민들에게 제대로 보건과 진화에 대해 공부시켰다. 병을 일으키는 원인은 대개 바이러스 아니면, 박테리아다. 물론 말라리아처럼 기생충이 병원체인 경우도 있지만 우리가 흔히 듣게 되는 유행병은 대부분 이 두 부류에 속한다. 바이러스가 병인인 경우에는 반드시 사람 세포의 수용체 단백질과 바이러스의 침투 단백질 간의 결합이 선행되어야 한다. 이때 두 단백질이 결합되기 위해서는 당연히 3차 구조가 서로 맞아떨어져야 한다. 이러한 단백질과 단백질의 결합, 혹은 상호 작용 때문에 간혹 사람들은 '왜 인간이 그런 수용체 단백질을 가지고 있지?' 하고 의아하게 생각한다. 그런 수용체 단백질이 없으면 바이러스가 와서 결합하지 못할 것이고 당연히 병에 걸리지 않게 되기 때문이다. 하지만, 오해 마시라! 수용체 단백질은 바이러스와 결합하라고 있는 것이 아니고 원래 따로 목적이 있어 인간 생존에 꼭 필요한 단백질이다. 바이러스가 진화하여 그런 중요한 기능을 가진 인간의 수용체 단백질에 결합하는 감염 단백질을 갖게 되었기 때문에 인간이 병에 걸리는 것이다.

익숙한 사례를 하나 들어보자. 인간에게 에이즈(AIDS)라는 질병이 처음 보고된 것은 1980년대 초반이었다. 100년 전에는 이런 질병이 없었다고 보는 것이 학계의 정설이다. 그런데 약 100년 전 카메룬 남동부 지역에서 침팬지로부터 유사 질병이 인간에게로 전염되면서 에이즈는 인간의 질병이 되었다. 침팬지를 감염시키는 SIV(Simian Immunodeficiency Virus) 바이러스가 인간을 감염시키는 HIV(Human Immunodeficiency Virus) 바이러스로 진화한 것이다. 이후 1960년대 콩고에서 면역주사를 놓다가 HIV로 오염된 주사기를 사용하는 바람에 인간 사회에 널리 확산되고 말았다. 이는 자크 페핀이 『AIDS의 기원』이라는 책에서 밝힌 내용이다.

에이즈의 사례에서 우리는 바이러스가 침팬지에서 인간으로 숙주를 바꿔버린 진화를 볼 수 있다. 이러한 진화가 가능한 이유는 바이러스의 유전자에 사소한 변화가 일어나 침팬지세포에 결합하던 gp120이라는 감염 단백질이 인간세포의 CD4 수용체 단백질에 결합할 수 있게 바뀌었기 때문이다. 바이러스는 대개 유전적 변이가 쉽게 일어나고, 특히 HIV 바이러스는 이러한 변이가 매우 활발하게 일어나는 바이러스로 악명 높다. 에이즈 기원의 사례에서 우리는 또한 병원체의 숙주 특이성이라는 생물학적 개념을 이해할 수 있다. 일반적으로 병원체의 입장에서 보았을 때 침투해 들어갈 수 있는 숙주가 있고, 침투할 수 없는 숙주가 있다. 이를 숙주 장벽이라 하는데, 침팬지에 감염되는 SIV는 인간을 숙주로 침투할 수 없고, 인간에 감염되는 HIV는 침팬지를 숙주로 침투할 수 없다. 다시 말해 다른 동물에 치명적인 병을 유발하는 병원체가 인간을 병들게 하는 경우는 별로 없으며 그 반대도 마찬가지다. 그럼에도 불구하고 SARS(사스)나 신종플루, 조류 독감 등은 가금류에서 인간에게로 전염되는 질병으로 잘 알려져 있다. 이런 경우에는 바이러스가 재빨리 진화해서 숙주 장벽을 넘어오는 경우다. 이 경우 인간에게는 항체가 없기 때문에 대유행병으로 확산되어 세계 보건에 큰 문제를 야기하는 것이다. 이 또한 생명의 중요한 특성 중 하나인 진화가 어떻게 일어나는지를 보여주는 훌륭한 예이다.

다시 신종플루 이야기로 넘어가자. 1919년 스페인 독감으로 대유행했던 신종플루는 90년 동안 인간과 끝나지 않는 군비경쟁을 벌였다. 독감이 한 번 창궐하고 나면 인간 개체군 내에 이 바이러스에 대한 면역 체계인 항체가 형성되고, 그러면 더 이상 독감이 확산되지 않고 잠잠해진다. 그러다 플루 바이러스의 일부가 유전적 변이를 일으켜 인간의 면역 체계를 뚫고 들어가면 다시 인간 세계에 확산되어 유행성 독감이 나타나게 된다. 최근 이 과정을 분자적으로 분석한 결과 바이러스가 인간의 면역 체계에 들키지 않기 위해 자신의 표면단백질을 끊임없이 다르게 위장해왔다는 것을 알아냈다. 병과 병원체는 숙주, 즉 우리 몸의 방어 체계와 끊임없이 앞서거니 뒤서거니 하며 공진화를 해온 것이다. 이렇듯 2009년 신종플루의 창궐은 진화의 훌륭한 사례를 보여주었다.

진화의 분자 메커니즘

바이러스는 물론 생명체라 볼 수 없기 때문에 바이러스의 진화를 훌륭한 진화의 사례라고 설명하면 반박하는 창조론자들이 있다. 바이러스는 생명의 가장 중요한 두 특성, 복제와 변이의 특성을 가지고 있기 때문에 이를 이용하여 진화 과정을 설명하는 데 큰 무리가 없지만, 구태여 논박한다면 그냥 진화가 어떻게 가능한지 그 분자적 메커니즘에 대한 단초를 제공하는 것으로 이해하면 좋겠다. 이 책에서는 주로 진화가 일어나는 분자 메커니즘에 초점을 맞추어 기술하고자 한다. 앞서 언급했던 것처럼 나는 생물학을 공부하면서 아주 자연스럽게 진화가 하나의 이론이 아니라 사실이라고 확신하게 되었다. 그것은 분자적으로 진화가 어떻게 가능한지를 보게 되었기 때문이다. 그런 경험을 나누고 싶은 것이 이 단원의 목적이다.

내가 생각하는 진화가 사실인 또 다른 이유가 있다. 일단 우리가 살고 있는 우주는 빅뱅 이후 137억 년이 지났다. 그리고 빅뱅 당시의 뜨거운 우주에는 생명이란 것이 존재할 수가 없었다. 지구라는 행성이 생성된 것이 50억 년 전, 이는 현대물리학이 밝혀낸 엄연한 사실이다. 그리고 최초 지구에는 아무런 생명이 없었다는 것 또한 명백한 사실이다. 이후 50억 년 동안 매우 단순한 생명에서, 즉 아주 단순한 시작에서 출발하여 점점 더 복잡하고 세련된 생물체가 하나둘씩 지구 상에 나타난다. 너무나 아름답고 너무나 경이로운 무한한 생물종들이 출현한 것이다.[*] 궁극적으로는 마지막 1분 동안 인류가 출현하여 지구의 지배자인양 행세하고 있다(지구의 역사를 12시간으로 환산하면 인류는 마지막 1분을 남겨놓고 무대에 등장한 것이다). 이들이 한꺼번에 창조되었다는 말은 그야말로 귀신 씨나락 까먹는 소리다. 진화의 사례는 너무나 많아 이 책에 도저히 다 담을 수조차 없다. 이러한 사례를 가장 설득력 있게 소개한 책이 제리 코인의 『지울 수 없는 흔적』이다. 진화론 대 창조론의 논쟁에 관심을 가진 독자라면 꼭 읽어보기 바란다. 진화에 관한 엄청난 증거들이 현대생물학의 발달과 함께 쏟아지고 있다. 이 책에서는 진화의 분자 메커니즘에 대해 많은 시간을 할애하여 설명하고자 한다. 마치 다윈이 『종의 기원』에서 진화로밖에 설명할 수 없는 많은 사례들을 소개함으로써 진화론을 대중들이 받아들이게 했듯이,

---

[*] 다윈의 『종의 기원』 마지막 갈무리에서 인용했다. 원 내용은 "정해진 중력 법칙을 따라 이 행성이 끝없이 회전하는 동안, 아주 단순한 시작으로부터 너무나 아름답고 너무나 경이로운 무한한 생물종들이 진화해왔고, 진화하고 있고, 진화해갈 것이다. 이러한 생명관에는 장엄함이 깃들어 있다."

나는 진화가 분자 수준에서 어떻게 가능한가를 보여줌으로써 진화가 하나의 이론이 아니라 사실임을 이해할 수 있도록 할 것이다.

생명의 진화

지구에 생명체가 출현한 지 약 40억 년, 호주 필라바에 있는 스트로마톨라이트는 35억 년 전 지구 상에 번성했던 박테리아의 화석이다. 이후 지질학적 시간이 흐르면서 점차 복잡하고 정교한 생명체가 출현하기 시작했으니, 중요한 사건별로 간략히 정리해보면 다음과 같다.

24억 년 전 광합성을 하는 생물 개체가 급격히 증가하여 산소폭증기(great oxidation)가 있었고, 약 10억 년 전 원핵생물인 박테리아보다 세포내막계가 복잡한 진핵생물이 출현했다. 이후 곧장 세포별로 기능이 분화된 다세포생물이 나타났다. 4억 5,000만 년 전에는 최초의 육상식물이 출현했고, 3억 년 전 페름기에 이르러 포유류의 조상인 단궁류가 출현했다. 그러나 페름기-트라이아스기 대멸종 사건을 겪으면서 다수의 생물종이 갑자기 사라졌으며, 그 빈 생태적 공간을 공룡들이 차지하여 쥐라기, 백악기에 걸쳐 공룡의 시대가 되었다. 약 7,000만 년 전 백악기 말, 신생대 초에 K-T대멸종이 일어나 대부분의 공룡이 멸종의 길을 걸었고, 그 빈 생태적 공간을 포유류가 차지했다. 속씨식물은 1억 3,000만 년에서 9,000만 년 전부터 출현했고, 꽃가루를 날라주는 곤충과 함께 공진화하여 오늘날까지 번성하고 있다. 인간은 600만 년 전 유인원과의 공통조상에서 갈라져 나와 현생인류로 발전했는데, 지구의 역사를 12시간으로 맞추어 시계를 돌려보면 마지막 1분을 남겨놓고 인류가 지상에 출현한 셈이다.

이일하 교수의 생물학 산책

진리가 너희를 자유케 하리라

진화는 그럴듯한 하나의 이론이 아니고 과학적 사실이다. 내가 가장 좋아하는 생물학자 리처드 도킨스가 『지상 최대의 쇼』라는 책에서 한 말이다. 그는 평생을 창조론자들과 싸우며, 비과학적 신념들을 깨뜨리기 위해 분투하고 있다. 나같이 물렁한 생물학자는 왜 그런 힘든 싸움을 구태여 하고 있는지 이해하기 쉽지 않다. 그냥 진화는 사실이고 종교는 신념인데, 그 신념의 영역에 비이성이 게재되어 있다고 구태여 싸움을 벌여야 하나라고 생각하기 때문이다. 하지만 기왕에 세게 붙었으니 이겨주길 바란다. 그리고 이 허망해 보이기까지 한 세상에 이성과 진리를 바탕으로 한 새로운 세계관을 펼쳐주기 바란다. 우상에 대한 믿음 없이도 이 세상은 살아갈 만한 장소이고, 따뜻한 마음들로 채울 수 있는 공간임을 깨닫게 해주기 바란다. 진리가 너희를 이념의 속박에서 벗어나 자유롭게 하리니……

1부

생명은 흐름이다

1

흐름을 유지하는
물질대사

· 생명은 흐름이다! ·

우리는 매끼 밥을 먹는다. 식사를 하고 배설을 하는 물질대사가 생물의 중요한 특성 중 하나이기 때문이다. 한 끼 식사량을 평균 200그램 정도로 보면 하루 600그램, 1년에 220킬로그램의 음식물이 우리 몸속으로 들어간다. 하지만 성장기의 아이들이 아니라면 우리 몸무게는 1년 동안 거의 변화하지 않는다. 왜 그럴까? 220킬로그램의 물질은 다 어디로 간 것일까? 물론 많은 양이 운동 에너지로 빠져나가고 일부는 배설된다. 말하고, 걷고, 뛰고 등등 다양한 운동 과정에서 내가 먹은 음식물의 에너지가 빠져나간다. 특히 우리 뇌는 멍청히 앉아만 있어도 전체 에너지의 25퍼센트를 소모하는 에너지 먹는 하마이다. 그렇다면 모든 음식물이 분해되어 에너지 형태로 소모되는 것일까?

내가 먹은 음식이 내가 되는 신토불이

일반적으로 몸의 체중이 무지막지하게 붇지는 않으므로 20세기 초반까지만 해도 대부분의 음식물이 에너지가 소비되는 과정에서 사라진다고 생각했다. 이런 생각이 틀렸음을 실험을 통해 입증한 이가 독일 태생의 미국 콜럼비아대 교수 루돌프 쇤하이머다. 그는 류신*이라는 아미노산을 방사성 동위원소로 표지하여 음식에 섞은 다음 성체의 쥐에게 먹이는 실험을 했다. 방사성 표지가 어디로 가는지를 추적해본 것이다. 그 결과, 실험 기간 동안 쥐의 체중은 거의 늘거나 줄지 않았고, 약 50퍼센트의 동위원소는 배설되어 사라졌지만 나머지 50퍼센트는 쥐의 체내에 남아 있는 것을 확인했다. 음식물이 에너지로 완전 연소되어 사라지는 것이 아님을 확인한 것이다. 그다음으로 방사성 표지가 어디에 남았는지 확인해보니 그야말로 온 몸 구석구석에 퍼져 있었다. 쥐의 신체를 구성하는 여러 성분이 방사성으로 표지된 것이다. 어떤 아미노산이 동위원소로 표지되었는지를 확인한 결과 류신뿐만 아니라 글리신이나 알라닌, 글루탐산, 메티오닌, 시스테인 등등 다른 20종의 아미노산들에도 방사성 표지가 나타났다. 이것은 류신이 장에서 흡수되어 바로 단백질 합성에 사용된 것이 아니라, 더 작은 분자로 분해된 다음 다시 아미노산 생합성 과정을 거쳐서 단백질에 들어갔다는 것을 의미한다.

이렇게 분해되었다가 다시 우리 몸의 일부로 재편성되는 것은 단백질

---

* 류신은 단백질을 구성하는 20종의 아미노산 중 하나다. 아미노산에 대한 설명은 본문 1부 5장 〈생명의 레고블록〉에서 자세히 다루고 있다.

이나 아미노산만 그런 것이 아니다. 심지어 잉여로 투입되면 체지방으로 쌓일 것으로 생각되는 지방조차도 같은 실험을 해보면 우리 몸의 구석구석까지 퍼져 들어가는 것을 볼 수 있다. 또 다른 연구에 따르면 우리 몸속에 있는 원소들은 1년 뒤면 거의 다른 원소로 대치된다고 한다. 1년이 경과한 뒤 우리 몸을 살펴보면 우리 몸의 98퍼센트는 이미 다른 원소로 대체되어 있다. 즉 우리가 먹는 음식이 우리 몸으로 변하는 신토불이를 볼 수 있다.

동적 평형 상태의 흐름

우리 몸을 구성하는 원소가 교체되는 속도는 사실 신체조직에 따라 다르다. 아마 가장 빨리 교체되는 조직이 피부일 것이다. 피부는 재빨리 생성되었다가 재빨리 사라진다. 그중 많은 양이 때의 형태로 밀려나간다. 이러한 순환이, 즉 새로운 세포로의 교체가 피부의 경우 약 6주 정도 걸린다. 간 조직도 비교적 생성과 소모가 활발해 2개월 정도면 새로운 세포로 교체되고, 적혈구의 경우 약 4개월이 걸린다. 말하자면 4개월 뒤에는 내피가 새로운 피로 바뀌어 있는 것이다. 예상할 수 있듯이 가장 안 바뀌는 신체조직이 뼈이다. 그러나 뼈도 시간이 오래 걸릴 뿐 서서히 새로운 뼈로 교체된다. 이런 관점에서 『생물과 무생물 사이』의 저자 후쿠오카 신이치는 생명을 "동적 평형 상태에 있는 하나의 흐름"이라 규정했다. 이를 좀 더 시각적으로 비유해보면 생명은 물질대사라는 흐름 속에서 일정한 형태가 나타나는 분수 같은 존재라 할 수 있다. 분수는 물의 유입과 배출이 계속 이어지는 하나의 흐름이지만, 사진을 찍어보면 뚜렷한 하나의 형태

▌분수는 하나의 흐름이지만 그 흐름이 계속되는 한 일정한 형태가 유지된다.

가 나타난다. 신기루처럼 여겨지지만 전혀 신기루가 아닌 '형태가 있고 만져보면 만져지는 실체가 있는 존재'가 분수인 것이다. 우리의 몸도 마찬가지다. 물질은 끊임없이 우리 몸속에 새로 들어오고 그전의 것들은 나가고 하는 하나의 흐름으로 우리 몸에 잠깐 머물러 있는 것이다. 공과 색이 윤회하는 이 세상에 하나의 흐름으로서 잠깐 세상을 살다 가는 것이 생명이 아닐까!

물질대사는 흐름의 메커니즘

이러한 물질의 흐름을 가능하게 하는 것이 물질대사이다. 생명체의 몸에서 일어나는 물질대사는 크게 동화(同化) 작용과 이화(異化) 작용이 있다. 한자어에 익숙지 않은 독자라면 이게 뭔말인고 할 것이다(언젠가 과학 용어의 한글화 작업을 대대적으로 펼칠 필요가 있다). 여기서 동화 작용은 생합성 과정을, 이화 작용은 분해 과정을 말한다.

생명체의 물질대사를 구축하는 세 가지 대사 회로가 캘빈 회로, 해당 작용, 크렙스 회로이다.* 이 세 가지 대사 경로는 서로 유기적으로 연결되어 있어 생합성과 분해작용이 어느 방향으로 흘러가느냐는 순전히 화학적 법칙, 즉 반응물과 생성물 중 어느 쪽 농도가 높으냐에 따라 결정된다. 말하자면 물질대사가 국소적으로 봤을 때는 생합성이 일어나기도 분해가 일어나기도 하지만, 전체적으로 봤을 때는 하나의 흐름으로서 불어나지

──────────────

* 캘빈 회로, 해당 작용, 크렙스 회로에 관해서는 본문 1부 7장 〈생명체의 현찰 에너지, ATP〉에서 자세히 설명할 것이다.

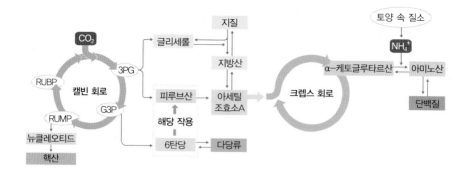

물질대사를 구축하는 세 가지 대사 회로와 생합성 경로. 캘빈 회로는 광합성 과정의 일부로서 식물의 엽록체에서만 일어난다. 해당 작용과 크렙스 회로는 모든 생명체에서 공통적으로 나타나는 대사 경로이다. 세 대사 회로와 생합성 경로는 서로 유기적으로 연결되어 있으며 대사의 방향은 순전히 반응 물질과 생성 물질의 체내 농도에 따라 결정된다.

도 줄지도 않는 평형 상태를 유지하게 된다. 마치 흐르는 분수처럼! 그래서 생명은 흐름이다.

쇤하이머 교수의 연구는 우리가 생명을 바라보는 관점을 바꿔놓았다. DNA 이중나선 구조의 발견을 통해 우리는 생명을 자기 복제 시스템으로 규정하게 되었다. 그러나 이러한 생명관은 바이러스라는 존재를 보면서 흔들릴 수밖에 없다. 바이러스는 자기 복제 시스템을 뚜렷하게 가지고 있지만 이를 생명이라 정의하지는 않는다.[*] 스스로의 물질대사가 없기 때문이다. 반대로 자기 복제 시스템을 스스로 포기한 트랜스젠더를 생명이 아닌 무생물로 취급한다면 큰일 날 일이다. 그들은 엄연히 고귀한 존엄성

....

* 본문 1부 3장 〈생물학자가 들려주는 화학 결합〉에서 영화 〈트랜스포머〉 속 기계인간이 가능한지를 논의하면서, 생명의 다섯 가지 특성을 자세히 기술했다. 그 부분을 참조하기 바란다.

을 가진 인간이다. 쇤하이머는 '생명은 자기 복제 시스템'이라는 생명관을 '생명은 동적 평형 상태에서 자신을 유지하는 흐름'이라는 생명관으로 바꿔놓았다. 이렇게 동적 평형 상태에 있는 하나의 흐름으로서 인간을 바라보는 관점은, 단지 아이를 낳기 위한 복제기계가 아니라 존엄성을 가진 인간, 진리를 추구하는 인간, 완성된 인격체로서의 인간을 바라볼 수 있게 한다. 그 흐름 속에 무엇을 채워넣느냐 하는 것은 순전히 우리의 노력과 의지에 따른 것이기 때문이다.

물길 속의 직소퍼즐

생명을 분수와 같은 하나의 흐름으로 파악하면 그 아름답고 완벽한 대칭에 조각처럼 예쁜 생명체의 형태가 어떻게 결정되는지 궁금해진다. 어떻게 흐름 속에 있는 물체가 그토록 정교한 모습을 유지할 수 있을까? 이에 대한 해답을 절묘하게 제시한 사람이 후쿠오카 신이치 교수이다. 그는 저서 『생물과 무생물 사이』에서 형태를 유지하는 비결이 직소퍼즐에 있다고 제시했다. 또한 저자는 생명을 동적 평형 상태의 모래성이라 비유했다. 얼마나 멋진 비유인가! 이것이 1년 전의 나와 지금의 나는 물리적으로 완전히 다른 원소로 구성되지만 내 친구들이 나를 알아보는 이유이다.

직소퍼즐의 원리를 함께 생각해보자. 나는 가끔 휴가철이나 여가 시간에 1,000피스짜리 직소퍼즐을 맞추고는 한다. 최근에는 고흐의 〈별이 빛나는 밤에〉 명화 퍼즐을 맞추고 있다. 그런데 간혹 직소퍼즐을 서너 달에 걸쳐서 맞추다 보면 중간에 한두 조각이 버뮤다 삼각지대로 사라져버리는 경우가 있다. 다행히 이럴 때를 대비하여 직소퍼즐 회사에서는 잃어버린 조각을 보내주는 서비스를 제공한다. 퍼즐 상자에는 항상 우편엽서가 들어 있는데, 그 속에는 내가 잃어버린 조각이 무엇인지 묘사하여 보낼 수 있게 해놓았다. 이제 내가 필요로 하는 조각이 어떤 조각인지 설명하기만 하면 공장에서 보내줄 것이다. 어떻게 설명할까? 하늘 배경의 흰 회오리가 나선으로 돌아가는 부분이라고 설명할까? 아니면 좌표로 가로세로 몇 센티미터 부분의 조각이 빠졌다고 설명할까? 쉬운 문제가 아닌 것 같다. 생각해보라. 1,000피스짜리 직소퍼즐에서 어떤 조각이 분실되었는지 설명하는 것이 과연 쉬운 일일까?

이 문제의 절묘한 해답은 우편엽서 안에 상세히 기술되어 있다. 제조회사에서는 빠진 조각을 금방 알아볼 수 있게 잃어버린 조각을 둘러싸고 있는 여덟 조각을 우편엽서에 풀이나 테이프로 붙여서 보내라고 안내한다. 여덟 조각을 이어놓으면 잃어버린 조각이 어떤 것인지 금방 맞춰볼 수 있기 때문이다. 참으로 간단한 해답이다. 직소퍼즐을 맞춰본 사람은 알겠지만 1,000개의 조각 가운데 모양이 같은 것은 하나도 없다. 때문에 고흐의 그림을 보지 않고 거꾸로 뒤집어서 맞추어도 맞출 수 있다. 물론 시간은 꽤 걸리겠지만 이 작업을 어렵지 않게 해내는 자폐아들도 있다고 한다.

후쿠오카 신이치는 끊임없이 흘러가는 물질이 계속 특정한 형태를 유지할 수 있는 생명체의 비법이 이러한 직소퍼즐 방식이라 설명한다. 조금 자세히 말하면 생물체를 구성하고 있는 어떤 단백질이 낡아서 훼손되면 그 단백질은 빠져나가고 새로 합성된 단백질이 그 자리에 들어오게 되는데, 이때 새로 만들어진 단백질 중 그 자리에 상보적으로 딱 맞는 형태를 가진 단백질이 들어오게 된다는 말이다. 즉 잃어버린 직소퍼즐 조각이 무엇인지 알아내는 것이다. 생물체 내에는 단백질 간의 상호 작용이 잘 알

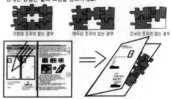

직소퍼즐 고객카드 작성 요령 설명서

려져 있다.[*] 최근의 생물학적 경향은 빅 데이터를 창출하는 거대생물학이 주도하므로 조만간 포유동물은 말할 것도 없고 인간을 구성하는 단백질도 전체 단백질들이 어떻게 서로 연결되어 상호 작용하는지 밝혀낼 것이다. 이러한 단백질 간 상호 작용 네트워크는 직소퍼즐이 어떻게 구성되어 있는지를 보여준다. 물론 직소퍼즐은 단백질에 국한되지 않고 모든 거대 분자들이, 나아가서 생명체를 구성하는 전체 분자들이 어떻게 서로 연결

----

[*] 2008년 10월《사이언스》저널에 효모균의 모든 단백질들이 세포 내에서 어떻게 서로 연결되어 상호 작용하는지를 밝힌 논문이 발표되기도 했다. Yu et al. (2008) High-quality binary protein interaction map of yeast interactome network. Science Vol. 322; p. 104–110.

되어 그 형태를 결정하는지에 대한 아이디어를 제공한다.* 다만 직소퍼즐의 비유가 생명체에 맞지 않는 점이 있다. 직소퍼즐은 상보적 형태가 딱 맞춰지면 고정되어버리지만, 생명체의 직소퍼즐은 고정된 것이 아니고 유동적이다. 생명 자체가 하나의 흐름이기 때문에 새로운 분자가 들어오고 낡은 분자가 나가는 현상이 유동적으로 일어날 수 있어야 한다. 즉 모든 분자 간 상호 작용은 떨어졌다 붙었다를 되풀이할 수 있는 동적 평형 상태에 있어야 한다. 그런 면에서 생명은 동적 평형 상태에서 직소퍼즐을 수행하는 흐름이다. 그렇다면 직소퍼즐을 수행하는 손은? 본문 1부 5장 〈생명의 레고블록〉에서 직소퍼즐을 수행하는 손이 단백질임을 설명할 것이다.

---

* 생명을 구성하는 거대분자 네 가지는 단백질, 핵산, 탄수화물, 지질이다. 이 중 생명에 기능을 제공하는 분자, 즉 생명체가 생명으로서 작동하게끔 하는 분자가 단백질이므로 단백질의 사례를 들었다.

2

무생물에서 생물이 빚어지는 마법, 창발성

· 생명은 탄소골격의 화학조립체 ·

생물에 대한 강연을 하다 보면 가끔 "영화 〈트랜스포머〉에 등장하는 기계인간이 가능하다고 믿느냐"라는 질문을 받는다. "내 몸을 원자단위로 분해시켰다가 다시 원 상태로 정확히 조립하면 내가 여전히 살아 있을까요?"라는 질문에 답을 내리고 난 뒤 던져지는 질문이다. 이 질문을 나는 생물학과 신입생뿐 아니라 졸업반 학생들, 심지어 동료 생물학자들에게도 던져보았다. 솔직히 말하면 학생들은 물론이고 오랫동안 생물을 기계론적 입장에서 연구해오던 대학교수들도 이 질문에 선뜻 답하지 못했다. 대개 죽음 직전과 죽음 직후 생물체의 물리적 상태에 큰 차이가 없는 상황들을 머릿속에 떠올리며 원자들 간의 기계적 조립만으로 생명성이 회복되지는 않을 것이라 생각하기 때문이다. 그렇다면 하나의 흐름인 생명은 무엇으로 구성되는가?

생명의 원소들

지구 생명체는 화학적 구성으로 보면 탄소(C)라는 원자를 근간으로 해서 수소(H), 산소(O), 질소(N), 인(P), 황(S) 등이 정교하게 연결되어 있는 복합체이다. 학생 때 나는 이것을 촌피스(CHONPS)라고 외웠다(촌놈들의 피~!). 지구 상에는 무수히 많은 생물종이 존재하고 동물, 식물, 미생물과 같이 형태적으로나 생리적으로 상당히 다른 생물종들이 있지만 이들은 하나같이 촌피스로 구성되어 있다. 그 조성 면에서 생물은 무생물과 차이가 있는 셈이다. 촌피스 외에도 생물에는 칼륨(K), 칼슘(Ca), 마그네슘(Mg), 철(Fe), 망간(Mn) 등의 필수원소가 있다. 그러나 생물체를 구성하는 거대분자들을 보면 촌피스 여섯 가지가 주요 원소임을 알 수 있다.

지구 상의 모든 생명체는 세포라는 단위로 이루어져 있다. 이 세포 속을 들여다보면 분자의 세계를 만나게 되는데 생명체에서 흔히 존재하는 생체고분자는 기다란 사슬 형태로 존재한다. 이 사슬의 뼈대를 이루고 있는 것이 탄소이기 때문에 생명을 탄소골격의 화학조립체라고 한다. 탄소(C)가 생체고분자의 골격으로 사용되는 이유는 4개의 원자와 결합할 수 있는 화학적 특성을 갖고 있기 때문이다. 전문적으로 얘기하자면 탄소는 4개의 최외각전자를 가지고 있어 4개의 다른 원자와 전자를 공유할 수 있는 화학적 특성을 지닌다. 이를테면 탄소는 네 팔 달린 원숭이라 팔과 팔을 연결시키면 사슬의 길이를 무한정 늘일 수 있는 장점이 있다.

수소(H)는 1개의 전자를 가지고 있어 탄소의 네 팔 중 하나에 쉽게 연결되어 탄화수소를 만든다. 수소는 전자를 잃으면 양이온이 되어 물의 수소 이온 농도, 즉 pH를 결정해주는 특성이 있다. 세포는 상당히 많은 양

탄소의 네 팔

메탄

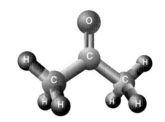
아세톤의 화학 구조식

▎네 팔 달린 원숭이 탄소의 화학 결합 능력

의 수용액이 들어 있는 일종의 물주머니로 비유할 수 있는데, 수소의 양이 그 물주머니의 pH를 결정한다. 산소(O)는 전자를 좋아하는 특성(전기음성도가 큰 화학적 특성) 때문에 분자에 결합되어 있을 때도 많은 경우 음으로 대전된다. 여기서는 수소의 양이온, 산소의 음전하가 세포 내 다양한 화학 반응의 원천이 된다는 것 정도만 알아두자.

농사를 지을 때 사용하는 비료의 주성분 중 하나인 질소(N)는 생체고분자에서 대개 양으로 대전되는 특성을 가진다. 따라서 음으로 대전되는 산소와 서로 잡아당겨 이온결합을 하고는 한다. 인(P) 역시 비료의 주성분* 중 하나인데 생체고분자에서는 산소와 흔히 결합하여 인산을 만들기 때문에 음으로 대전되고 산성의 특성을 가지게 된다. 마지막으로 황(S)은 단백질의 주성분으로 단백질의 3차 구조 형성에 매우 중요한 역할을 한다.

....

＊　비료의 주성분은 NPK라 하여 질소, 인, 칼륨이다. NPK의 농도 조성에 따라 비료를 뿌리면 식물은 NPK를 자신의 몸을 만드는 데 사용한다.

생기론과 기계론: 원자들의 조립으로 생명체를?

다시 원래의 질문으로 돌아가자. 우리 몸을 원자단위로 쪼개었다가 다시 정확히 원래 상태로 재조립하면 그건 생명체인가 혹은 아닌가? 우리 몸을 원자단위로 쪼개면 아마 회색빛 분말가루처럼 되지 않을까 싶다. 그것은 분명 무생물이며 생명성이 없는 물질에 지나지 않는다. 그러나 이 물질을 원래의 상태로 다시 정확히 조립할 수 있다면 우리는 생명을 만들어낼 수도 있다. 조립된 화학복합체, 그것이 생명이 아니면 무엇이겠는가? 이런 생각이 종교적 신념을 가진 사람들에게는 받아들이기 어려운 과학적 사실일 수 있다. 생명에 무언가 화학적 구성 요소 이외의 어떤 것, 생기력(vital force)이나 정령, 영혼 등이 필요한 것처럼 느끼는 것이다. 흐름으로 존재하는 생명 속에 생기력 또는 영혼이 있다면 어떤 형태로 들어가 있을까?

다소 유치해 보이는 이 질문은 사실 19세기 초 유럽에서 뜨겁게 진행되었던 생기론과 기계론의 핵심 의제였다. 생기론은 '생물은 무생물과 달리 목적을 실현하는 특별한 생기력이 있다'는 주장이고, 기계론은 '모든 사물과 형상은 기계적 운동으로 환원해서 설명 가능하고 생명도 이와 다르지 않다'는 주장이다. 이러한 논쟁은 독일의 화학자였던 프리드리히 뵐러가 1828년 간단한 무기물을 섞어 유기물 중의 하나인 요소를 생성하는 데 성공하면서 촉발되었다. 당시의 과학계는 모든 유기물은 오로지 생명체만 만들어낼 수 있고, 실험실에서 화학적으로 합성하는 것이 불가능하다는 패러다임에 젖어 있었다. 때문에 지금의 기준으로는 고작 '요소'라고 생각하는 간단한 유기물 하나 만들었을 뿐인데 생물과 무생물의 경계가 무너져버린 것처럼 아우성이었다. 이후 생기론과 기계론의 뜨거운 논쟁이 진행되었으나 무기물에서 생명을 합성해낸다는 것은 과학 기술의 한계 때문에 상상 실험만 가능한 일이었다. 따라서 결론을 얻지 못하고 21세기로 넘어와버렸다. 물론 그동안 우리는 무수히 많은 고분자 유기화합물을 공장에서 생산할 수 있게 되었다.

인공 생명

2010년 5월 생기론과 기계론에 종지부를 찍는 획기적인 연구 결과가 크레이그 벤터 박사에 의해《사이언스》저널에 발표되었다.[*] 벤터 박사는 인간 게놈 프로젝트의 중요한 한 축을 담당했던 과학자로 바이오벤처 회사 셀레라를 창업하여 현대생물학의 발전에 중요한 기여를 한 사람이다. M. 마이코이데스(Mycoplasma mycoides)라는 인공 미생물을 합성하는 데 성공한 벤터 박사는 DNA 합성기를 이용하여 인공 게놈을 합성한 뒤 이를 M. 카프리콜럼(Mycoplasma capricolum)이라는 미생물의 껍질에 넣어 새로운 인공 생명을 창조해냈다. 합성된 인공 생명체는 아무런 문제없이 효소 반응을 했고, 세포분열을 수행했다. 벤터 박사팀은 이 생명체가 합성해낸 생명체임을 확인할 수 있도록 생명 활동에 아무런 상관이 없는 여러 가지 명언들과 인공 생명 합성 프로젝트에 참여했던 과학자들의 이메일 주소 등을 게놈 속에 기록해두기도 했다(과학자들의 익살이 느껴진다).

....

[*]   Gibson et al. (2010) Creation of a bacterial cell controlled by a chemically synthesized genome. Science Vol. 329; p. 52-56.

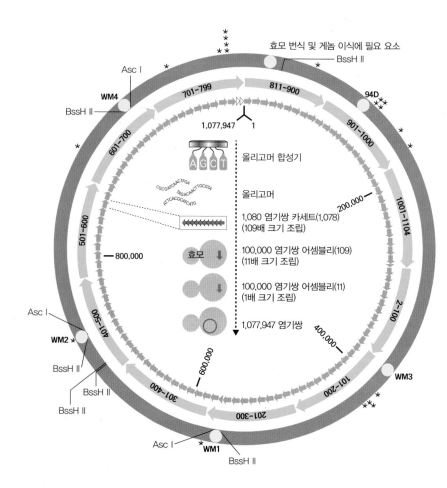

효모 번식 및 게놈 이식에 필요 요소

올리고머 합성기

올리고머

1,080 염기쌍 카세트(1,078)
(109배 크기 조립)

100,000 염기쌍 어셈블리(109)
(11배 크기 조립)

100,000 염기쌍 어셈블리(11)
(1배 크기 조립)

1,077,947 염기쌍

| 인공 생명을 합성하기 위해 제조한 인공 게놈

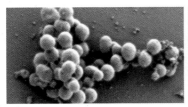

100μm

▌ 합성된 미생물의 형태(왼쪽)와 물질대사를 하고 있음을 보여주는 푸른색 염색(오른쪽).

2010년 봄 벤터 박사의 논문이 발표되고 난 후 미국에서는 생기론 논쟁이 재점화되었고 사회적으로 상당한 반향을 불러일으켰다. 그러나 기독교인이 많은 우리나라에서는 의외로 이 문제가 크게 이슈화되지 못하고 그냥 슬쩍 넘어가버려 내가 다 머쓱해졌다.* 물론 벤터 박사가 인공 생명을 만들어낼 수 있음을 보인 것은 순전히 생기론 대 기계론의 논쟁을 종식시키기 위한 것만은 아니다. 그는 인공 생명의 합성을 통해 지구 상에 존재하지 않던 새로운 생명의 창조 가능성을 보여주려 했던 것이다. 그는 생명과학자라기보다 벤처기업가에 가까운 사람이 되어, 인공 생명의 창조를 통해 그동안 불가능했던 많은 일들을 해낼 수 있음을 보여주고 자신의 회사 주가를 끌어올린 것이다. 아마도 셀레라사는 당분간 산업적으로 유용한 인공 생명의 창조에 기술력을 집중할 것이다. 예를 들면 광산에서 금의 채굴에 도움을 주는 인공 미생물을 개발한다거나, 플라스틱의 원료 물질을 생산해내는 미생물, 빛 에너지를 바로 연료 에너지로 전환시키는

---

* 이 논쟁에서 종교적 신념을 가진 많은 분들은 고작 게놈을 집어넣은 것이지 생명체를 완전히 만든 것은 아니지 않느냐는 비판을 했다. 사용했던 M. 카프리콜룸의 껍질에 생기력이 존재했었나? 뵐러가 요소를 합성하는 데 성공했을 때의 반응과 너무나 비슷해 기시감을 느낀다. 당시에도 요소를 만들 때 사용했던 시안산 암모늄이 생명체에서 얻은 것 아니냐는 비판이 있었다.

인공 식물 등 다양한 인공 생명의 창조를 시도할 것이다. 이런 노력이 학문화된 것이 합성생물학(synthetic biology)이라는 신흥 학문이다.

만화나 영화적 상상력은 항상 우리 과학 기술을 한걸음 앞서 나간다. 헐리우드에서 만들어진 많은 SF 영화에서 이 비슷한 상상력을 발동하여 원격전송장치(teleportation)를 선보이고 있다. 미국의 인기 SF 영화 〈스타트렉〉에 나오는 순간이동장치는 생명체를 입자단위로 분해해 전송했다가 다시 재조립하여 원래 상태로 복원한다는 아이디어에 근거한다. 단순히 원소의 조합으로 생명체를 만들어내는 수준이 아니라 훨씬 복잡한 기술을 상상한 것이다.

창발성, 전체는 부분의 합 그 이상

물질이 모여서 고도로 정교하게 배열하고 결합하면 생물이 된다? 얼핏 생각하면 믿기 어려운 일이다. 이를 가장 잘 설명하는 용어가 '창발성'이다. 창발성이란 '하위 계층(구성 요소)에는 없는 특성이나 행동이 상위 계층(전체 구조)에서 자발적으로 돌연히 출현하는 현상'을 말한다. 쉬운 예를 하나 들어보자. 산소는 물질을 태우는 데 필요한 무색 무취의 기체이고 수소는 폭발성을 가진 가장 가벼운 기체이다. 이 두 원소가 잘 배열하여 결합하면, 즉 산소 원소 하나에 2개의 수소 원소가 결합하면 물(H_2O)이라는 전혀 다른 화학적 특성을 가진 물질이 돌연히 출현한다.

창발성을 좀 더 잘 이해하기 위해 몇 가지 예를 더 들어보자. 자동차는 모두 2만여 개의 부품으로 이루어져 있다. 이들 부품에는 볼트도 있고 너트도 있고 핸들, 바퀴, 추진축, 샤프트 등등 무수히 많은 것들이 있다. 이들

1부. 생명은 흐름이다

부품을 늘어놓고 보면 이게 과연 자동차 부품인지조차 알 수 없는 것들도 수두룩하다. 이 부품들 하나하나에는 자동차의 특성, 즉 수송 수단으로서의 특성이 존재하지 않는다.

자동차는 창발성의 또 다른 특성을 보여준다. 자동차의 부품을 한군데 수북이 쌓아둔다고 해서 자동차로 기능하지는 않는다. 이들 각 부품들이 정확하게 배열*되고 결합되어야 한다. 그리고 각 부품들 간의 상호 작용이 설계된 대로 정확히 이뤄져야 한다. 마찬가지로 무생물에서 생물이 빚어지는 마법과도 같은 일에는 화학원소들이 정확히 배열되고 결합하며 상호 작용하는 일련의 과정이 필요하다.

생물에서 예를 들어보자. 생명체에서는 모두 20종의 아미노산이 발견된다. 이들 아미노산은 제각각 조금씩 다른 특성을 가지지만 기본적으로 아미노기와 카복실기를 가져 중성 용액에서 양친모성 이온(zwitterion)** 으로 존재하는 분자들이다. 지구 상에 살아가는 모든 생명체는 그것이 식물이건, 동물이건, 미생물이건 상관없이 모두 이 20종의 아미노산을 가지고 단백질을 만들어낸다.*** 이 20종의 아미노산이 일렬로 연결되어 만들어지는 것이 단백질인데, 이때 사용되는 아미노산의 종류, 개수, 배열 순서에 따라 서로 다른 단백질이 만들어진다.

....

* 배열의 중요성을 보여주는 좋은 예가 흑연과 다이아몬드다. 이들은 둘 다 탄소 원소로만 이루어져 있지만 탄소들이 서로 다른 배열로 연결되어 있어 배열에 따라 값싼 흑연이 되기도 하고, 매우 값비싼 다이아몬드가 되기도 한다. 최근 산업적 응용 가능성 때문에 노벨물리학상을 수상하며 관심을 끌었던 그래핀도 실은 흑연이 단일층으로 배열되어 생긴 것이다.
** 양친모성이라는 용어는 참 낯설다. 양이온이면서 음이온인 분자를 의미한다.
*** 이것은 지구 상의 생물종이 모두 공통 조상에서 유래했음을 보여주는 좋은 증거이기도 하다.

간단한 수학을 한번 해보자. 100개의 아미노산으로 만들 수 있는 단백질의 종류는 몇 개나 될까? 그렇다! 자그마치 20^{100}개이다. 실제 생체 내 단백질의 평균 아미노산 길이가 대략 300개쯤 되니 얼마나 다양한 종류의 단백질이 생성 가능한지 쉽게 상상할 수 있다. 이 때문에 DNA가 유전 물질임이 밝혀지기 전인 1950년대 이전에는 유전 물질이 당연히 단백질일 것이라 생각했다. 그토록 다양한 생명 현상이 유전되려면 다양한 종류가 가능한 단백질이어야 되지 않을까 생각했기 때문이다. 컴퓨터의 개념이 없던 시절에 할 수 있는 당연한 상상 아니겠는가!

다시 생명에서의 창발성 화제로 돌아오자. 모든 생명 현상을 가능케 하는 생체고분자화합물이 단백질이다. 아미노산이 결합되는 순서와 배열에 따라 매우 다양한 단백질이 만들어진다. 예를 들어 헤모글로빈이라는 단백질*은 약 550개 정도의 아미노산이 서로 결합하고 배열되어 만들어지는데, 20종의 아미노산 그 어디에도 없는 창발적 특성, 즉 산소 운반의 특성을 지니고 있다. 우리 입 안에서 탄수화물을 분해하는 효소로 작용하는 아밀라제는 어떤가? 아밀라제는 약 500개의 아미노산이 연결된 단백질이다. 헤모글로빈과 마찬가지로 20종의 아미노산이 연결된 단백질이지만 아미노산의 구성과 배열 방식이 달라지면서 전혀 다른 기능, 즉 전분을 분해하는 특성을 지니게 되었다.

아미노산이라는 단위체가 서로 다른 순서와 배열로 연결되면 서로 다른 기능을 가진 단백질이 만들어진다. 이들 다양한 단백질들이 세포 내

---

* 정확히는 글로빈 단백질을 말한다. 헤모글로빈은 α-글로빈과 β-글로빈 두 종류의 단백질이 각각 2개씩 4개의 단백질이 모여 만들어진 복합단백질이다.

구성과 배열 방식에 따라 서로 다른 기능을 가진 세포를 만들어내고, 이들 세포들이 일정한 규칙에 따라 배열되고 상호 작용하면서 생명체가 만들어지는 것이다. 매 단계마다 한 단계 높은 수준으로 올라가면 그전에는 존재하지 않던 새로운 특성이 창발적으로 출현하게 되면서, 궁극적으로 무생물에서 생물이 빚어지는 마법과도 같은 일이 일어나게 된다. 전체는 부분의 단순한 합이 아니라 그 이상이 된다는 상식적인 말이 창발성을 아주 잘 설명하고 있다.

3

생물학자가 들려주는
화학 결합

· 영화 〈트랜스포머〉 속 기계인간은 가능할까? ·

생체 내 화학 결합

촌피스(CHONPS)의 원소들이 분자들을 만들기 위해서는 서로 결합해야 한다. 이를 화학 결합이라 한다. 생명체에 일어나는 모든 생명 현상은 물질세계의 물리 · 화학 법칙을 따르고 있기에, 생물학을 잘 이해하기 위해서는 생체 내에서 일어나는 화학 반응의 기본 원리까지 함께 공부하는 것이 좋다.

생체 내 화학 결합은 크게 공유결합과 비공유결합으로 나뉜다. 공유결합이란 분자를 구성하는 원소 간에 전자를 공유함으로써 각 원자가 안정화되는 결합을 말한다. 나는 대학에서 화학을 공부하면서 공유결합을 생각할 때 볼트로 두 원소를 죄어주는 상상을 하고는 했다. 전자가 두 원소를 붙잡아주는 볼트 역할을 하는 것이다. 참 적절한 비유라 생각한다. 반면 비공유결합은 볼트로 죄어주는 정도의 강한 결합은 아니지만 생체 내에 흔히 일어나는 결합으로 음과 양으로 대전된 원소 간의 결합이나 인력에 의해 잡아당기는 힘 등을 말한다. 우선 공유결합부터 살펴보자. 이 결합이 생체 내에서 일어나는 화학 반응의 가장 중요한 근간이다.

공유결합

우리 우주에 있는 모든 원소들은 19세기 말 멘델레예프가 통찰력으로 제작한 주기율표 상에 다 나열되어 있다. 그는 세상에 존재하는 원소들이 일정한 규칙을 가지고 반복되는 특성이 있다는 것을 직관적으로 꿰뚫어보고 주기율표를 만들었다. 주기율표를 들여다보면 모든 원소들은 어떤 안정한 상태의 원소를 흠모하고 있다는 생각이 든다. 주기율표에서 가장 오른쪽 열에 있는 원소들은 화학적으로 매우 안정된 불활성 원소들인데, 이들이 바로 모든 원소들이 흠모하는 대상이다. 불활성 원소들이 안정되게 가지고 있는 전자들의 배치를 모두가 흠모하고 있는 것이다. 불활성 원소들은 최외각전자껍질에 2개 또는 8개의 전자를 꽉 채워서 가지고 있다.* 최외각전자껍질에 전자를 꽉 채워서 갖지 못한 원자들은 화학 결합

---

* 모든 원자들은 가운데 양성자를 포함한 원자핵이 있고 바깥쪽에 전자가 돌고 있는 구조로 되어 있다. 닐스 보어가 제안한 원자론이다. 모든 원자들은 양성자의 수와 전자의 수가 똑같아서 중성이 된다. 주기율표 상에서 원자번호가 증가하는 것은 양성자의 수가 증가하는 것이고 이에 따라 전자의 수도 똑같이 증가한다. 전자는 마치 태양계 주위로 다른 행성들이 돌 듯이 원자핵 주위를 도는데 일정한 궤도를 따라 돌게 된다. 이 궤도는 양파껍질처럼 여러 겹으로 존재해서 전자껍질이라고 한다. 첫 번째 궤도(전자껍질)에는 최대 2개의 전자만 돌 수 있다. 수소와 헬륨의 경우다. 두 번째 궤도에는 최

표 준 주 기 율 표
Periodic Table of the Elements

주기율표는 19세기 말 화학자 멘델레예프의 통찰력에 의해 만들어진 화학원소들의 규칙적 배열이다. 세로 방향으로 같은 기둥에 나란히 배열된 원소들은 같은 족의 원소라 하느데, 이들은 화학적 성질이 유사하다.

표기범
원자번호
기호
원소명
표준원자량

1 H 수소 (1.0078, 1.0082)																	2 He 헬륨 4.0026
3 Li 리튬 (6.938, 6.997)	4 Be 베릴륨 9.0122											5 B 붕소 (10.806, 10.821)	6 C 탄소 (12.009, 12.012)	7 N 질소 (14.006, 14.008)	8 O 산소 (15.999, 16.000)	9 F 플루오린 18.998	10 Ne 네온 20.180
11 Na 소듐 22.990	12 Mg 마그네슘 (24.304, 24.307)											13 Al 알루미늄 26.982	14 Si 규소 (28.084, 28.086)	15 P 인 30.974	16 S 황 (32.059, 32.076)	17 Cl 염소 (35.446, 35.457)	18 Ar 아르곤 39.948
19 K 포타슘 39.098	20 Ca 칼슘 40.078(4)	21 Sc 스칸듐 44.956	22 Ti 타이타늄 47.867	23 V 바나듐 50.942	24 Cr 크로뮴 51.996	25 Mn 망가니즈 54.938	26 Fe 철 55.845(2)	27 Co 코발트 58.933	28 Ni 니켈 58.693	29 Cu 구리 63.546(3)	30 Zn 아연 65.38(2)	31 Ga 갈륨 69.723	32 Ge 저마늄 72.630(8)	33 As 비소 74.922	34 Se 셀레늄 78.971(8)	35 Br 브로민 (79.901, 79.907)	36 Kr 크립톤 83.798(2)
37 Rb 루비듐 85.468	38 Sr 스트론튬 87.62	39 Y 이트륨 88.906	40 Zr 지르코늄 91.224(2)	41 Nb 나이오븀 92.906	42 Mo 몰리브데넘 95.95	43 Tc 테크네튬	44 Ru 루테늄 101.07(2)	45 Rh 로듐 102.91	46 Pd 팔라듐 106.42	47 Ag 은 107.87	48 Cd 카드뮴 112.41	49 In 인듐 114.82	50 Sn 주석 118.71	51 Sb 안티모니 121.76	52 Te 텔루륨 127.60(3)	53 I 아이오딘 126.90	54 Xe 제논 131.29
55 Cs 세슘 132.91	56 Ba 바륨 137.33	57-71 란타넘족	72 Hf 하프늄 178.49(2)	73 Ta 탄탈럼 180.95	74 W 텅스텐 183.84	75 Re 레늄 186.21	76 Os 오스뮴 190.23(3)	77 Ir 이리듐 192.22	78 Pt 백금 195.08	79 Au 금 196.97	80 Hg 수은 200.59	81 Tl 탈륨 (204.38, 204.39)	82 Pb 납 207.2	83 Bi 비스무트 208.98	84 Po 폴로늄	85 At 아스타틴	86 Rn 라돈
87 Fr 프랑슘	88 Ra 라듐	89-103 악티늄족	104 Rf 러더포듐	105 Db 두브늄	106 Sg 시보귬	107 Bh 보륨	108 Hs 하슘	109 Mt 마이트너륨	110 Ds 다름슈타튬	111 Rg 뢴트게늄	112 Cn 코페르니슘	113 Nh 니호늄	114 Fl 플레로븀	115 Mc 모스코븀	116 Lv 리버모륨	117 Ts 테네신	118 Og 오가네손

57 La 란타넘 138.91	58 Ce 세륨 140.12	59 Pr 프라세오디뮴 140.91	60 Nd 네오디뮴 144.24	61 Pm 프로메튬	62 Sm 사마륨 150.36(2)	63 Eu 유로퓸 151.96	64 Gd 가돌리늄 157.25(3)	65 Tb 터븀 158.93	66 Dy 디스프로슘 162.50	67 Ho 홀뮴 164.93	68 Er 어븀 167.26	69 Tm 툴륨 168.93	70 Yb 이터븀 173.05	71 Lu 루테튬 174.97
89 Ac 악티늄	90 Th 토륨 232.04	91 Pa 프로트악티늄 231.04	92 U 우라늄 238.03	93 Np 넵투늄	94 Pu 플루토늄	95 Am 아메리슘	96 Cm 퀴륨	97 Bk 버클륨	98 Cf 캘리포늄	99 Es 아인슈타이늄	100 Fm 페르뮴	101 Md 멘델레븀	102 No 노벨륨	103 Lr 로렌슘

을 통해서 혹은 이온화를 통해서 최외각전자껍질에 8개의 전자를 채우고 싶어한다.[**] 이런 목적으로 두 원소가 전자를 공유하여 8개의 전자(수소의 경우 2개의 전자)를 채우는 것을 공유결합이라 한다. 여기서 공유란 전자를 공유한다는 의미다. 비유하자면 전자가 두 원소를 결합시키는 볼트 역할을 한다. 이 볼트가 한 쌍의 전자일 때는 단일결합, 두 쌍의 전자일 때는 이중결합, 세 쌍일 때는 삼중결합으로 그 숫자가 늘어나고 결합력도 점점 더 강해진다. 생명체에서 가장 중요한 탄소는 최대 삼중결합까지 할 수 있다. 앞에서 탄소를 네 팔을 가진 원숭이로 비유했는데 각각의 팔이 한 쌍의 전자쌍이 되는 셈이다.

아주 단순한 분자인 메탄을 생각해보자. 메탄은 1개의 탄소에 4개의 수소가 붙어 있는 구조이다(CH_4). 탄소는 4개의 최외각전자를 각 팔에 하나씩 내어놓고 수소가 내어주는 1개의 전자와 공유결합한다. 모두 4개의 수소가 결합하고 있으니 탄소의 입장에서는 최외각전자껍질에 수소의 힘을 빌려 8개의 전자를 채운 셈이 된다. 수소 역시 탄소의 힘을 빌려 2개의 전자를 최외각전자껍질에 채운다. 상부상조하는 관계인 것이다.

복잡하게 생각할 것 없이 전자쌍이 볼트 역할을 하여 유기 분자의 각

....

대 8개의 전자가 돌 수 있다. 말하자면 원자번호 6번의 탄소는 6개의 양성자와 6개의 전자를 가지는데 2개의 전자가 첫 번째 전자껍질에서 돌고 있고, 4개의 전자는 두 번째 전자껍질에서 돌고 있다. 이 두 번째 전자껍질을 최외각전자껍질이라 하며 실제 화학 반응에 가담하는 전자들이 있는 곳이다. 그리고 세 번째 이후의 궤도에서는 2, 8, 8, 18, 18, 32…… 순으로 전자가 채워진다고 한다. 생명체의 화학 반응에 작용하는 원소들은 3개의 전자껍질 이상을 거의 벗어나지 않으므로 2, 8, 8까지만 알아도 큰 무리가 없다.

** 이것을 '옥테트 룰'이라 하는데 왜 그래야 하는지는 아무도 모른다. 마치 1 더하기 2는 왜 3이 되는지는 아무도 증명할 수 없으므로 이것을 공리라 하듯이, 원소들이 옥테트 룰에 맞추어 전자를 꼭 채워야 안정해지는 것이 화학에서는 일종의 공리이다.

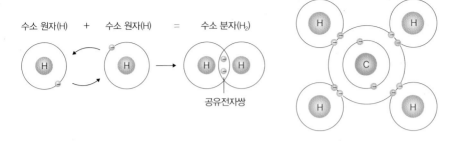

수소 원자(H) + 수소 원자(H) = 수소 분자(H₂)

공유전자쌍

| 수소 원자 간의 공유결합

| 메탄에 있는 탄소와 수소의 공유결합

원소들을 묶어준다는 정도만 이해하면 된다. 생체 내에 일어나는 화학 반응은 결국 볼트로 작용하는 전자들이 풀리고 결합하는 과정에서 여러 원소들이 결합했다 떨어졌다 하는 것이다. 전자들이 묶이는 규칙은 옥테트 룰을 따른다. 즉 분자를 구성하는 각 원소들이 최외각전자껍질에 8개의 전자를 채우기 위해 공유결합을 하는 것이다. 내가 상상하는 화학 반응은 전자가 툭툭 떨어져나가면서 원소들이 풀어 헤쳐졌다가 다시 옥테트 룰을 따르기 위해 전자를 채우면서 원소들 간의 새로운 결합이 형성되는 것이다.

비공유결합

비공유결합에서 가장 중요한 역할을 하는 것이 음과 양이 서로 잡아당기고 밀치는 음양의 조화이다. 생체에서 일어나는 좋은 예가 이온화 반응인데, 전자가 떨어지거나 수소가 떨어져나가면서 양으로 혹은 음으로 이온화되면 서로 잡아당기게 된다. 소금이 물에 녹는 이온화 반응을 생각해

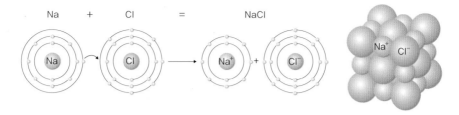

│ 소금이 물에 녹는 이온화 반응. 나트륨은 전자 하나를 잃음으로써 염소는 전자 하나를 얻음으로써 옥테트 룰을 만족하는 이온이 된다. 각각 양이온과 음이온이 된 나트륨과 염소는 이온결합에 의해 서로 강하게 잡 아당긴다.

보자. 나트륨은 최외각전자껍질에 있는 전자 하나를 포기함으로써, 반면 염소는 최외각전자껍질에 전자 하나를 채움으로써 옥테트 룰을 완성하고 각각 양이온, 음이온이 된다. 그렇게 만들어진 양이온과 음이온은 음양의 조화에 따라 서로 잡아당기는데, 이를 이온결합이라 한다. 이온결합은 볼 트처럼 단단히 원소들을 묶어주는 공유결합에 비해 약한 결합이지만 생 체 내 화학 반응에 매우 중요한 역할을 한다.

이온결합보다는 약하지만 여전히 강한 결합이 수소결합이다. 부분적으 로 양으로 대전된 수소와 음으로 대전된 산소 간에 일어나는 결합을 말하 는데, 서로 다른 물 분자 간의 잡아당김 현상이 좋은 예이다(이는 물을 설 명할 때 다시 자세히 논의하기로 하자). 가장 약한 결합은 반데르발스 힘으로 원소 간 인력*으로 분자 사이를 당기는 힘이다. 예를 들면 기름 분자들이 서로 뭉쳐 있는 것은 반데르발스 힘 때문이다. 약한 힘이기는 하지만 백

＊　여기서 인력이란 지구가 여러분을 잡아당기는 힘, 행성과 항성이 서로 잡아당기는 힘을 말한다. 원자 수준에서도 똑같은 인력이 작용한다. 그래서 만유인력의 법칙이다.

지장도 맞들면 낫다고 많은 원소들이 한꺼번에 당기면 꽤 큰 힘으로 작용한다.

생체 내 화학 반응이 일어나기 위해서는 두 원소를 결합하고 있는 볼트(전자)가 일단 풀려야 한다. 경험으로도 알 수 있듯이 상온에서 이런 볼트의 조임은 쉽게 풀리지 않는다. 원소와 원소 간의 공유결합이 쉽게 끊어질 리 없지 않은가! 내가 생화학을 공부하면서 가장 이해하기 어려웠던 생체 내 화학 반응은 광합성 초기 과정에서 물이 수소와 산소로 쪼개지는 반응이었다. 물은 100℃ 이상으로 펄펄 끓여도 쪼개지지 않는다, 그냥 수증기가 되어 날아갈 뿐! 그런데 멀쩡한 상온에서 그저 따사로울 뿐인 햇빛을 받으면 식물의 잎은 물을 쪼개는 화학 반응을 일으킨다. 그것이 가능한 비법은 무엇일까? 무엇이 수소와 산소의 공유결합, 즉 볼트를 풀어헤치는 것일까? 이 원리를 잘 이용하면 수소 에너지를 대량으로 얻을 수 있을 것이다.

상온에서 볼트의 풀어헤침을 가능하게 하는 것이 촉매 역할을 하는 단백질이다. 단백질은 이온화되거나 부분적으로 양 또는 음으로 대전된 아미노산을 가지고 있는데, 이들이 단단히 죄어져 있는 볼트를 느슨하게 푸는 촉매 역할을 한다. 물 분자를 둘러싼 단백질(산소 방출 단백질 복합체)이 물 분자의 수소와 산소를 음양의 조화에 따라 양쪽으로 잡아당기면서 볼트를 느슨하게 해주면, 양이온으로 이온화된 엽록소 분자가 전자를 상온에서 낚아채가게 되고 결국 볼트가 풀어져 수소 양이온과 산소로 쪼개지게 되는 것이다. 물 분해 반응이 예시하는 것은 이온화된 분자와 이온화되지는 않아도 부분적으로 음 또는 양으로 대전된 분자들이 음양의 조화에 따라 서로 잡아당기는 힘이 생체 내 화학 반응에서 볼트를 풀었다 다시 죄는 역할을 한다는 것이다.

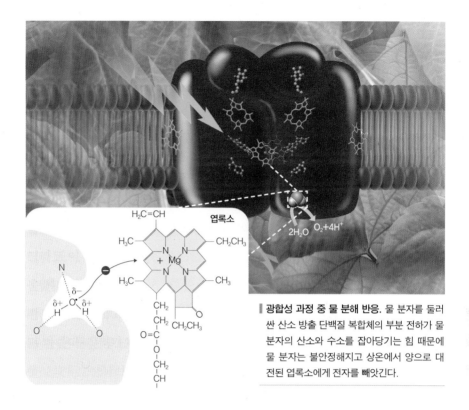

광합성 과정 중 물 분해 반응. 물 분자를 둘러싼 산소 방출 단백질 복합체의 부분 전하가 물 분자의 산소와 수소를 잡아당기는 힘 때문에 물 분자는 불안정해지고 상온에서 양으로 대전된 엽록소에게 전자를 빼앗긴다.

정리하면, 생체 내 화학 결합은 공유결합과 비공유결합으로 나뉘고 비공유결합에는 이온결합, 수소결합, 반데르발스 힘 등이 있다. 생체 내 각종 화학 반응들은 결국 공유결합을 형성하고 있던 볼트(전자)들이 풀려졌다가 다시 다른 조합으로 연결되는 과정인데, 이때 각 원소들 간의 비공유결합에 의한 약한 잡아당김이 볼트로 단단히 죄어졌던 전자들을 풀어헤치게 하는 힘으로 작용한다. 고체 상태의 분자들은 매우 안정하므로 생체 내 화학 반응이 일어나기 위해서는 분자의 운동이 비교적 자유롭도록 물에 녹아 있어야 한다. 생물체에서 물이 하는 중요한 역할 중 하나가 여러 생체 유기물을 수용성 상태로 만드는 것이다. 특히 강조할 것은 생체 내 각종 화학 반응에서 부분적으로 대전된 음양의 조화가 매우 큰 역할을 하는데, 외부에서 이러한 힘을 제공하는 촉매가 바로 단백질이다. 단백질에는 음양으로 대전된 다양한 아미노산이 있기 때문이다(본문 92쪽 아미노산의 화학 구조 도판을 참조하기 바란다).

〈트랜스포머〉 속 기계인간? 범위의 문제

이제 〈트랜스포머〉 속 기계인간이 가능한지에 대해 고찰해보자. 결론부터 얘기하면 〈트랜스포머〉 속 기계인간은 가능하지 않다. 왜 그럴까? 우리가 생명을 정의할 때 생명체가 반드시 할 수 있어야 하는 기능들이 있다. 즉 기능적 측면에서 생명을 정의하면 생명의 특성 다섯 가지를 지녀야 비로소 생명이라 할 수 있다.

첫째, 환경에 반응을 할 수 있어야 한다. 주변 환경의 변화에 대해 아무런 반응을 하지 못하는 것은 돌멩이와 같은 무생물이다. 둘째, 그로 말미암아 스스로의 시스템이 항상성을 가진다. 사람의 경우 항상 일정한 체온을 유지하며 세포 내 수소 이온 농도나 염분 농도 등이 일정하게 유지된다. 반면 무생물은 항상성을 유지하지 못하고 주변 환경과 동일해지는 동적 평형 상태, 즉 엔트로피가 증가하는 무질서한 상태가 된다. 또한 생물은 자신의 체내 질서를 유지하기 위해 끊임없이 에너지를 투입해야 하는데 이를 물질대사로 해결한다. 생물체는 물질대사를 통해 물리학의 법칙인 엔트로피 증가 법칙을 깨지 않고 체내 질서를 유지할 수 있다. 마지막으로 모든 생물체는 생식을 통해 자손을 남겨야 하며* 진화적 변이를 통해 변화하는 환경에 적응하며 살아야 한다.

1부. 생명은 흐름이다

이상의 다섯 가지 생명의 정의에서 〈트랜스포머〉 속 기계인간이 가능하지 않은 이유를 한 가지 꼽으라면 물질대사를 들 수 있다. 물질대사란 내 몸속에 투입된 밥이라는 물질이 소화 과정을 거치며 일부는 에너지로 전환되고, 일부는 내 몸의 구성 요소가 되는 과정을 말한다. 생각해보면 내 몸을 구성하는 분자들은 1년 전의 분자들이 아니며 최근에 내가 음식을 통해서 섭취한 분자들이다. 한번 상상해보자. 내가 먹은 밥은 침 속의 아밀라제라는 효소에 의해 포도당으로 쪼개진다. 이 포도당은 세포호흡이라는 과정을 통해 생명체의 에너지원인 ATP를 생산하고 소비되기도 하고, 일부는 지질로, 또 일부는 아미노산이나 핵산으로 전환된다. 이들은 복잡한 생합성 경로를 거쳐 내 몸에서 낡아 제거되어야 할 생체고분자화합물을 대체하게 된다. 이처럼 우리 몸을 구성하는 분자는 그 어느 것도 영원히 그 자리에 계속 남아 있을 수 없기에 끊임없이 낡고 대체되는 과정을 거친다. 비유하자면 우리 몸은 형태를 일정하게 유지하는 흐름 속에 있는 동적 평형 상태의 분수인 셈이다. 〈트랜스포머〉 속 기계인간은 애석하게도 물리·화학의 법칙에 따라 물질대사가 불가능하다.

기계인간이 물질대사를 통해 어떻게 조그만 부품들을 끊임없이 공급받을 수 있을까 생각하면, 현재 우리가 살고 있는 우주의 물리적·화학적 조건에서는 불가능하다는 사실을 쉽게 알 수 있다. 세포 내 다양한 화학반응, 물질대사가 가능한 이유는 세포 속 분자들이 일정한 거리에서 끊임없이 진동, 회전, 병진 운동을 하고 있고, 효소라는 촉매 작용이 필요하긴 하지만 대부분의 생체 내 화학 반응이 비교적 짧은 거리, 나노미터의 거

---

* 자손을 남기지 않는 생명체는 결국 진화 과정에서 소멸될 것이기에 그런 생명체는 있을 수 없다.

리에서 일상적으로 일어날 수 있기 때문이다.[*] 그러나 기계인간을 구성하는 금속 부품들이 그러한 화학 작용을 할 수는 없다. 하나의 금속 부품을 구성하는 금속 원자들 간의 거리는 너무 가깝고, 다른 부품 속 금속 원자들과의 거리는 너무 멀기 때문에 생물체에서 일어나는 화학 반응(원자 간 상호 작용)이 가능하지 않게 된다. 우주에 존재하는 금속 물질 중 그러한 작용이 가능한 물질은 없다. 기계인간이 물질대사를 하지 못하는 이유는 말하자면 범위(scale)의 문제라는 얘기다.

생명을 잉태하게 한 분자, 물

이제 생명체 속의 화학 반응을 매개하는 물에 대해 얘기해보자. 물은 생명의 어머니다. 사하라 사막에서 길을 잃고 갈증으로 목이 타들어갈 때 사막 도마뱀이라도 한 마리 만나면 이보다 더 반가울 수가 없다. 주변 어딘가에 물이 있다는 말이기 때문이다. 생명체에서 물은 없어서는 안 될 대단히 중요한 분자다. 우리 몸의 70퍼센트를 차지하는 물은 생체 내 거의 모든 화학 반응에 작용하는 용매로서 지구 상에 생명이 잉태될 수 있게 해준 분자이다. 왜 생명에서 물이 그토록 중요할까?

물의 분자 구조식은 H_2O이다. 산소 하나에 2개의 수소가 꺾인 구조로 붙어 있다. 산소는 전기음성도가 높은, 달리 말하면 전자에 대한 욕심이

----

* 미시세계에서 분자를 들여다보면 끊임없이 진동 운동하는 것을 볼 수 있다. 그 진동 운동은 대략 0.1 나노미터의 거리에서 일어난다. 마찬가지로 분자 간 화학 반응도 나노미터의 거리에서 일어난다. 화학 반응이란 결국 기존의 화학 결합이 끊어지고 새로운 화학 결합이 형성되는 것인데, 이 모든 일이 비슷한 거리 범위에서 일어나야 한다. 그것이 유연하게 일어날 수 있는 물질세계가 생체계이다.

대단히 많은 원소이다. 따라서 수소와 결합한 상태에서 전자를 사이좋게 공유하지 못하고 자기 쪽으로 전자를 바짝 잡아당겨 놓는다. 마음씨 좋은 수소는 산소의 그 전자 욕심을 허용한다. 결과적으로 전자는 많은 시간을 수소보다는

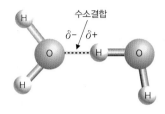

수소결합

δ- / δ+

물 분자 간의 수소결합

산소 주변에서 맴돌게 되어 산소 쪽은 부분적으로 음전하를 띠고 수소 쪽은 부분적으로 양전하를 띠게 된다. 이제 음양의 조화가 나타난다. 음의 기를 가진 산소는 양의 기를 가진 수소와 잡아당기는 힘이 발생하여 물 분자 간 결합력이 생긴다. 이를 마음씨 좋은 수소 때문이라 생각하여 수소결합이라 한다.

　물 분자 간 수소결합이 물의 모든 화학적 특성을 결정한다. 우선 물은 거의 모든 생체 유기물을 녹여내는 용매로 작용한다. 이 때문에 생체 내 화학 반응은 물에 녹은 유기물들 간 자유로운 충돌에 의해 쉽게 일어날 수 있다. 용질이 물에 녹아 있는 상태에서 가능한 분자 운동은 세 가지이

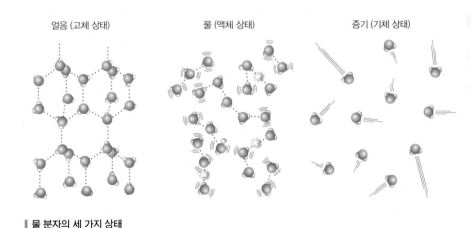

얼음 (고체 상태)　　　　물 (액체 상태)　　　　증기 (기체 상태)

물 분자의 세 가지 상태

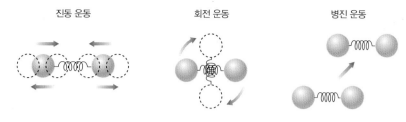

진동 운동   회전 운동   병진 운동

┃ 세 가지 분자 운동

다. 첫째, 진동 운동으로 여러 개의 원소들로 이루어진 분자의 경우 진동 운동에 의해 원소 간의 결합 거리가 짧아졌다 길어졌다 하게 된다. 이 거리가 약 0.1나노미터 범위이다. 액상으로 있는 분자나 액체 속에 녹아 있는 분자들은 진동 외에 회전 운동을 하게 된다. 즉 뱅글뱅글 돌면서 반응성이 있는 작용기들이 다른 분자들과 충돌할 수 있게 노출된다. 마지막으로 분자들은 용액 속에서 병진 운동을 하게 된다. 즉 전후좌우로 자유분방하게 떠돌아다니며 화학 반응을 위한 충돌을 일으킨다. 물 분자가 가지고 있는 수소결합과 다른 유기물을 쉽게 용해시킬 수 있는 능력이 결합하여 생체 내 유기물 분자들의 진동, 회전, 병진 운동이 가능하게 되고, 이들 간의 다양한 화학 반응이 비교적 쉽게 일어난다. 비유하자면 유기물 분자들이 물속에 녹아 있기 때문에 이들로부터 전자나 수소가 툭툭 떨어져나오는 화학 반응이 가능한 것이다. 물론 이 과정에 효소라는 촉매가 필요하다(효소는 단백질로 이루어진 고분자화합물이다).

물이 술보다 좋은 일곱 가지 이유

물의 독특한 화학적 특성은 지구 상에 생명체가 잉태되게 한 중요한 원인이다. 이를 대략적으로 살펴보자. 물은 비슷한 분자량을 가진 다른 분자들에 비해 상당히 넓은 온도 범위에서 액체로 존재한다. 즉 0℃에서 100℃에 이르기까지 액체로 존재하고, 비열이 높기 때문에 온도 변화가 적다. 생체 내 온도가 외부 환경의 변화에 따라 급변하지 않고 항상성을 유지하게 해주는 특성이다. 또한 열전도율이 높아서 특정 부위만 갑자기 온도가 올라가는 현상을 막아주며 전체적으로 골고루 온도가 천천히 변화하게 해준다. 생물체의 특정 부위가 갑자기 뜨거워지거나 차가워져서 세포 손상이 일어나지 않게 해주는 것이다. 물은 물 분자 간의 수소결합 때문에 독특한 분자 간 당김 현상이 있다. 이 때문에 표면장력과 모세관 현상 등의 특징을 보인다. 모세관 현상은 미국 캘리포니아에 있는 메타세쿼이어 나무가 하루 수십 톤의 물을 100여 미터 높이까지 끌어올리는 힘의 원천이다. 키 큰 나무들이 말라죽지 않는 것은 이러한 모세관 현상 덕이다. 기화열이 높은 이유 또한 물 분자 간의 수소결합 때문이다. 땀을 흘려 체온을 유지하는 인간의 경우 여름철 기화열에 의해 체온이 지나치게 높이 올라가는 것을 막을 수 있다. 이상의 여러 가지 특성 때문에 물이 있는 곳에서 생명체가 발생했고, 물과 생명은 떼려야 뗄 수 없는 관계가 된 것이다.

2003년 발사된 화성 탐사선 스피릿이 화성 표면의 사진을 보내오면서 화성에 생명체가 있느냐 없느냐 소동이 벌어졌을 때, 과학자들이 제일 먼저 찾았던 것은 물의 존재 여부였다. 물의 흔적으로 보이는 사진을 보면서 과거에는 화성에 생명이 있었을 것으로 유추하는 과학자들도 있었다. 이처럼 외계에서 생명체를 찾을 때조차 그 존재 여부를 과학적으로 따져볼 정도로 물은 생명에서 대단히 중요한 요소임을 기억하길 바란다.

4

여보세요!
거기 누구 없소?

· 외계 생명체를 찾기 위한 눈물겨운 노력들 ·

생명체를 구성하는 촌피스(CHONPS)는 지구뿐 아니라 우주 공간에도 비교적 풍부한 원소들이다. 이들 간의 화학 결합이 가능한 우주 공간은 대단히 많을 것으로 생각된다. 실제로 우주 공간에서 간단한 유기물, 아미노산이나 핵산이 만들어져 혜성과 함께 지구에 들어온다는 천문학 연구 결과들도 있다. 1980년대 엄청난 각광을 받았던 천문학 교양서 『코스모스』의 저자 칼 세이건은 "광활한 우주 공간에 우리 인간뿐이라면 이 얼마나 엄청난 공간의 낭비인가"라는 말로 지적 생명체의 존재가 지구에 한정될 수 없다는 꽤 설득력 있는 주장을 펼친 바 있다. 하지만 외계 생명체가 실제로 발견되기 전까지는 아무도 그 존재의 유무에 대해 알 수 없다. 그전까지 외계인은 만화나 영화에서나 등장하는 상상의 산물일 수밖에 없는 것이다. 그럼에도 불구하고 외계 생명체를 찾기 위한 다양한 과학적 프로젝트가 진행되었다는 사실은 흥미롭다.

SETI 프로젝트

1959년 2월 미국 뉴욕 주의 이타카는 깊은 겨울 속에 빠져 있었다. 모처럼 맑게 갠 하늘 덕에 간밤에 쏟아졌던 눈이 소복이 쌓여 햇빛을 눈부시게 반사하는 점심 무렵, 코넬 대학 천문학과의 주세페 코코니와 필립 모리슨 박사는 카페테리아에 자리를 잡고 소련의 우주선 루닉 1호가 대기권을 벗어나 우주 공간으로 날아가는 데 성공했다는 뉴스에 대해 담소를 나누고 있었다. 이들은 지적 생명체가 우리 인간 말고 우주에 더 있을 거라는 데 동의했고, 그렇다면 우리가 어떻게 그들과 교신할 수 있을까에 대해 가벼운 대화를 나누고 있었다. 전파천문학을 전공하는 그들에게는 점심을 소화해내는 데 전혀 부담이 되지 않는 가벼운 담소였을 것이다. 그 얘기를 듣고 있던 생물학과 동료교수가 "그것참 재미있네! 그거 논문으로 한번 써보지"라고 제안했고, 결국 그해 9월《네이처》에「성간 교신을 찾아서(Searching for interstellar communications)」라는 논문이 발표되었다. 이 논문으로 외계 생명체에 대한 연구가 정식으로 과학적 연구 주제가 되었다. 코코니와 모리슨의 논문은 우주 공간에서 교신을 한다면 어떻게 할까라는 질문을 던지고 그 답으로 우주에서 가장 흔한 원소인 수소 원자의 전자기파를 이용해 교신할 것이라 예측했다.

이들의 논문이《네이처》에 발표되기 전 비슷한 상상을 한 하버드 대학의 대학원생 드레이크는 이미 웨스트버지니아의 그린뱅크 산에 수소전자파를 잡는 통신망을 설치하고 전파를 수집하고 있었다.《네이처》논문이 발표되자 우선권을 빼앗길까 두려워한 드레이크의 지도교수는 부랴부랴 언론에 자신들의 노력을 공표하기 시작했다. 이들의 노력이 세상에 떠들썩하게 알려진 뒤, 1984년 칼 세이건을 소장으로 하는 SETI(Searching for Extra-Terrestrial Intelligence) 연구소가 만들어지게 되었다. 이후 정부기관뿐만 아니라 수많은 대기업들이 이 연구에 돈을 지원했고 그 결과 1995년에 SETI 연구소는 최전성기를 맞이하기도 했다. 그러나 프로젝트가 시작된 지 50년이 되던 2009년 이 프로젝트를 계속 지원하는 것이 과연 옳은가 하는 의문들이 제기되었다. 아무런 교신이 없는 상태로 50년이 지났기 때문이다. 결국 정부의 연구비가 끊어진 상황에서 마이크로소프트사의 공동 창업주였던 폴 알렌의 기금과 빌 게이츠 재단의 기금으로 연명하던 SETI 연구소는 2011년 공식적으로 프로젝트의 중단을 선언하게 된다. 이유는 간단하다. 50년간 전파를 잡아왔지만 외계의 지적 생명체가 보낸 것으로 믿기는 전파가 없었던 것이다. 1970년대 한 차례 정상적 우주파와는 다른 전파가 잡힌 적이 있었지만 잠깐의 소동으로 그쳐버렸고 이후 아무런 소식이 없었다. (글쎄, 태평양 바다에 커피 잔을 집어넣었더니 물밖에 없더라! 그러니 바닷물 속에 없는 물고기를 찾는 쓸데없는 연구는 그만 두는 게 좋겠다고 주장한 것은 아닌지…….)

아레시보 전파천문대

SETI 프로젝트가 외계의 지적 생명체가 보내오는 전파를 잡는 프로젝트라면 반대로 외계 생명체에게 전파를 보내는 프로젝트도 있어야 하지 않을까? 실제로 지구에 이 정도 문명을 가진 인간이라는 생명체가 존재하고 있음을 우주 공간에 알리는 프로젝트 또한 진행되었다. 아레시보 천문대는 코넬 대학에서 운영하는 푸에르토리코에 세워진 전파천문대이다. 이곳에서 1974년 칼 세이건을 위시한 과학자들이 고르고 고른 메시지 내용을 결정하여 우주 공간에 쏘아올렸다. 그 메시지는 어떤 내용이었을까? 우선 자연수 1~10까지가 있었고(아마 인간의 지적 능력을 알려주고 싶었을 것이다), 생명의 다섯 가지 필수원소(탄소, 수소, 산소, 질소, 인)의 원자번호, 유전 정보를 담고 있는 DNA의 네 가지 염기, 인간의 게놈이 30억 염기쌍으로 이루어져 있다는 것, 인간의 대략적 모습, 키, 세계 인구 수, 태양계 속 지구의 위치, 아레시보 천문대의 모습에 대한 정보 등이었다. 이 아레시보 성간 메시지는 지금쯤 구상성단의 어딘가를 지나가고 있다고 한다. 그 정보가 외계인에게 빌미가 되어 우리 지구를 쳐들어오는 상상을 한 영화가 2012년에 만들어진 SF 액션영화 〈배틀십〉이다.

골디락스 행성

외계 생명체에 대한 우리의 상상력은 전파를 보내고 받는 교신에만 한정되어 있지 않다. 최근에는 외계 생명체가 존재할 가능성이 있는 행성을 찾는 작업들이 진행되고 있다. 생명체가 존재할 가능성이 있는 행성을 골디락스 행성이라 한다. 골디락스(goldilocks)는 영국 전래동화 『골디락스와 곰 세 마리』에 나오는 소녀의 이름인데, 곰 세 마리가 각각 끓여주는 스프 중 뜨겁지도 않고 차지도 않은 가장 적당한 온도의 스프를 소녀가 선택해 마신다는 내용이다. 여기에 착안해서 스스로 빛을 내는 태양과 같은 항성으로부터 적절한 거리에 떨어져 있어 너무 뜨겁지도 않고, 또 너

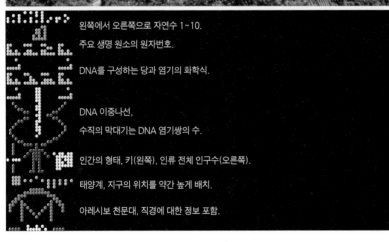

왼쪽에서 오른쪽으로 자연수 1~10.

주요 생명 원소의 원자번호.

DNA를 구성하는 당과 염기의 화학식.

DNA 이중나선,

수직의 막대기는 DNA 염기쌍의 수.

인간의 형태, 키(왼쪽), 인류 전체 인구수(오른쪽).

태양계, 지구의 위치를 약간 높게 배치.

아레시보 천문대, 직경에 대한 정보 포함.

▌ 아레시보 천문대(위)의 모습에 대한 정보 등을 담아서 날려 보낸 성간 메시지(아래).

무 춥지도 않은, 생명을 잉태할 수 있는 행성을 골디락스 행성이라 명명했다. 골디락스 행성에 갖추어져 있어야 할 것 중 가장 중요한 것이 물이다. 물은 생명이 가능하게 하는 가장 중요한 분자이고 생체의 가장 풍부한 구성 성분이기 때문이다. 지난 2010년, 캘리포니아 대학의 천문학자들이 지구로부터 약 20광년 떨어진 위치에서 골디락스 행성으로 생각되는 '글리제 581G' 행성을 찾았다고 발표하여 학계가 떠들썩한 적도 있었다.

외계 생명체의 구성 원소

외계에 생명체가 있다면 어떤 원소들로 이루어져 있을까? 최근 우주 공간에서 단백질의 원형인 펩티드 조각[*]이나 핵산 조각이 만들어진다는 우주생물학의 발견들을 보면 외계 생명체도 지구 생명체와 구성 원소들이 별반 다르지 않을 것이라 생각된다. 그런데 상상 실험을 통해 다른 원소로 이루어진 생명체를 유추한 생물학자들이 있다. 그들의 논리를 따라, 우선 탄소골격의 지구 생명체와는 다른 생명체가 존재한다면 규소골격으로 이루어진 생명체이지 않을까 생각된다. 규소가 탄소보다 더 많은 행성들이 쉽게 발견되고 있고, 규소의 화학적 특성이 탄소의 화학적 특성과 매우 유사하기 때문이다.

규소는 주기율표에서 탄소와 같은 족에 위치해 있다(본문 66쪽 표준주기율표 도판 참조). 즉 탄소 바로 아래쪽에 규소가 놓여 있는데 이는 화학적

---

[*] 아미노산이 짧게 연결되어 있는 사슬을 펩티드라고 한다. 이보다 훨씬 긴 아미노산 사슬을 폴리펩티드 또는 단백질이라 한다.

으로 비슷한 성질을 가진다는 얘기다. 탄소가 생명체의 골격이 된 이유는 네 개의 팔을 가지고 있어 네 가지 원소들과 결합할 수 있기 때문이라 했다. 규소도 탄소처럼 최외각전자가 네 개이며 그래서 네 개의 팔을 가진 원소이다. 따라서 분자들의 골격으로 적당한 화학적 특성을 가지고 있다. 규소골격으로 이루어진 생명체는 어떤 모습일까? 모래 입자의 주성분이고 반도체 제작에 사용되는 물질이기도 한 규소를 생각하면 왠지…… 규소골격으로 이루어진 생명체는 폭신폭신한 생명체와 달리 서걱거릴 것만 같다.

또 다른 외계 생명체의 구성 원소로 제안된 것이 인과 주기율표 상의 같은 족에 속한 비소이다. 핵산의 주요 구성 성분인 인과 비슷한 비소는 생명체에 흡입되면 핵산 대사에 치명적인 작용을 하게 되어 맹독성을 가진다. 이러한 비소가 인이 없는 행성에서는 인 대신 핵산을 형성하는 원소로 사용되지 않을까 상상한 사람이 NASA의 우주생물 연구원이었던 펠리사 울프사이먼 박사이다. NASA는 2010년 12월 2일《사이언스》저널을 통해 중대발표를 하겠다고 인터넷에 예고하면서 외계 생명체의 발견에 대한 기대를 잔뜩 모았다. 그러나 다음 날《사이언스》에 발표된 논문은 요세미티 국립공원의 유황온천에서 인 대신 비소를 활용하는 미생물을 찾았다는 내용이었다. 즉 외계 생명체를 찾기 위한 노력을 할 때 비소도 생명의 구성 원소로 포함해야 된다는 주장이고, 결과적으로 우리가 찾아야 할 골디락스 행성의 범위를 넓혀놓았다. NASA에 연구비를 더 줘야 한다는 얄팍한 잔꾀를 부린 것이다. 하지만 비소를 이용한 생명체가 정말 가능한가 하는 문제에 대한 논쟁이 격화되면서, 펠리사의 논문 결과가 믿을 수 있는 것이냐는 회의론이 일었고, 결국 그녀의 실험이 물질 분석을 정확히 하지 못한 오류였음을 시인하게 만들었다. 안타깝게도 비소를 활용하여 생존하는 미생물 GFAJ-1이 머쓱해졌다. 이 미생물의 이름은 'Give Felisa A Job'의 약자이다. 펠리사 박사가 정규직을 얻지 못하고 있으니 이 미생물을 통해 정규직으로 채용되기를 희망하는 과학자의 유머였는데…… 그녀의 소망은 이루어지지 못했다.

외계 생명체는 분명 존재할 것이라 생각된다. 단순 계산으로도 우리 은하에만 여러 개의 골디락스 행성이 존재할 가능성이 있기에 전 우주 공간에는 얼마나 많은 골디락스 행성이 존재할지 상상하기 어렵다. 그 넓은 우주 공간에 지구 정도의 역사와 환경을 갖춘, 그래서 생명이 존재하는 행성이 있다고 생각하는 것이 논리적이다. 그중 지적 생명체가 없다고 생각하는 것은 아무래도 이상하지 않은가!

5

생명을 구성하는
레고블록

· 생명성을 제공하는 분자와 정보 저장 분자 ·

촌피스(CHONPS)라는 간단한 원소들로 이루어진 생명체는 한 단계 높은 수준의 생체고분자화합물을 만든다. 생명체에서는 네 종류의 고분자화합물이 발견되는데 탄수화물, 단백질, 지질, 핵산이 그들이다. 사람의 몸은 70퍼센트의 물을 제외하면 나머지 25퍼센트 정도가 탄수화물, 단백질, 지질, 핵산으로 이루어져 있고, 약 5퍼센트 정도가 여러 가지 이온이나 1차 대사에 사용되는 작은 분자들로 이루어져 있다. 생체고분자화합물 중에서는 단백질이 가장 많아 전체의 약 55퍼센트를 차지하고, 그다음 핵산이 약 25퍼센트, 탄수화물이 12퍼센트, 지질이 7~8퍼센트를 차지한다.

생명의 네 가지 레고블록

이 네 가지 고분자화합물은 제각각 매우 다양한 종류가 존재하지만 레고블록과 같이 작은 단위체로 구성되어 있다는 점에서 구조적으로는 비교적 단순하다. 생명성을 제공하는 분자인 단백질은 어떤 단백질이건 20종의 아미노산을 레고블록으로 해서 사슬처럼 연결된 고분자화합물이다. 탄수화물은 포도당, 과당과 같은 단당류가 레고블록으로 연결되어 다양

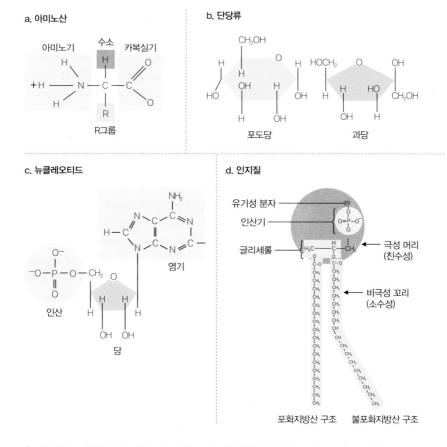

a. 아미노산

아미노기　수소　카복실기

R그룹

b. 단당류

포도당　　과당

c. 뉴클레오티드

인산　　염기

당

d. 인지질

유기성 분자
인산기
글리세롤
극성 머리 (친수성)
비극성 꼬리 (소수성)
포화지방산 구조　불포화지방산 구조

▍ **단백질(a), 탄수화물(b), 핵산(c), 지질(d)의 고분자화합물 단위체 구성.** (a) 아미노산의 R그룹은 20종의 아미노산에서 제각각 다르다. (b) 단당류 중 포도당과 과당을 예로 들었다. (c) 뉴클레오티드의 염기에는 A, T, G, C 네 가지가 있다. (d) 지질을 대표하는 인지질을 나타낸 것이다.

단백질

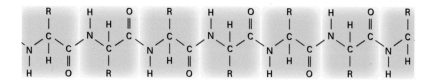

핵산

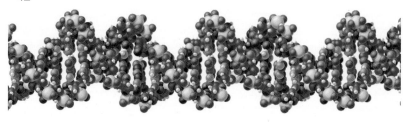

탄수화물

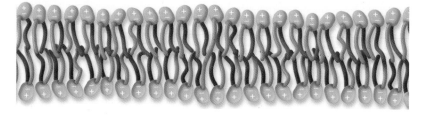

지질이중층

레고블록의 사슬로 만들어진 단백질, 핵산, 탄수화물. 지질이중층은 사슬이 아니라 소수성의 특성 때문에 반데르발스의 힘으로 뭉쳐 있다.

한 종류의 다당류가 된 것이다. 핵산은 뉴클레오티드라는 레고블록이 일련의 사슬로 연결되어 DNA나 RNA를 만든다. 뉴클레오티드에는 아데닌, 구아닌, 시토신, 티민 네 종류의 블록만 존재하기 때문에[*] 구조적으로 단백질보다 더 단순하다. 지질은 위 세 가지 종류의 고분자화합물과는 달리 물이 싫어 서로 모이는 성질[**]을 나타내어 정확히는 레고블록으로 연결된 구조로 보기는 어렵다. 지질은 반데르발스의 힘으로 뭉쳐져 있는 고분자화합물이다. 지질을 제외한 다른 세 가지 고분자화합물은 비유하자면 모두 사슬처럼 길게 연결되어 있으며 이들이 실타래처럼 뭉쳐서 적절한 3차 구조를 만들어낸다.

이들 네 가지 고분자화합물의 기능을 간단히 살펴보자. 탄수화물은 우리 몸의 에너지원이다. 단당류들은 ATP라는 에너지를 생산하는 데 바로 사용되고, 단당류가 기다란 사슬 구조로 연결된 다당류는 전분과 같이 세포 내 에너지가 충분할 때 잠시 저장하는 용도로 사용되거나 식물의 경우 세포벽의 주요 구성 성분으로서 구조적 지지 기능을 하기도 한다. 지질의 가장 중요한 기능은 세포막의 주성분으로 세포의 안과 밖을 경계짓는 역할이다. 이 기능이 왜 중요한지는 세포를 다룰 때 다시 이야기할 것이다. 또 다른 기능으로 에너지 과잉 상태일 때 고에너지를 저장하는 수단으로 사용되기도 한다. 그 때문에 비만이 되기도 하지만……[***]

---

[*]   DNA의 경우는 레고블록으로 티민을 사용하지만, RNA의 경우에는 티민 대신에 우라실을 사용한다.

[**]   소수성이라 한다, 여기서 疏水性이란 소원하다는 말에서 나오는 疏이다. 물과 친하지 않은, 물과 섞이기 싫은 화학적 특성을 의미한다.

[***]   옛날 우리 원시조상들은 항상 영양이 부족했기 때문에 먹이가 충분할 때 몸속 어딘가에 대량으로 에너지를 축적할 필요가 있었다. 하지만 지금은 비만으로 인한 건강 상의 문제만 안겨준다. 비만은 진화 과정에서 우리 몸의 영양 순환 요구가 바뀐 탓에 빚어진 현대 질환이다.

단백질과 핵산

우리 몸의 네 가지 레고블록 가운데 기능적으로 가장 중요한 것이 단백질과 핵산이다. 단백질은 모든 생명 현상의 근원이다. 생명 현상을 떠올려 보라. 거기에는 반드시 그 현상을 가능케 하는 단백질이 있다. 지금 자판을 두들기는 내 손은 액틴과 미오신이라는 단백질이 작용한 결과이고 스크린에 떠오르는 문자들은 내 뇌가 내린 명령이 뉴런을 따라 내려오면서 손가락을 움직인 결과이다. 이때 작용하는 분자가 전기신호를 만들어내는 나트륨-칼륨 펌프라는 단백질이다. 빛 에너지를 생명체의 화학 에너지로 전환시키는 것도 루비스코라는 식물의 단백질이 작용한 결과이고, 우리가 호흡을 할 수 있게 하는 것도 헤모글로빈이라는 단백질이 작용한 결과이다.

핵산은? 그렇다! 정보를 저장하는 분자가 핵산이다. 유전자에 대한 정보와 어떤 순간에 어떤 유전자를 사용해야 할지 활용 순서에 대한 정보가 핵산에 들어 있다. 말하자면 컴퓨터에 정보를 저장하는 기계어에 해당한다. 아마도 과거 컴퓨터가 처음 등장했을 때 사용된 언어인 포트란쯤 되지 않을까! 핵산에는 두 가지 종류, DNA와 RNA가 있다. 비유하자면 DNA는 컴퓨터의 하드 메모리쯤 되고 RNA는 휘발성이 강한 RAM 메모리쯤 된다. 이들이 담고 있는 정보는 두말할 것 없이 단백질 생산에 대한 정보이다. 앞에서 언급한 여러 가지 단백질들의 생산 정보가 바로 유전자 정보이며 이것이 핵산의 염기 서열 형태로 쓰여 있다.

단백질은 아날로그 정보

단백질을 구성하는 아미노산의 특징을 설명하지 않고는 생명의 레고블록을 충분히 설명했다 할 수 없다. 그래서 조금 길어지기는 하지만 아미노산을 간단히 소개한다. 아미노산의 특성을 이해하게 되면 왜 단백질이 생체 내 모든 화학 반응의 촉매로 작용하는지를 알게 될 것이고, 왜 생명체의 유전 정보가 오롯이 단백질 생성을 위한 정보인가를 이해하게 될 것이다.

우선 아미노산의 구조를 살펴보자. 아미노산은 중심탄소라 불리는 한가운데의 탄소 좌우에 아미노기와 카복실기가 붙어 있다. 중심탄소 위쪽으로는 수소 원자가 붙어 있고, 아래쪽에는 곁사슬(R)이라 불리는 잔기가 붙어 있다. 20종의 아미노산들은 제각각 다른 잔기를 가지는데, 이 잔기가 단백질에 기능을 부여하는 마법을 부린다. 20종의 아미노산들을 곁사슬의 화학적 특성에 따라 나열해놓은 본문 92쪽의 그림을 보자. 우선 친수성이며 전하를 가진 그룹(a)있다. 이들은 음과 양으로 대전되는 특징을 가진다. 다음으로 친수성이며 전하가 없는 그룹(b)이 있다. 이들은 모두 산소나 수산기(-OH)를 가진다. 이들은 양이나 음으로 대전되어 있지는 않지만 산소의 전자 욕심 때문에 부분적으로 전하를 띠게 되고 따라서 물에 쉽게 용해된다. 그 아래쪽에는 소수성 곁사슬을 가진 아미노산 그룹(c)이 있다. 이들 일곱 가지 아미노산의 곁사슬을 보면 하나같이 탄소와 수소로 꽉 채워져 있다. 그렇다, 휘발유의 주성분처럼 탄화수소이다. 물과 쉽게 섞이지 못하는 것이 당연해 보인다.

마지막으로 특별한 형태의 아미노산이 세 가지(d)가 있다. 가장 간단한

a. 친수성이며 전하를 가진 그룹

양(+)으로 대전

아르기닌 (Arg)(R)　히스티딘 (His)(H)　리신 (Lys)(K)

음(−)으로 대전

아스파르트산 (Asp)(D)　글루탐산 (Glu)(E)

b. 친수성이며 전하가 없는 그룹

세린 (Ser)(S)　트레오닌 (Thr)(T)　아스파라긴 (Asn)(N)　글루타민 (Gln)(Q)　티로신 (Tyr)(Y)

c. 소수성 아미노산 그룹

알라닌 (Ala)(A)　이소류신 (Ile)(I)　류신 (Leu)(L)　발린 (Val)(V)　페닐알라닌 (Phe)(F)

d. 특수 아미노산

글리신 (Gly)(G)　프롤린 (Pro)(P)　시스테인 (Cys)(C)

메티오닌 (Met)(M)　트립토판 (Trp)(W)

20종 아미노산의 화학 구조. 아미노산의 성질에 따라 친수성(a, b), 소수성(c), 특수 아미노산(d)으로 분류했고, 친수성의 경우 전하를 가진 그룹(a)과 전하가 없는 그룹(b)으로 따로 분류하여 나타냈다.

구조의 글리신은 곁사슬에 수소 원자 하나만 달랑 붙어 있다. 이런 구조적 특성은 단백질의 3차 구조*에서 모퉁이나 좁은 빈틈에 놓이기 알맞다. 곁사슬과 아미노산 왼쪽의 아미노기가 연결되어 꾸부정하게 구부러진 프롤린은 단백질의 아미노산 사슬이 꺾여야 할 부위에 주로 놓여 있다. 마지막으로 시스테인은 곁사슬로 설프히드릴기를 가진다. 여기에 황이 결합되어 있다. 이 시스테인의 황은 특별하다. 시스테인이 다른 시스테인과 쉽게 이황화결합을 통해 연결하게 해주는 특징을 가지는데 파마를 해서 머리가 꼬불꼬불해지는 것이 시스테인 때문이다. 머리카락을 구성하는 단백질의 이황화결합 부위가 파마 과정에서 바뀌게 되고, 이것은 결합력이 매우 강한 공유결합이기 때문에 파마기가 오랫동안 유지되는 것이다. 생체 단백질에서는 이러한 시스테인 간의 이황화결합이 그 단백질의 3차 구조를 결정하는 1차적 제약 요인이 된다. 단백질의 구성 요소인 황을 가지고 있는 아미노산이 시스테인 말고도 메티오닌이 있지만, 메티오닌의 황은 설프히드릴기가 아니기 때문에 이황화결합을 할 수 없고 따라서 화학적 성질이 다르다. 황은 생명체를 구성하는 네 가지 고분자화합물 중 단백질에만 있다는 것도 기억해둘 만하다.

단백질은 모든 생명 현상을 담당하는, 기능을 책임지는 고분자화합물이다. 그리고 그 기능은 단백질의 3차 구조, 즉 어떻게 생겼냐에 달려 있다. 단백질 3차 구조의 중요성을 설명할 때 난 주로 삶은 달걀을 예로 든다. 달걀을 삶을 정도의 온도로는 단백질이 화학적으로 파괴되지는 않는

----

* 단백질은 하나의 긴 아미노산 연쇄 사슬이 꼬이고 접히면서 일정한 3차 구조를 형성한다. 공작용 찰흙을 가지고 기다란 사슬을 만든 다음, 이것을 적당히 접고 꼬면 단백질의 3차 구조를 형상화할 수 있다.

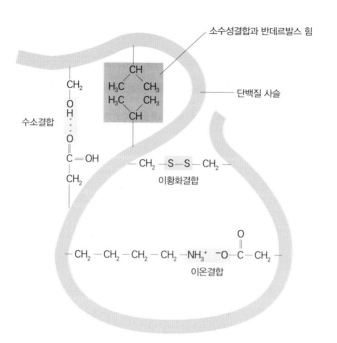

소수성결합과 반데르발스 힘

CH

H₃C   CH₃

H₃C   CH₃

CH

단백질 사슬

수소결합

CH₂

OH

O

C=OH

CH₂

CH₂ —S—S— CH₂

이황화결합

— CH₂ —CH₂ —CH₂ —CH₂ —NH₃⁺ ⁻O—C—CH₂ —

이온결합

| 단백질의 3차 구조를 결정하는 아미노산 곁사슬 간의 상호 작용. 3차 구조를 우선적으로 결정하는 것은 시스테인 곁사슬 간의 이황화결합이다. 그다음 양이온과 음이온 간의 이온결합, 산소와 수소 간의 수소결합, 소수성 곁사슬 간의 소수성결합 등이 작용하면서 단백질의 3차 구조가 결정된다.

다. 그러나 달걀을 삶아버리면 천하의 유정란도 더 이상 부화할 수 없게 된다. 달걀 속의 모든 단백질이 아미노산의 구성이나 서열이 하나도 바뀌지 않았지만 3차 구조를 잃어버리기 때문에 더 이상 제 기능을 못하는 상황이 된 것이다. 단백질의 기능 없이는 생명 활동이 불가능하고 배발생이 진행되는 부화가 일어날 수 없다. 단백질의 정보를 아날로그 정보라 비유하는 이유가 여기에 있다. DNA의 정보가 염기 서열 정보 즉 디지털 정보라면, 단백질의 정보는 아미노산 서열만으로는 안 되며 특정한 3차 구조를 갖춰야 비로소 기능을 하게 되는 정보이다.

단백질의 3차 구조는 어떻게 결정될까? 간단히 말하면 단백질을 구성하는 아미노산의 종류와 서열에 의해 단백질의 3차 구조가 결정된다. 아미노산 서열에 의해 어떻게 단백질 구조가 결정되는가 하는 분야는 한때 생물학의 중요 이슈였고, 미국 MIT 대학 교수로 있었던 재미교포 피터 김 박사가 이 분야, 단백질 접힘(protein folding) 분야의 선두주자였다. 그 많은 노력에도 불구하고 우리는 아직 아미노산 서열만 가지고는 3차 구조를 유추해내지 못한다. 하지만 특정 아미노산 서열은 반드시 특정 3차 구조를 가진다. 이 사실은 우리가 단백질의 3차 구조가 만들어지는 원리를 아직 모르고 있음을 알려준다.

아미노산 서열이 단백질의 3차 구조를 결정한다는 사실은 몇 가지 단백질에서 쉽게 관찰할 수 있다. RNA를 분해하는 RNase A라는 효소는 물에 끓이면 3차 구조가 일시적으로 해체되지만, 다시 상온에 오랫동안 두면 저절로 3차 구조를 회복하여 효소 기능을 되찾는다. 이런 특성 때문에 대학 연구실에서는 RNase A 효소를 이용할 때 불순물로 약간씩 섞여 있는 DNase를 제거하기 위해 끓였다가 식히는 간단한 처리를 해준다. DNase는 아미노산 사슬이 워낙 길어 열에 의해 변성되면 원래의 3차 구조를, 즉 기능을 회복할 수 없지만* RNase A는 원래의 3차 구조와 기능이 살아나기 때문이다. 따뜻한 물속에서 RNase A 단백질 사슬은 다양한

....

* 긴 사슬의 단백질이 자신의 3차 구조를 회복하지 못하는 것은 매우 긴 실타래를 풀어놓으면 쉽게 꼬여버려 풀지 못하게 되는 것과 같은 원리다. 이외에도 단백질을 끓이게 되면 단백질의 내부에 집중되어 있던 소수성 아미노산들이 열에 의해 바깥으로 노출되게 되고 이들 간의 소수성 결합에 의해 소수성 덩어리(hydrophobic patch)가 형성되어 원래의 3차 구조로 영원히 돌아가지 못하게 된다. 달걀을 삶았을 때 단백질 덩어리들이 생기는 이유다.

방식의 접힘과 꼬임을 시행착오를 거치며 시도하다가 원래의 3차 구조가 된다. 열역학적으로 가장 안정된 3차 구조가 이 단백질의 최종 형태이기 때문이다.

단백질의 효소 기능을 가능하게 하는 아미노산의 특성을 간단히 설명하는 것으로 이 장을 마무리하자. 생체 내 유기물이 관여하는 화학 반응은 대부분의 경우 산화 · 환원 반응이고, 이러한 반응에는 전자나 수소 이온이 붙거나 떨어져나가게 된다. 앞에서 말한 것처럼 전자는 원소와 원소를 연결하는 볼트나 너트쯤으로 생각할 수 있다. 이러한 전자가 떨어져나가거나 붙는 과정에 유기물의 각 원소들이 서로 해체되거나 결합하는 생체 내 화학 반응이 일어난다. 이러한 일을 하기에 20종의 아미노산이 아주 적합하다고 할 정도로 다양한 화학적 특성을 가진다. 단백질의 효소 기능을 담당하는 부위를 활성 부위라 하는데, 이곳에는 특히 음이나 양으로 대전된 아미노산 혹은 부분적으로 대전된 아미노산이 집중적으로 배치되어 있다. 화학 반응을 유도하기에 알맞은 환경이 활성 부위에 형성되어 있어 촉매 작용을 하게 되는 것이다.

DNA는 디지털 정보

생체 내에서 일어나는 화학 반응은 모두 몇 가지나 될까? 많아야 수천 가지 반응일 것이다. 이 반응들을 효소라 불리는 단백질들이 수행하게 된다. 단백질의 종류는 생체 내 일어날 것으로 예상되는 화학 반응의 수보다 훨씬 더 많다. 사람의 경우 약 2만 1,000개 정도의 단백질 정보가 우리 몸의 게놈 안에 들어 있다. 생명체에서 일어나는 모든 화학 반응뿐만 아니라 다양한 생명 현상이 모두 단백질에 의해 이루어진다. 궁극적으로는 한 생명체가 만들어낼 수 있는 단백질의 총합이 그 생명체가 어떤 생명 활동을 할 것인지를 결정하게 된다. 따라서 생명체는 자신의 유전 정보를 단백질 합성의 정보 형태로 만들어서 다음 세대에 전달하는데, 이 정보가 A, T, G, C로 이루어진 염기 서열 형태로 DNA에 저장된 유전자이다. 유전자는 염기 서열 자체가 중요하지 그 구조가 어떻게 꼬여 있건 상관이 없다. 그래서 DNA 속의 정보를 디지털 정보라 한다. 염기 서열 정보는 정확하게 아미노산 서열 정보로 전환되고 아미노산 서열이 결정되면 단백질의 3차 구조, 즉 아날로그 정보가 주어진다. 염기 서열 정보가 어떻게 아미노산 서열 정보로 전환되는지는 3부에서 자세히 설명할 것이다.

6

생명의 최소단위,
세포

· 왜 코끼리만 한 세포는 없을까? ·

1665년 런던 왕립학회의 실험관리자였던 로버트 후크는 자신이 막 개발한 현미경의 효용성을 입증하는 실험이 뭐 없을까 고민하고 있었다. 맨눈으로 안 보이는 아주 작은 물체도 볼 수 있는 현미경의 효용성이 무엇일까? 그는 코르크 조각을 잘라서 현미경으로 들여다보기로 했다. 코르크가 물에 뜨는 이유를 현미경으로 들여다보면 알 수 있지 않을까 생각했고 실험 결과는 대성공이었다. 코르크 조각을 들여다보니 미세 구조에서 여러 개의 칸막이가 나타났고, 그 칸막이가 공간을 만들어서 아주 가볍고 밀도가 낮은 물질이 된 것이다. 더불어 그는 세포를 발견하는 위업을 이루었다. 모든 생물체가 이런 작은 공간*으로 나뉘어 있지 않을까 생각했

---

* 후크는 이 작은 공간을 수도원들이 지내는 작은 방이라는 의미로 셀(cell, 세포)이라 명명했다.

는데, 후에 이름도 비슷하여 헷갈리게 하는 레이벤후크가 등장하여 다양한 동물, 식물, 미생물이 세포로 이루어져 있음을 입증했다. 모든 생물이 세포로 이루어져 있다는 세포론이 확고부동한 이론으로 자리잡게 된 것이다.

왜 작아야 하는가?

가장 단순한 형태의 세포인 박테리아는 대략 10마이크로미터(10^{-6}미터) 크기이고 진핵생물 대부분의 세포 크기는 100마이크로미터이다. 식물은 동물보다 일반적으로 10배 정도 더 큰 크기를 가진다. 그렇다면 왜 모든 생명체는 세포라는 작은 단위로 구성되어 있을까? 코끼리처럼 덩치 큰 세포는 왜 없을까? 세포가 작은 데에는 그래야 할 이유가 있을 것이다. 추상적으로 말하면 정보의 입출입 문제이다. 세포로 들어오는 정보와 나가는 정보의 양을 적절히 처리하기 위해서는 정보가 들고나는 창이 일정 크기로 유지되어야 한다. 그런데 세포의 크기가 커지면 커질수록 체적 대 표면적의 비가 점점 줄어들어 단위 체적에 필요한 표면적이 급격히 감소하게 된다.

예를 들어 한 변의 길이가 1센티미터씩 늘어나는 정육면체의 경우를 생각해보자. 체적은 1, 8, 27, 64cm³로 늘어나게 되지만 표면적은 6, 24, 54, 96cm²로 늘어나게 된다. 즉 체적 대 표면적의 비가 각변의 길이가 늘어날수록 6, 3, 2, 1.5로 점점 줄어든다. 체적이 늘어나면 늘어날수록 그 체적 속 내용물, 즉 정보의 양은 늘어나게 된다. 세포의 경우 이 정보의 양은 대개 에너지를 얻는 데 필요한 영양분이나 소화하고 남은 음식찌꺼기

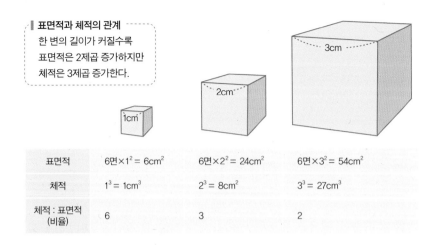

표면적과 체적의 관계
한 변의 길이가 커질수록
표면적은 2제곱 증가하지만
체적은 3제곱 증가한다.

표면적	$6면 \times 1^2 = 6cm^2$	$6면 \times 2^2 = 24cm^2$	$6면 \times 3^2 = 54cm^2$
체적	$1^3 = 1cm^3$	$2^3 = 8cm^2$	$3^3 = 27cm^3$
체적 : 표면적 (비율)	6	3	2

의 양이 된다. 체적이 늘어날수록 점점 표면적이 줄어들게 되면 어느 순간에는 단위 체적에 대해 정보를 처리할 수 없는 임계 표면적을 넘어서게 되고 결국 세포는 더 이상 커질 수 없다. 이러한 문제를 극복하기 위해 세포는 분열을 통해 표면적을 늘리는 것이다. 말하자면 표면적에 해당하는 세포막은 세포가 세상을 향해 열어놓은 창이고 그 크기가 적당해야 세포가 생존할 수 있는 원리이다.

다양한 세포의 크기

이제 세포의 크기에 관한 몇 가지 사실들을 알아보자. 왜 박테리아는 진핵생물에 비해 더 작을까? 이는 진핵생물은 왜 더 클까라는 질문이기도 하다. 진핵생물의 세포는 그 내부가 정교하게 섹션화되어 있기 때문에 큰 대신에 정보의 처리에 있어서 보다 능숙하다. 즉 진핵생물은 막 성분으로 이루어진 세포내막계를 가지고 있어 내부가 고도로 정교하게 정돈된 구

1부. 생명은 흐름이다

조인 반면, 박테리아는 이러한 세포내막계의 발달이 이루어지지 않아 내부가 다소 어수선한 구조로 되어 있다. 따라서 원핵생물은 정보 처리에 어려움이 있기 때문에 가능하면 작은 크기의 세포를 유지할 수밖에 없다.

식물은 왜 동물에 비해 일반적으로 더 클까? 그 이유는 식물세포에 풍부하게 있는 액포 때문이다. 일반적으로 동물의 경우 그 형태를 유지하기 위해 골격이라는 특별한 구조물을 가지고 있다. 포유동물의 경우 척추가 그렇고 곤충의 경우 외골격이라 불리는 딱딱한 외피가 그런 역할을 한다. 물론 식물에도 동물의 골격에 해당하는 관다발조직이라는 구조가 있기는 하지만 식물조직 하나하나의 형태를 유지해주는 것은 액포의 기능이다. 특히 일년생 식물의 경우 세포 속의 액포에 물을 가득 채워 형태를 유지한다. 게으른 주인을 만난 식물들이 물을 못 마셔 시들면 축 처져버리는 이유는 액포에 물이 없기 때문이다. 이런 역할을 하는 액포는 많은 식물세포에서 전체 체적의 90퍼센트 이상을 차지하는데 이 때문에 동물에 비해 같은 체적이어도 내용물이 실제적으로는 적은 편이다. 식물의 크기가 10배 정도는 커져야 동물세포와 비슷한 양의 내용물을 가지게 되는 것이다. 당연히 식물이 클 수밖에 없다.

그렇다면 세상에서 가장 큰 세포는 무엇일까? 새의 알이다. 부화하기 전 새의 알은 1개의 세포로 이루어져 있다. 따라서 현존하는 생물종 중에는 타조알이 가장 큰 세포이다. 알은 왜 이렇게 큰 것일까? 실제 알 속 내용물의 거의 대부분은 영양분이고 영양분의 공급과 음식찌꺼기의 배출을 필요로 한 세포질 부분은 극히 일부분에 지나지 않는다. 우리가 일상적으로 먹는 달걀의 경우 쉽게 그 부분을 관찰할 수 있다. 달걀을 깨뜨려 그릇에 담아보면 노란색 황반을 둘러싸고 있는 투명한 흰자위가 보일 것이다.

노란자위와 흰자위 모두 영양분 덩어리이다. 투명한 흰자위 바깥쪽에 작은 크기의 하얀색 얼룩이 보일 것이다. 그게 달걀의 세포질, 즉 세포 내용물이다. 말하자면 새의 알이 매우 크다 해도 실제 세포질 내용물은 얼마 되지 않기 때문에 체적 대 표면적 비율 문제가 자연스럽게 해결된다.

마지막으로 매우 기다란 세포 얘기를 해보자. 신경을 연구하는 과학자들은 대형 오징어에서 기다란 뉴런세포를 끄집어내어 이런저런 연구를 수행한다. 이들 뉴런은 1개의 세포인데 자그마치 길이가 1미터에 가깝다. 이렇게 기다란 세포가 가능한 것은? 이 경우 체적 대 표면적의 비율 문제가 아예 존재하지 않는다. 길이가 길어지는 만큼 표면적도 함께 늘어나기 때문이다. 정리하면 세상의 모든 생명체는 체적 대 표면적 비율 문제를 피해 갈 수 없고, 그 문제를 회피하기 위한 방식으로 세포분열을 한다.

원핵세포와 진핵세포

지구 상에 존재하는 세포는 크게 원핵세포와 진핵세포로 나뉜다. '原核(원핵)'이란 핵이 없는 원시적인 형태의 세포라는 뜻이고 '眞核(진핵)'이란 핵이 진짜로 있는 세포라는 의미다. 세포를 메틸렌블루라는 염색액으로 염색하면 세포의 가운데 짙게 염색되는 원형의 구조가 보이는데 이것이 핵이다. 원핵세포는 똑같이 염색을 해도 가운데 핵에 해당하는 원형의 구조가 보이지 않는다. 박테리아와 같은 원핵세포는 핵이 없기 때문에 염색되는 부위가 없는 것이다.

핵만 없는 것이 아니라 원핵세포는 세포 내부를 정교하게 구획하여 나눠놓지 않는다. 따라서 다음의 세포 내 작은 구획들에 대한 설명은 대부

1부. 생명은 흐름이다

분 진핵세포에 대한 설명이다. 진핵세포는 원핵세포에 비해 진화적으로 발전된 것이며, 세포 내 구획에 따라 고도로 정교하게 분업화되어 있다는 특징을 가진다. 세포의 기능을 세포소기구들이 어떻게 나누어 분업하고 있는지 알아보자.

세포 속의 소우주, 구획 나누기

진핵세포는 세포 내부를 마치 회사 사무실처럼 여러 개의 섹션으로 나누어 쓰고 있다. 각각의 구획은 서로 다른 기능을 맡아 수행하는데, 이를 통해 분업이 효과적으로 일어나게 된다. 핵 속에서 보게 되는 구획과 장치를 세포소기구라 한다. 여기에는 핵, 소포체, 골지체, 리소좀, 리보좀, 미토콘드리아 등이 있다.

| 핵 |

세포 내부를 들여다보면 가장 손쉽게 염색이 되며 가장 뚜렷한 구조가 핵이다. 핵은 세포의 정보를 저장하는 구조물이다. 즉 유전 물질이 들어 있는 구조물로 그 속에는 DNA로 이루어진 게놈이 들어 있어 게놈 속의 정보를 활용하여 적절한 단백질을 적절한 시점에 합성할 수 있도록 명령을 내린다. DNA는 아데닌(A), 구아닌(G), 시토신(C), 티민(T) 네 가지 염기가 일정한 서열로 배열되어 있는 구조인데 이에 대해서는 유전 정보를 논하는 장에서 자세히 설명할 것이다. 핵 안에는 인이라 불리는 좀 더 짙게 염색되는 구조물이 보인다. 이곳은 리보좀의 부속품을 생산하고 조립하는 곳이다. 핵은 핵막이라는 두터운 막으로 둘러싸여 있고, 핵막은 내막과

동물세포

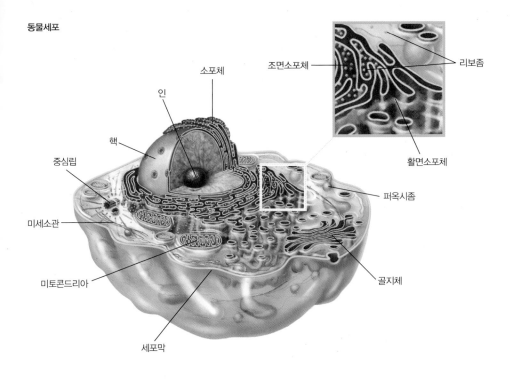

조면소포체 ——— ——— 리보좀

활면소포체

인
소포체
핵
중심립
리보좀
미세소관
퍼옥시좀
미토콘드리아
골지체
세포막

식물세포

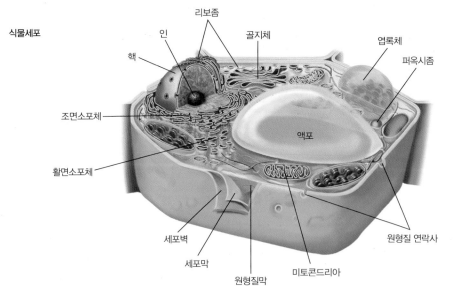

리보좀
인
골지체
핵
엽록체
퍼옥시좀
조면소포체
액포
활면소포체
원형질 연락사
세포벽
세포막
미토콘드리아
원형질막

동물세포와 식물세포의 형태. 식물세포는 액포가 상당한 부피를 차지한다.

외막의 이중막으로 이루어져 있다.

| 소포체 |

핵막 바깥쪽에 두텁게 봉투를 쌓아놓은 듯이 보이는 구조가 보이는데 이를 소포체라 한다. 소포체는 겉표면에 좁쌀같이 생긴 리보좀이 닥지닥지 붙어 있는 조면소포체(거친면소포체. 조면이란 거친 면을 말한다)와 리보좀이 전혀 없이 표면이 매끈한 활면소포체(매끈면소포체. 활면이란 면이 매끈하다는 것을 말한다)로 나뉜다. 조면소포체에는 단백질 생성기구인 리보좀이 깨알같이 붙어 있어 조면소포체 봉투 내로 열심히 단백질을 생성하여 집어넣는다. 즉 단백질이 왕성하게 생성되는 장소가 조면소포체이다. 반면 활면소포체는 이미 생성된 단백질이 봉투 내부에서 가공되어 다듬어지는 장소이다. 조면소포체는 활면소포체와 역동적으로 연결되어 있으며 세포내막계의 중요한 구성 요소이다. 전자현미경 사진을 보면 조면소포체에서 활면소포체가 떨어져나오는 것처럼 보이는데 실제로 세포 내에서 일어나고 있는 현상이다.

| 리보좀 |

핵 바깥에서는 많은 수의 과립형 입자 모양을 볼 수 있다. 이것이 단백질을 합성하는 재봉틀 기능을 하는 리보좀이다. 리보좀은 그 크기가 매우 작아 전자현미경 사진을 찍어놓으면 마치 좁쌀을 흩뿌려놓은 것처럼 보인다. 재봉틀이 천을 박아 서로 잇듯이 리보좀은 아미노산을 이어박아 단백질 사슬을 만들어낸다. 리보좀은 소포체의 표면에 달라붙어 있기도 하고 (이 경우 조면소포체가 된다), 세포질 속에 자유롭게 떠다니기도 한다.

| 골지체 |

조면소포체에서 조금 더 떨어져서 중첩된 봉투 모양이 보인다. 이를 골지체라고 한다. 골지체는 이탈리아의 카밀로 골지라는 사람이 현미경을 통해 처음 발견한 세포소기구로 한동안 그 존재 여부가 논쟁이 되었던 구조물이다. 골지체는 보고자 하는 사람에게만 보이는 독특한 세포소기구로 '알면 보인다'는 경구를 학생들에게 이해시키는 좋은 예로 사용된다. 리처드 도킨스도 아는 사람에게만 보이는 골지체의 발견과 그 이후 에피소드에 대해『만들어진 신』에서 흥미진진하게 소개할 정도로 많은 논쟁을 불러일으킨 구조물이다. 골지체는 주로 단백질을 최종 목적지로 수송하는

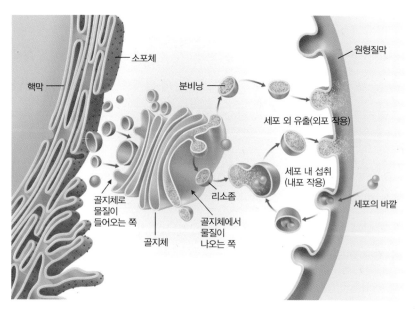

▌ **세포내막계.** 핵막, 소포체, 골지체, 리소좀, 세포막은 모두 지질이중층으로 이루어져 있으며 서로 붙었다 떨어졌다 하는 동적 평형 상태에 있다.

역할을 하며, 수송하는 동안 단백질을 최종 생산물의 형태로 다듬고 저장하는 역할도 한다.

작은 물주머니들

그 외 세포내막계의 일부로 리소좀, 퍼옥시좀, 액포 등이 있는데 모두 특정 기능을 수행하는 단백질(주로 소화 효소들)을 지질이중층으로 둘러싼 과립형 세포소기구이다. 이들은 골지체에서 떨어져나와 만들어지는 구조로 소포체에서 골지체, 리소좀 등을 거쳐 세포막으로 전달되는 세포내막계를 형성한다. 세포내막계란 핵막에서부터 소포체, 골지체, 리소좀, 퍼옥시좀, 액포 등의 과립형 입자와 심지어 세포막까지 모두 지질이중층으로 이루어져 있으며, 서로 붙었다 떨어졌다 하는 동적 평형 상태에 있는 내막 시스템을 말한다.

예를 들어 세포 밖에 어떤 영양분 덩어리가 있으면 이를 세포막이 둘러싸서 세포 안으로 가져오기도 하는데, 이렇게 세포 안으로 들어온 과립을 소화 효소가 잔뜩 들어 있는 리소좀과 융합시키면 그 속의 영양분이 소화된다. 리소좀은 전술한 대로 골지체에서 최종적으로 가공되어 떨어져나온 것이다. 정리하면 세포내막계를 구성하고 있는 지질이중층은 핵막에서부터 소포체, 골지체, 리소좀을 거쳐 세포막까지 바깥으로 이동하기도 하고 반대로 세포막에서 핵막까지 내부로 이동하기도 하는 동적 평형 상태에 있다.

세포의 배터리, 미토콘드리아와 엽록체

세포내막계 사이사이에 미토콘드리아와 식물의 경우 엽록체가 존재한다. 이들이 세포 내 에너지 공장, 배터리다. 전자현미경 사진을 보면 마치 소시지처럼 생긴 미토콘드리아는 세포가 필요로 하는 에너지를 생산하는 공장 역할을 한다. 특히 세포는 에너지의 거의 대부분을 ATP라 부르는 화합물에서 얻는데 미토콘드리아에서 대량의 ATP가 합성된다. 엽록체도 ATP를 생산하는 세포소기구이고 광합성을 수행하는 에너지 공장이다. 세포 내에는 세포의 활성 정도에 따라 대략 수백에서 수천 개의 미토콘드리아가 있다. 에너지가 많이 필요한 활발한 세포에서는 수가 많고 비교적 정적인 세포에서는 수가 적다. 엽록체도 이와 비슷하다. 광합성이 활발하게 일어나는 잎세포에는 100여 개의 엽록체가 있지만 다른 세포에는 엽록체가 적은 수 존재하기도 하고 뿌리세포처럼 광합성을 하지 않는 세포의 경우 아예 없기도 하다.

미토콘드리아와 엽록체는 세포 내 에너지 공장이라는 공통점 외에도 자신의 유전 정보, 즉 게놈을 가지고 있으며 내부에 단백질 생성을 위한 세포소기구인 리보좀을 가지고 있다는 공통점도 있다. 미토콘드리아와 엽록체는 이를테면 세포 속의 세포인 셈인데 자신이 필요로 하는 단백질을 약 10퍼센트 정도는 스스로 만들고, 나머지 90퍼센트 정도는 핵 속 유전 정보를 이용해 세포질에서 만든 것을 가져다 쓴다. 게놈 염기 서열의 비교분석을 통해 미토콘드리아와 엽록체는 진핵세포보다는 원핵세포와 유사하다는 것이 알려졌고, 미토콘드리아는 리케차(rickettsia)라는 세균을, 엽록체는 남세균을 닮았다는 것이 밝혀졌다. 마치 세포 속에 세포가 들어 있는 것 같은 구조를 보고 린 마굴리스*라는 천재 여성 과학자는 '세

---

* 린 마굴리스는 『코스모스』의 저자이며, 천문학자인 칼 세이건의 첫 번째 부인으로도 유명하다.

포공생설'을 제안하게 된다. 이에 따르면 미토콘드리아와 엽록체는 진핵세포에게 잡아먹힌 박테리아가 내부에서 살아남아 영구적으로 공생을 하게 된 것이다.

미토콘드리아가 자신의 게놈을 가지고 있기 때문에 인류의 조상을 추적하는 고생물학에서는 미토콘드리아 게놈의 염기 서열을 비교하여 친척관계를 밝히는 연구를 수행했다. 그 결과 인류의 조상이 아프리카에서 기원했다는 아프리카 기원설이 제안되었다. 흥미롭게도 미토콘드리아의 염기 서열뿐 아니라 부계를 따라 유전되는 Y 염색체의 염기 서열을 비교했을 때도 같은 결과를 얻었다. 이 때문에 아프리카 기원설을 지지하는 용어로 '미토콘드리아 이브'와 '아담의 Y'라는 용어가 널리 사용되게 되었다.

| 세포골격 |

마지막으로 세포 내 구조물로 언급할 만한 것이 세포골격이다. 세포골격은 세포의 형태를 결정해주는 구조물로 크게 세 종류가 있다. 미세섬유, 중간섬유, 미세소관인데 이들은 각각 액틴, 케라틴, 튜뷸린이라는 단위 단백질이 중합체로 결합되어 있는 구조다. 굵기는 미세소관이 가장 굵고 미세섬유가 가장 가늘다. 동물세포의 경우 특정한 형태가 만들어지는 이유는 모두 이 세포골격 때문이다. 식물세포의 경우에는 세포의 형태가 세포골격보다는 세포벽의 짜임새 형태에 따라 결정된다. 이 때문에 식물세포에서 세포벽을 벗겨내면 아주 동그란 원형의 세포가 된다.

7

생명체의 현찰 에너지,
ATP

· 우리는 에너지를 어떻게 얻을까? ·

　우리에게 가장 익숙한 화학 에너지는 아마 가솔린일 것이다. 대부분 버스가 되었건 자동차가 되었건 차를 이용하니까! 가솔린은 탄화수소라고 불리는 휘발성이 강한 액화성 기체 연료다. 이 연료가 자동차 엔진에 들어가서 완전히 태워지면 그때 나오는 열 에너지(폭발 에너지)가 엔진을 팽창시켜 크랭크축을 돌리고 바퀴가 돌아가게 된다. 생명체도 가동하기 위해서는 화학 에너지가 필요하다. 생명체를 가동시키는 화학 에너지는 ATP라 불리는 가솔린 무게의 5배쯤 되는 분자이다. ATP는 'Adenosine Tri-Phosphate'의 약자로 네 가지 염기 중 하나인 A(아데닌)에 인산기 3개가 나란히 직렬로 연결되어 있는 구조이다. 자동차는 가솔린을 완전 연소해 얻은 열 에너지를 자동차 바퀴를 돌리는 운동 에너지로 전환한다. 이와 달리 생명체는 화학 에너지 ATP를 완전 연소시켜 에너지를 얻지는

ATP의 구조

않는다. 만약 우리가 자동차처럼 ATP를 완전 연소시켜 에너지를 얻는다면 우리 몸은 자그마치 40킬로그램의 ATP를 매일 만들어내야 한다. 가능하지 않은 일임을 금방 알 수 있다.

생명체가 ATP를 이용하여 에너지를 얻는 방법은 ATP-ADP 순환을 이용하는 것이다. ATP에 직렬로 배열되어 있는 세 인산기 중 하나를 떼어내 ADP(Adenosine Di-Phosphate)를 만들면서 이때 나오는 에너지를 생명 활동, 즉 운동 및 화학 반응 등에 이용한다. 한편 생성된 ADP는 인산기 하나를 다시 갖다붙이면 쉽게 ATP로 재생된다. 이러한 ATP-ADP 순환 회로를 이용하여 생명체는 에너지를 끊임없이 공급받는다. 사람의 경우 하루에 1만 번 정도의 ATP 순환이 일어나는데, 이 때문에 우리 몸에 들어 있는 20그램이 채 되지 않는 ATP만으로도 충분한 에너지 공급이 이루어진다.

ATP가 ADP로 분해되면서 나오는 에너지[*]는 너무 크지도 않고 작지도 않은 딱 적당한 양의 현찰 에너지다. 생명체는 생명 활동에 필요한 반응

....

[*]　ATP 1몰을 ADP로 전환할 때 7.3킬로칼로리의 에너지가 나온다.

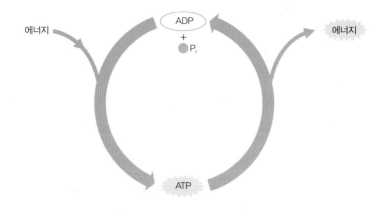

들을 수행하기 위해 한 분자의 ATP가 가진 에너지를 최소 단위로 이용한다. 이보다 적은 양의 에너지가 필요한 반응에서는 과감히 한 분자의 ATP를 지불하고,[*] 더 많은 에너지가 필요한 반응에서는 여러 분자의 ATP를 지불한다. 말하자면 한 분자의 ATP는 생명체가 지급할 수 있는 최소 에너지, 화폐로 비유하자면 가장 작은 단위의 돈(현재의 10원에 해당), 현찰 에너지이다.

ATP를 생산하는 생명의 배터리

ATP를 생성하는 세포소기구는 미토콘드리아와 엽록체이다. 세상의 모

----

[*] 사용하고 남은 에너지는 열로 방출된다. 이 열은 생명이 자신의 몸을 일정하게 덥히는 역할도 하니 일석이조다.

든 진핵세포는 미토콘드리아를 가지고 있다.[**] 따라서 모든 세포에 에너지를 공급하는 생명의 배터리가 미토콘드리아인 셈이다. 식물세포의 경우에는 이외에도 엽록체라는 배터리 하나를 더 가지고 있다. 미토콘드리아는 ATP를 생성하는 데 필요한 에너지를 우리가 섭취하는 음식에서 얻지만 엽록체는 태양빛에서 얻는다. 에너지의 원천은 다르지만 두 배터리가 작동하는 방식은 기본적으로 같다. 미토콘드리아와 엽록체는 둘 다 세포 속의 세포이며 잘 발달된 내막계를 가지고 있다. ATP는 내막계 속에 박혀 있는 환풍기처럼 생긴 ATP 합성 효소에 의해 생성된다. 2008년경에 밝혀진 ATP 합성 효소의 구조를 보면 환풍기 날개같이 생긴 터빈이 내막 안쪽에 위치해 있다. 이 터빈에 ADP와 인산이 함께 있다가 환풍기 날개, 터빈이 뱅글 돌면 그 에너지를 이용해 둘이 결합하고 ATP가 생성된다. 이제 이 터빈을 돌리는 에너지가 뭔지를 알면 된다. 이 터빈을 돌리는 에너지는 제법 복잡하다. 그래서 이 글을 읽을 때는 약간의 집중이 필요하다. 강의를 통해 이 부분을 설명하면 대부분 '아, 그렇구나' 하고 수긍을 한다. 그림을 직접 보여주며 설명하기 때문에 어렵지 않게 이해한다. 그러나 다음날쯤 되면 또 헷갈린다. 한 단계가 아니라 여러 단계의 작업을 통해 에너지가 얻어지기 때문이다.

ATP 합성 효소의 터빈을 돌리는 에너지는 크게 다음 네 단계를 통해 얻는다. 첫째, 음식물을 서서히 분해하면 전자가 튕겨져나오는데 이 전자를 전자전달 차량인 NADH에 받아둔다. 둘째, NADH는 자신이 받은 고에너

....

[**] 원핵세포는 미토콘드리아가 없어 스스로 미토콘드리아와 비슷한 기능을 수행한다.

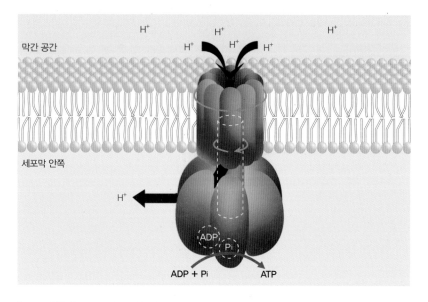

막간 공간

H⁺ H⁺ H⁺ H⁺ H⁺ H⁺

세포막 안쪽

H⁺

ADP
Pi

ADP + Pi   ATP

▌ATP 합성 효소 구조. 수소 이온이 ATP 합성 효소의 내부를 관통하여 들어오면 터빈이 돌아가면서 ATP를 합성해낸다.

지 상태의 전자를 전자전달계*에 넘겨준다. 전자전달계 속에서는 전자가 에너지가 높은 상태에서 낮은 상태로 흘러가면서 수소 펌프를 가동한다. 셋째, 펌프들의 작용으로 수소 이온이 막 바깥으로 퍼 날라지면 바깥쪽에 높은 농도의 수소 이온이 쌓이게 된다. 넷째, 결국 막 바깥의 수소 이온은 삼투압에 의해 안으로 들어오려는 강한 압력을 받게 되는데, 이것이 ATP 합성 효소의 터빈을 돌리는 힘이다. 이제 하나씩 다시 상세히 설명해보자.

＊　전자전달계는 미토콘드리아와 엽록체에만 있다. 박테리아와 같은 원핵생물은 전자전달계를 세포막에 가지고 있다.

Dr. Michell, Are you crazy?

미토콘드리아와 엽록체는 둘 다 내막에 전자전달계라는 배터리 장치를 가지고 있다. 주변에서 에너지가 충만한 전자를 받아와 전자전달계에 흘려주면 에너지가 충전된다. 충전된 에너지는 ATP 합성 효소의 터빈을 돌리는 데 이용된다. 그렇다면 전자전달계에 의해 충전되는 에너지는 무엇이고, 그것이 어떻게 터빈을 돌리게 되는 것일까?

이 과정을 밝혀낸 사람은 영국의 과학자 피터 미첼이다. 그는 1978년 이 공로로 노벨화학상을 받았다. 이 과정이 얼마나 기묘했으면 미첼이 MIT 대학을 방문하여 자신의 가설을 처음 발표했을 때 MIT 대학의 교수들이 "미첼 박사, 당신 미쳤소?(Dr. Mitchell, are you crazy?)"라고 했다는 일화도 있다. 이 과정을 설명하면 이렇다. 전자전달계에는 펌프가 들어 있어 전자가 전자통로를 콸콸 흘러가는 힘으로 펌프가 수소 이온을 막 안에서 막 밖으로 뿜어낸다.[**] 세포호흡을 하는 미토콘드리아에는 펌프 3개가 나란히 연결되어 전자를 주고받으며 수소 이온을 내막 바깥으로 뿜어낸다. 그 결과 내막 바깥쪽에는 수소 이온이 축적되어 막 바깥쪽이 안쪽에 비해 수소 이온 농도가 높은 상태가 되는데, 이들이 삼투압에 의해 내막 안쪽으로 다시 돌아오려는 물리적 힘(화학삼투압)을 만들어낸다. 이것이 배터리 장치에 충전된 에너지이다.

....

[**] 이 비유는 수력발전소에 설치된 터빈을 연상한 것이다. 높은 위치 에너지를 가진 물이 아래로 떨어질 때 그 중간에 터빈을 설치해놓으면 터빈의 날개를 돌려 전기 에너지를 얻을 수 있듯이, 에너지 준위가 높은 전자가 낮은 곳으로 흘러갈 때 그 사이에 펌프를 설치해놓으면, 펌프가 수소 이온을 막 안에서 바깥쪽으로 뿜어낼 수 있다.

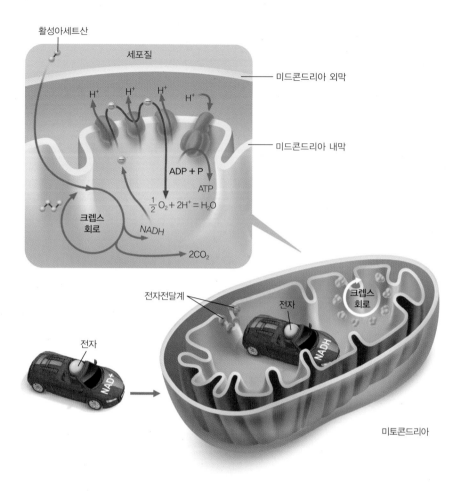

활성아세트산

세포질

미드콘드리아 외막

H^+ H^+ H^+

H^+

미드콘드리아 내막

ADP + P

ATP

$\frac{1}{2} O_2 + 2H^+ = H_2O$

크렙스
회로

NADH

$2CO_2$

전자전달계

전자

크렙스
회로

전자

미토콘드리아

▌ **전자전달계와 ATP 합성.** 크렙스 회로에서 나온 전자가 NADH 택시에 실리면, NADH는 전자를 미토콘
드리아 내막의 전자전달계에 넘겨준다.

이 충전된 에너지를 이용해 ATP 합성 효소의 터빈을 돌리는 방법은 다
음과 같다. ATP 합성 효소는 단백질 내부에 통로가 있어 삼투압을 가진
수소 이온이 이 통로를 통해 내막 바깥쪽에서 안쪽으로 뿜어져 들어온다.

1부. 생명은 흐름이다

워낙 세게 들어오기 때문에 그 힘이 효소의 터빈을 돌리기에 충분한 힘이 된다. 이러한 미첼의 설명을 화학삼투 가설이라 하는데 이후 다양한 실험을 통해 입증되었고, 2008년에는 ATP 합성 효소의 구조까지 명확하게 밝혀져 터빈이 어떻게 도는지 분자 수준에서 이해하게 되었다. 이제 에너지가 충만한 전자가 어떻게 미토콘드리아와 엽록체의 내막에 있는 전자전달계에 전달되는지 살펴보자.

전자를 제공하는 세포호흡

우리 몸은 모두 수십조 개의 세포로 이루어져 있다. 그리고 이 모든 세포들이 ATP를 생성하는 미토콘드리아라는 배터리를 적게는 수백에서 많게는 수천 개 가지고 있다. 미토콘드리아는 어떻게 우리가 먹은 음식물들을 이용해 ATP를 생산할까? 우리가 먹은 음식물들은 잘게 쪼개어져 아미노산, 단당류, 뉴클레오티드, 지방산 등의 작은 분자가 된다. 이 분자들은 더 작은 분자들로 조금씩 쪼개어지는 대사 회로 속으로 들어간다. 해당과정과 크렙스 회로가 대표적인 대사 회로이다. 이 대사 회로를 돌면서 분자들은 조금씩 화학적으로 안정된 구조로 바뀌는데 이 과정에 에너지가 충만한 전자가 튕겨나온다. 이 전자들은 NADH라는 전자운반 차량에 안정하게 실려 미토콘드리아의 내막으로 안내된다. 이곳에서 전자가 전자전달계에 전달되면 앞에서 설명한 전자흐름에 따른 에너지 충전, 즉 수소 이온 농도에 의한 화학삼투압이 형성되고 ATP 합성 효소의 터빈이 돌게 된다. 이 과정을 세포호흡이라 한다.

생화학 교과서에는 ATP가 생성되는 과정을 포도당에서부터 출발하여

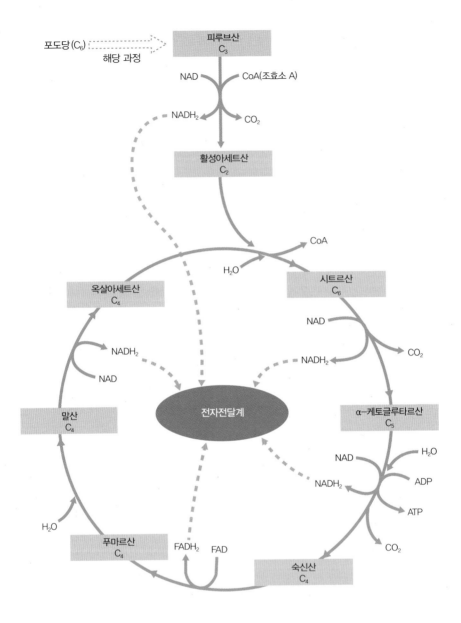

■ 크렙스 회로

설명하고 있다. 이 과정대로 설명하면 우선 해당 작용을 거쳐서 6탄당(6개의 탄소로 이루어진 당)인 포도당이 3탄당(피루브산)으로 바뀌고, 이후 피루브산 산화라는 과정을 거쳐 2개의 탄소를 실은 조효소 A가 만들어진다. 이를 활성아세트산이라 한다. 활성아세트산의 탄소 2개는 크렙스 회로 속으로 들어가서 회로를 따라 돌면서 NAD^+에 전자를 싣는다. 이 전자가 앞에서 설명한 전자전달연쇄라는 전자통로 관 속으로 콸콸 쏟아져 들어가 펌프를 돌리고 수소 이온을 미토콘드리아 내막 바깥으로 방출하면 화학삼투압이 형성된다. 결국 생명의 중요한 물질대사 회로, 해당 작용과 크렙스 회로가 돌면서 ATP가 생성된다. 또한 부산물로 이산화탄소가 폐기물로 방출되어 나가게 되는데, 이 때문에 우리가 호흡을 할 때 이산화탄소가 생성되는 것이다. 마지막으로 전자전달연쇄에 전자가 계속 흘러가기 위해서는 끝에서 전자를 받아주는 분자가 필요한데 이 역할을 하는 분자가 산소이다. 산소가 전자를 받아줌으로써 전자전달연쇄에서 전자가 막히지 않고 계속 흘러갈 수 있다.

포도당뿐 아니라 여타 다른 아미노산, 단당류, 뉴클레오티드, 지방산 등도 해당 작용, 크렙스 회로의 여러 생화학적 경로에 끼어들어가 NADH라는 전자운반 차량을 생성하는 데 가담한다. 따라서 세포호흡은 우리가 먹은 영양분을 연소하여 ATP를 생산하는 대사 과정의 핵심이다.

세포호흡에서 산소가 없으면 어떻게 될까? 전자의 흐름이 중단되어 전자전달계가 막히게 될 것이다. 그 결과 크렙스 회로도 돌지 않게 된다. 그러나 산소가 없어도 여전히 ATP를 생성할 수 있는데, 이는 해당 작용 과정에서 전자전달계의 도움 없이(전자전달계를 이용한 화학삼투에 의하지 않고) ATP를 생산하는 '기질 수준 인산화'가 일어나기 때문이다. 산소가 없는 상태에서 해당 작용만을 이용하여 에너지를 얻는 방법을 발효라고 하는데, 젖산발효와 알콜발효가 있다. 발효는 세포호흡에 비해 에너지 효율성*이 대단히 떨어지기 때문에 사람과 같은 고등생물은 그야말로 긴급 상황에서만 이를 사용한다.

태양 에너지를 수확하는 배터리, 엽록체

식물에서 광합성을 수행하는 엽록체도 ATP를 생성하는 배터리이다. 엽록체에서는 두 가지 물리적·화학적 반응이 일어나는데 빛 에너지를 필요로 하는 명반응과 빛과 관계없이 진행되는 암반응이 그것이다. 이때 명반응이 ATP를 생성하는 반응이고, 암반응은 포도당과 같은 유기화합물을 합성하는 반응이다. 명반응을 통해서는 태양 에너지를 화학 에너지로 전환시키고, 암반응을 통해서는 생유기분자를 합성하기 때문에, 엽록체는 에너지를 수확하고 지구 생태계에 양분을 제공하는 매우 중요한 세포 소기관이다. 먼저 ATP를 생성하는 명반응을 살펴보자.

식물의 잎에는 빛을 잘 흡수할 수 있는 엽육세포가 발달해 있다. 이 세포들은 대략 수백 개의 엽록체를 가지고 있어서 식물의 잎이 초록색을 띤다. 엽록체에는 빛을 흡수하는 엽록소라는 색소가 들어 있다. 엽록소가 주로 흡수하는 빛은 파란색과 붉은색이고 녹색 빛은 반사되어 튕겨나간다. 우리 눈에 식물의 잎이 초록색으로 보이는 이유이다. 이들 엽록소가 빛을

---

* 세포호흡의 에너지 효율은 대략 40퍼센트 정도이지만 발효의 에너지 효율은 2퍼센트 정도밖에 되지 않는다.

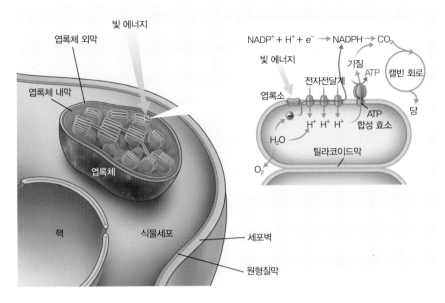

여러 라벨: 빛 에너지, 엽록체 외막, 엽록체 내막, 엽록체, NADP$^+$ + H$^+$ + e$^-$ → NADPH → CO$_2$, 빛 에너지, 전자전달계, 기질, 캘빈 회로, 엽록소, ATP, H$^+$ H$^+$ H$^+$, ATP 합성 효소, 당, H$_2$O, 틸라코이드막, O$_2$, 핵, 식물세포, 세포벽, 원형질막

■ **식물의 명반응.** 엽록체는 빛 에너지를 이용해 ATP와 NADPH를 생성한다.

흡수하면 결합되어 있는 전자가 들뜬 상태로 불안정해지게 된다. 이 전자는 옆에 있는 전자도둑이 낚아채어 전자전달계로 보내버린다. 이 전자들은 미토콘드리아의 전자전달계와 마찬가지로 전자통로를 따라 콸콸 흘러가면서 수소 이온 펌프를 돌리게 되고, 화학삼투압을 형성한다. 결국 화학삼투압이 ATP 합성 효소의 터빈을 돌려 ATP를 합성하게 한다. 엽록체에서 전자를 최종적으로 받아주는 분자는 NADP$^+$라는 분자이다. 이 분자는 전자를 받으면 NADPH라는 환원력이 큰 분자로 바뀐다. 정리하면 명반응에 의해 엽록체는 ATP와 NADPH를 생성한다.

명반응의 첫 과정에서 전자를 뺏긴 엽록소는 양이온이 되는데 이는 화학적으로 매우 불안정한 상태이기 때문에 물 분해 효소의 작용에 의해 물이 분해되고 나오는 전자와 결합한다. 결국 엽록체에서 전자전달계를 흘러가는 전자는 물에서 나온 것이다. 물 분해의 결과 산소가 생성되고, 이런 화학 작용 덕분에 열심히 광합성을 하는 식물 곁에 있으면 신선한 산소를 들이킬 수 있다.

명반응의 전자전달연쇄를 이용해 생성된 ATP, NADPH는 당을 생산하는 암반응에 이용된다. 암반응의 첫 반응은 이산화탄소를 고정하여 3탄당을 만드는 일에서 시작된다.* 이후 3탄당에서 당이 생성되는 일련의 과정을 거치는데 이를 암반응이라 한다. 암반응의 초기 과정은 거의 해당작용 대사 회로를 거꾸로 돌리는 반응이다. 암반응 전체 과정을 밝힌 사람이 캘빈이라는 미국 화학자로 1961년 애덤 벤슨과 함께 노벨화학상을 받았다. 때문에 캘빈-벤슨 회로라고 친절하게 발견자의 이름을 모두 소개하는 교과서들도 있다.

캘빈 회로를 설명함으로써 우리는 생체 내 존재하는 물질대사 회로를 모두 소개했다. 이 회로들은 본문 1부 1장 〈흐름을 유지하는 물질대사〉에서 간단히 설명한 대로 서로 역동적으로 연결되어 있다. 각각의 회로가 어느 방향으로 진행될 것인가는 순전히 세포 내 대사 물질의 농도에 따라 결정된다. 생합성 방향으로 진행될 수도 있고 분해 방향으로 진행될 수도 있다. 앞에서 세포호흡을 설명할 때 여러 가지 대사 물질이 생화학 경로의 어디든 끼어들어갈 수가 있다고 했는데 캘빈 회로 또한 마찬가지다. 즉 식물

---

* 이 반응은 루비스코가 담당한다. 루비스코는 이산화탄소를 유기물로 전환하는, 지구 생태계에 대단히 중요한 효소이다. 이 효소는 반응 속도가 대단히 느려 초당 2~3회 정도의 반응을 매개한다. 따라서 암반응을 충분히 수행하기 위해 식물은 많은 양의 루비스코 단백질을 생산하게 된다. 그래서 식물의 잎세포 속에는 전체 단백질의 20퍼센트 정도가 루비스코이다.

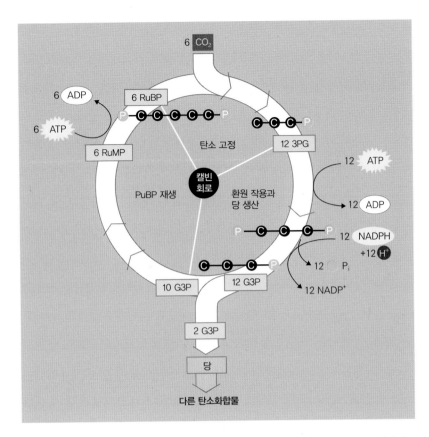

■ **식물의 암반응.** 이산화탄소가 고정되어 3탄당인 3PG가 생성된다. 이것이 캘빈 회로를 돌면서 당으로 전환된다.

세포의 경우 해당 작용, 크렙스 회로, 캘빈 회로가 모두 역동적으로 연결되어 있으며 어느 방향으로 물질대사가 진행될 것인가는 순전히 세포 내 물질의 농도에 따라 결정되는 것이다.

반자율 세포소기관, 미토콘드리아와 엽록체

미토콘드리아와 엽록체는 다른 세포소기관과 조금 다른 특성을 가지고 있다. 세포에 에너지를 제공하는 배터리 역할을 하는 이들은 놀랍게도 자신의 게놈을 따로 가지고 있다. 그리고 그 게놈의 DNA는 원형 고리 형태로 되어 있는데, 이 특성은 박테리아 게놈 DNA의 특성이기도 하다. 진핵생물의 핵 속에 있는 DNA는 그냥 선형이다. 말하자면 끝과 시작이 따로 있다는 얘기다. 미토콘드리아와 엽록체의 또 다른 특성은 자체 내에 자신의 리보좀을 가진다는 것이다. 이 또한 박테리아가 가진 리보좀과 비슷하게 생겼다. 마지막으로 미토콘드리아와 엽록체는 2개의 지질막을 가지고 있다. 다른 세포소기관은 모두 1개의 지질막으로 이루어져 있는데 왜 이들은 2개의 지질막을 가지고 있을까? 이를 전자현미경으로 관찰하며 눈여겨본 천재 과학자가 린 마굴리스 여사이다. 앞에서 간단히 언급했듯 그녀는 매우 독창적이고 과감한 가설을 제안했다. 다른 세포소기관과 달리 미토콘드리아와 엽록체는 진핵세포에게 잡아먹힌 박테리아가 소화되지 않고 살아남아 진핵세포와 영구적 공생관계를 형성하게 된 것이라는 세포공생설이다. 그 근거로 다른 세포소기관과 달리 미토콘드리아와 엽록체가 2개의 지질막으로 둘러싸여 있는 것을 들었는데, 이를 세포가 식세포 작용을 통해 박테리아를 잡아먹었을 때 나타나는 현상으로 본 것이다.

1967년 마굴리스는 이 가설을 50쪽짜리 논문으로 다듬어《이론생물학회지》에 발표했다. 물론 처음부터 유명도가 떨어지는 이 학회지에 논문을 낸 것은 아니었다.《사이언스》,《네이처》와 같은 쟁쟁한 학회지에 제출했다가 게재가 거부되었고, 이후 무려 15군데 학회지의 문을 두드렸으나 논문은 받아들여지지 않았다. 결국 그녀는 《이론생물학회지》를 선택할 수밖에 없었다. 논문 발표 후에도 10여 년 동안 그녀의 가설은 주목받지 못했다. 하지만 하나둘씩 세포공생설을 지지하는 증거들이 발견되면서 그녀는 일약 과학계의 스타로 발돋움했다. 세포공생설은 더 이상 하나의 가설이 아니라 교과서에도 소개되는 중요한 과학적 사실이 된 것이다. 마굴리스 교수는 이 공로로 그 영예롭다는 미국학술원 회원으로까지 임명되었으니 과학자로서는 그야말로 대박을 친 것이다.

현재 학계에서 받아들여지는 세포공생설에 따르면 미토콘드리아는 리케차라는 호기성 박테리아가 공생하면서, 엽록체는 남세균이라고 불리는 광합성 박테리아가 공생하면서 진화된 것이다. 아마 이 과정은 오랜 진화 과정 중 가장 극적인 사건이 아니었을까 생각한다. 여기서는 내가 생각하는 가장 확실한 세포공생설의 근거 두 가지만 소개한다. 첫째, 미토콘드리아와 엽록체는 많은 유전자를 가지고 있는데 이 유전자의 수가 생물종에 따라 다르다. 이를테면 엽록체가 가지고 있는 유전자의 수는 식물에 따라 많게는 200여 개에서 적게는 70여 개까지 다양하다. 나머지 유전자들은 그냥 사라져 없어지는 것이 아니고 핵 안의 게놈 속으로 옮겨진다. 이는 세포공생에 의한 진화가 현재도 진행 중임을 보여준다. 둘째는 이제 정년 퇴임하신 서울대학교 생명과학부 안태인 교수님이 1978년 《사이언스》에 발표한 그람음성 세균이 진핵생물인 아메바와 어떻게 공생하는지를 보인 논문이다.[*] 진핵세포가 식세포 작용으로 다른 박테리아를 잡아먹은

....

[*]   Jeon, K. W. and Ahn, T. I. (1978) Temperature sensitivity: A cell character determined by obligate endosymbionts in amoebas. Science Vol. 202: p. 635-637.

뒤, 이 박테리아가 세포 내에서 공생하는 사례를 보고한 것인데 이런 사례는 그 이후에도 계속 발표되었다.

세포공생설에 따르면 진화 과정에서 한둘의 유전자가 아니라 대량의 유전자가 한꺼번에 특정 생물체에 도입된다. 이는 아마 진화의 커다란 동력으로 작용했을 것이다. 식세포 작용을 통해 대규모 수준의 진화가 진행되었다는 아이디어는 서울대학교 지구환경과학부 정해진 교수의 주요 연구 주제이기도 하다. 적조생물로 잘 알려진 와편모류(dinoflagellate)들은 동물성과 식물성의 생활사를 가진 두 종류로 나뉜다. 정 교수는 동물성 와편모류들이 식세포 작용을 통해 식물성 미세조류들을 잡아먹으면 일시적으로 광합성까지 하게 되는 것을 발견했고, 이 과정에서 대량의 유전자들이 도입되어 진화가 진행된다고 생각하고 있다. 매우 흥미로운 연구 결과가 아닌가!

2부

생명은 반복한다

1

세포들의
젊어지기

· 낡은 세포는 가고 신선한 세포가 들어서니 ·

생명은 태어나고, 성장하고, 자식을 낳고, 죽는다. 모든 생명은 이 과정을 반복한다. 생명이 반복하는 이유는 소멸되고 싶지 않기 때문이다. 생명이 반복을 하는 방법은 세포분열이다. 세포가 세포를 낳고, 또 세포가 세포를 낳는 과정을 되풀이하면서 우리는 지구 상에서 소멸되지 않고 남아 있다.

세포론

지상의 모든 세포는 기왕에 존재하던 세포에서 유래한다. 즉 '새로이 창조되는 세포는 없다'는 이론이 세포론이다. 박테리아와 같은 원시세포이건, 여러 개의 세포가 기능적·구조적 분화를 하여 협업하는 다세포생물

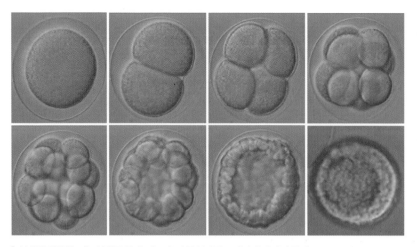

| 성게의 배발생. 세포분열을 통해 세포 수가 증식되면 포배기의 배아가 된다.

이건 상관없이 세포는 세포에서 유래한다. 이를 가능케 하는 것이 세포분열이다. 고등동물의 초기 배발생 과정을 들여다보면 놀라울 정도로 동적인 세포분열 과정을 볼 수 있다. 세포분열을 통해 다세포생물은 성장을하고, 세포분열을 통해 지구 표면이 생명체로 뒤덮인다.

세포분열이 필요한 이유는 체적과 표면적의 비율이 일정한 수준 이하로 유지되어야 세포 내외로의 물질 이동이 원활하게 이루어지기 때문이다. 세포분열은 세포의 체적이 지나치게 커지는 것을 방지한다. 생물에서세포분열이 하는 역할은 첫째, 단세포생물의 경우 새로운 세대를 생산하는 것이고 둘째, 동식물의 생장을 위해 새로운 세포를 증식시키는 것이며셋째, 낡고 노화한 세포를 새로운 세포로 대체하는 것이고 넷째, 다른 기능과 구조를 가진 분화된 세포를 만들어내기 위함이다. 낡은 세포를 대체하는 좋은 예는 피부세포와 혈액세포일 것이다. 우리의 피부는 외부자극

2부. 생명은 반복한다

에 그대로 노출되어 있기 때문에 빨리 낡고 빠른 속도로 새 세포로 대체된다. 그 때문에 목욕탕에 가면 국수발 같은 굵은 때가 팔뚝이나 등짝에서 밀려나오는 것이다. 혈액세포 또한 비교적 빨리 새로운 세포로 대체되는 세포들이다. 특히 혈액세포는 세포분열의 네 번째 역할, 세포분화를 보여주는 좋은 예이기도 하다. 혈액 속의 다양한 세포들, 적혈구, 백혈구, 림프구 등은 모두 한 어머니 세포에서 태어난 세포들이다. 이 어머니 세포를 조혈모세포라고 하는데, 이 세포가 분열하면서 더 많은 수의 조혈모세포가 생기면 일부는 백혈구로 일부는 적혈구, 혹은 림프구 세포로 분화가 진행된다. 조혈모세포와 같이 세포분화에 필요한 세포를 공급해주는 세포를 줄기세포라 한다.

세포분열

세포분열은 크게 체세포분열과 감수분열로 나뉜다. 감수분열은 생식세포를 만들기 위한 과정이니 다음 장에서 살펴보기로 하고 체세포분열에 대해 먼저 살펴보자. 조금 지루할 수도 있겠지만 생식세포의 생산 과정, 즉 감수분열의 의의를 이해하기 위해서라도 체세포분열을 알아둬야 한다. 체세포분열 과정을 현미경으로 들여다본 과학자들은 이 과정을 형태적 특징에 따라 전기, 중기, 후기, 말기, 세포질분열의 다섯 단계로 나누었다. 체세포분열의 가장 중요한 미션은 똑같은 유전 정보를 딸세포에 정확히 나눠주는 것이다. 이를 위해 세포분열 과정에서 뚜렷이 나타나는 형태, 염색체가 만들어진다. 염색체는 게놈 유전 정보의 물리적 형태인 DNA가 세포분열 과정에서 흐트러져 꼬이거나 잘못 나뉘는 것을 막기 위해 매우

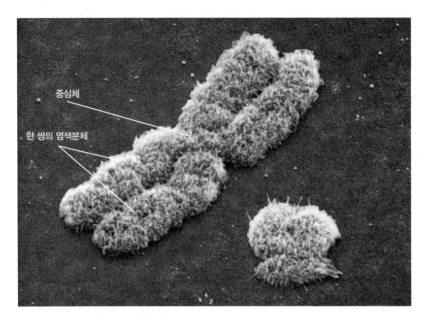

중심체

한 쌍의 염색분체

| **DNA가 염색체로 응축된 형태.** 체세포분열 전기 동안에 DNA가 꼼꼼하게 포장되어 응축하면 염색체가 된다. 하나의 염색체는 한 쌍의 염색분체로 이루어지는데 이들은 두 분자의 복제된 DNA이다. 세포분열 직전에 DNA 분자가 복제되고, 이들이 세포분열 전기 동안에 염색체가 되기 때문에 염색체는 항상 한 쌍의 염색분체로 이루어진다. 이들은 중심체에서 단단히 결합되어 있다.

정교하게 포장된 포장꾸러미이다. 이들 포장꾸러미는 모두 세포핵 속에 들어 있다. 사람의 경우 체세포분열 초기에 46개의 염색체가 나타난다. 마치 아무것도 없는 것에서 무엇이 갑자기 나타나는 것처럼 세포분열을 시작하면서 염색체가 선명히 드러난다.

체세포분열 전기는 눈에 보이지 않는 염색사가 포장이 되어 염색체가 되는 과정이다. 이때 핵막이 분해되어 천천히 사라지고 염색체를 잡아당기는 기능을 가진 중심체라는 물체가 2개 나타난다. 전기에서 중기로 넘어가며 중심체가 양쪽 극 방향으로 이동하면서 가느다란 끈(이를 방추사라고 한다)이 뻗어나와 염색체의 가운데 부분에 덜커덕 결합을 한다. 방추사의 한쪽 끝은 염색체에, 다른 한쪽 끝은 중심체에 연결되어 있다. 그렇게 46개의 염색체 모두에 방추사가 연결되면 염색체는 양쪽 극 방향의 중심체에서 잡아당김을 당한다. 이렇게 양 방향에서 당겨지는 염색체는 왔다 갔다 하면서 자연스레 적도 방향에 위치하게 되는데, 이 시기를 중기라 한다. 적도에 배열된 염색체의 형태를 보면 양 갈래의 실타래처럼 보인다. 세포분열 전에 이미 DNA는 복제되어 2개의 분자가 되었기 때문에 2개의 실타래가 보이는 것이다. 두 실타래는 방추사가 연결되어 있는 가운데에서 붙어 있는 상태다. 후기로 넘어가면서 방추사가 양쪽 극 방향에서 당기는 힘이 너무 세서 염색체의 가운데가 뚝 끊어진다. 그러면 절반의 염색체(정확히는 염색분체)는 북극 방향에, 나머지 절반의 염색체는 남극 방향에 모이게 된다. 이후 방추사가 스르르 사라지고 핵막이 다시 생성되면 염색체가 모두 핵 속에 갇히게 되는데, 이 시기를 말기라 한다. 마지막 과정이 세포의 가운데를 자르는 세포질분열 시기이다. 동물세포는 가운데를 점점 좁혀 뚝 잘라내면서, 식물세포는 가운데에 아예 벽을 세워서 2개의 세포로 만든다.

DNA의 관점에서 체세포분열 과정을 살펴보자. 세포분열이 시작되기 전 DNA는 복제되어 정확히 92개의 DNA 분자가 만들어진다. 각 DNA 분자는 하나의 염색분체를 만들게 되므로 세포분열이 진행되는 동안 92개의 염색분체가 나타난다. 체세포분열이 완료되면 1개의 세포는 2개의 세포가 되며, 각각의 세포는 정확히 46개의 DNA 분자를 갖는다. 똑같은 유전 정보가 딸세포에 전달된 것이다.

세포주기와 체세포분열의 다섯 단계

전기, 중기, 후기, 말기, 세포질분열. 세포분열 결과 1개의 세포가 2개의 세포가 된다.

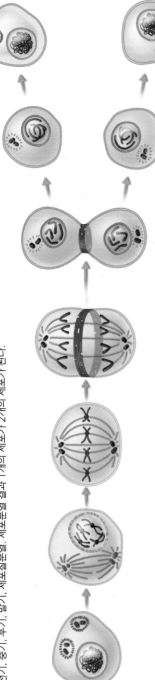

DNA는 이미 복제되었 지만 염색체 형태로 응 축되지 않은 상태.

전기: DNA가 응축되어 염색체가 된다. 미세소관 이 중심체 주변에서 형성 되어 세포의 양쪽 극 방 향으로 이동한다. 핵막은 분해되기 시작한다.

중기: 염색체는 세포의 가운데 적도 부분에서 배 열된다. 미세소관은 길이 가 자라나 염색체의 가운 데 동원체에 결합한다. 양쪽 극 방향에 연결된 미세소관이 염색체를 힘 껏 줄다리기를 하며 잡아당겨 염색체는 적도 부분에서 배열된다.

후기: 미세소관이 당기 는 힘에 의해 염색분체 가 서로 떨어져 양쪽 극 방향으로 끌려간다.

말기: 말기 동안에 핵막 이 다시 나타나고 염색 체는 원래의 모습대로 풀어진다.

세포질분열: 동물세포의 경우 세포의 적도 지역 에 미세섬유가 둘러싸 링 을 만들고 이 링이 점점 좁혀져 2개의 세포가 분 리된다. 식물세포의 경우 적도 지역에 세포판이라 는 막이 형성된 뒤 그 막 위에 세포벽 성분이 쌓여 완전한 벽을 만들면 2개 의 세포가 된다.

두 딸세포는 간기의 G1 단계로 진입한다.

세포주기

생물체가 살아 있는 동안 세포가 성장하여 크기가 커지고 일정 크기에 도달하면 세포분열을 통해 새로운 세포를 만들고 하는 과정이 계속 되풀이 반복되는데, 이 과정을 세포주기라고 부른다. 세포주기는 네 단계로 나누어 구분할 수 있다. 첫 단계는 앞에서 설명한 체세포분열 과정이다. 이 결과 2개의 조그맣고 예쁜 새 세포가 탄생한다. 이 세포는 무럭무럭 자라는 G1(Growth1) 단계를 거친 후 DNA를 복제하는 S(Synthesis) 단계에 진입한다. 이후 방추사를 만드는 데 필요한 단위 단백질 튜뷸린을 대량으로 생산하는 제2의 성장기 G2를 거친다. 모든 것들이 다 갖춰지면 다시 체세포분열(Mitosis)이 일어나게 되는 것이다. 즉 G1-S-G2-M이 반복되는 세포주기를 돌게 된다.

이때 네 단계 각각의 과정이 넘어갈 때마다 다음 단계에 필요한 사항들이 모두 마련되었는지 엄밀하게 확인하는 체크 포인트가 있다. 이를테면 S기에는 DNA 복제가 완벽하게 끝났는지, 일부 복제가 덜 끝난 염색체는 없는지 정확하게 확인한 후 G2기로 넘어가게 체크하는 것이다. 이렇게 세포주기가 조절되는 과정을 들여다보면 생명이 참으로 오묘하다는 생각과 함께 생명이야말로 정교하고 훌륭하게 만들어진 기계 장치라는 생각이 든다.

체세포분열의 의의

세포분열 중 체세포분열은 정확하게 동일한 유전 정보를 가진 세포들을 생산하는 것이 목적이다. 사람의 경우 30억 염기쌍으로 이루어진 게놈 정보를 정확하게 토씨 하나 틀리지 않고 똑같이 복사하여 새로 만든 세포들에게 나눠주는 것, 이것이 체세포분열의 의의다. 토씨라는 비유를 쓰는 이유는 실제 염기쌍 배열을 복사하는 과정이 책을 필사로 복사하여 필사본을 만드는 것처럼 DNA 중합 효소가 이전의 게놈 DNA를 정확하게 복제하기 때문이다. 체세포분열의 결과 인간의 몸을 구성하는 수십조 개의 세포가 모두 동일한 유전 정보를 가지게 된다. 그럼에도 불구하고 각각의 세포들이 모양이나 기능에 있어서 다른 이유는 무엇일까? 동일한 유전 정보를 가지고 있지만 세포들마다 활용하는 유전자의 종류가 다르기 때문이다.

인간 게놈이 가진 2만 1,000개의 유전자 중에서 실제로 하나의 세포가 활용하는 유전자는 10퍼센트에 불과하며 어떤 유전자들로 10퍼센트를 활용할 것인가는 세포마다 다르다. 앞에서도 언급했듯 유전자는 단백질 생성에 대한 정보를 담고 있다. 따라서 각각의 세포들은 저마다 다른 종류의 단백질을 생성하여 가지고 있다. 근육세포나 혈액세포, 간세포 등 저마다 다른 세포들이 똑같은 게놈 정보를 가지고 있음에도 형태적·기능적으로 다른 이유는 생산하는 단백질이 다르기 때문이다. 단백질은 모든 생명 활동을 가능케 하는 기능성을 제공하는 분자라는 말을 기억하기를 바란다.

2

생식세포의 생산

· 회춘하는 세포들 ·

감수분열

사람의 세포는 46개의 염색체를 가진다. 이는 두 벌의 염색체(2n=46)로서 한 벌은 어머니에게서 한 벌은 아버지에게서 받은 것이다. 즉 23개의 염색체는 어머니에게서, 또 다른 23개의 염색체는 아버지에게서 받아서 내 몸의 염색체 수가 46개가 된 것이다. 마찬가지로 내가 형성하는 생식세포, 정자는 한 벌에 해당하는 염색체, 즉 23개의 염색체를 가져야 한다. 그래야 내 아이는 제 어미에게서 받은 한 벌의 염색체 23개를 물려받고 나에게서 또 한 벌 23개를 물려받아 46개의 염색체를 가지게 될 것이다. 이렇게 두 벌의 염색체를 가진 세포가 한 벌의 염색체를 가진 생식세포로 나뉘는 세포분열을 감수분열이라 한다. 염색체의 수가 반으로 감소

되는 분열이라는 뜻이다.

일반적인 체세포를 2배체(2n=46), 정자와 난자와 같은 생식세포를 반수체(n=23)라고 한다. 일반적으로 고등동식물은 2배체 생물이다. 감수분열의 의의는 염색체 수를 절반으로 줄임으로써 세대가 거듭되더라도 그 수가 불어나지 않고 일정하게 계속 유지되게 하는 것이다. 또 다른 감수분열의 의의는 유전적 다양성을 확보하는 것이다. 쉽게 말하면 나오는 유전 정보가 다른 자식이 나올 수 있는 메커니즘이다. 감수분열 과정을 이해하게 되면 왜 지구 상에 생존하는 70억 인구가 어느 누구 하나 똑같지 않은지(물론 일란성 쌍생아는 제외하고), 지난 1만 년간 무수히 많은 인류가 명멸해갔는데 나와 똑같이 생긴 사람이 단 한 번도 있었을 것 같지 않은지 이해할 수 있다.

상동염색체

감수분열을 설명하기 전에 먼저 반드시 알아야 할 용어 하나를 소개한다. 바로 상동염색체이다. 영어로 'homologous chromosome'이라 하는 상동염색체는 엄마에게서 온 염색체와 아빠에게서 온 염색체처럼 서로 짝이 맞는, 말하자면 대응이 되는 염색체쌍을 말한다. 사람의 경우 모두 23쌍의 염색체가 있고, 이들은 크기에 따라 1번 염색체에서 22번 염색체까지, 더불어 X, Y 성염색체로 되어 있다. 상동염색체란 엄마에게서 온 1번 염색체와 서로 상응하는 유전 정보를 가진 아빠에게서 온 1번 염색체의 조합을 말한다. 이들 상동염색체는 기능적으로 대등하지만 그렇다고 동일하지는 않다. 엄마와 아빠의 유전적 배경이 서로 다르기 때문이다. 분자 수준에서 말하자면 상동염색체는 서로 염기 서열이 매우 유사하지만 약간의 차이가 있는 염색체이다. 인간의 상동염색체 간에는 약 1,000개의 염기쌍당 1개의 염기쌍 차이가 있다. 이 때문에 상동염색체쌍을 서로 세워놓고 비교하면 유전자의 배열(유전자의 종류와 순서)은 동일하지만 염기 서열에 있어서 미세한 차이를 보인다.

감수분열의 순서

감수분열이 진행되는 과정은 크게 DNA가 복제되는 시기, 감수분열 1기, 감수분열 2기로 나뉜다. DNA 분자의 개수로 비교하면 인간의 경우 DNA 복제기에 모두 92개의 DNA 분자가 만들어진다. 감수분열 1기에서는 염색체 수가 반으로 줄어들어 23개가 되고, DNA 분자 수는 46개가 된다. 감수분열 2기에서는 염색분체가 반으로 줄어들고 DNA 분자는 23개가 된다. 이때 중요한 것은 염색체 수가 반으로 줄어드는 기간이 감수분열 1기라는 사실이다. 이제 감수분열을 단계별로 살펴보자.

감수분열이 진행되기 전 DNA 복제가 일어나서 92개의 DNA 분자가 만들어진다. 이들은 감수분열 1기 전기에서 염색체의 형태로 나타나게 된다. 체세포분열 때처럼 핵막은 서서히 사라지고, 중심체 2개가 형성되며 거기에서 방추사가 뻗어나오기 시작한다. 이때 염색체가 상동염색체들끼리 쌍을 이루는데 이를 4분염색체(tetrad)라고 한다. 복제된 상동염색체 각각이 2개씩이니 2×2=4개의 DNA 분자, 정확히는 염색분체라 지칭되는 4개의 실타래가 만들어진다.

감수분열 1기 중기에는 방추사가 4분염색체의 가운데 부분에 연결되

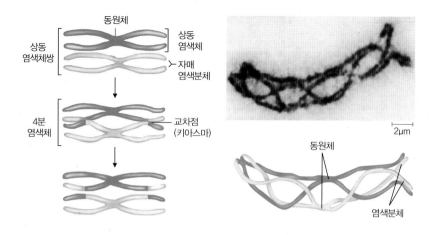

교차가 진행 중인 4분염색체. 4개의 염색분체가 한 덩어리로 결합한 4분염색체는 감수분열 1기 전기에 형성되고, 이때 교차가 일어나 유전자 패 섞기가 진행된다.

어 남극 방향과 북극 방향으로 뻗어나간다. 이후 보이지 않는 분자들 간의 줄다리기가 진행된다. 양쪽 극 방향에서 방추사라는 줄을 잡고 서로 잡아당기는 줄다리기가 일어나는데, 방추사를 밀거니 당기거니 하다 보면 4분염색체가 세포의 한가운데 정렬하게 된다. 이때 상동염색체를 연결시키고 있던 단백질 분자가 순간적으로 뚝 끊어지면서 각각의 염색체가 하나는 남극으로 또 다른 하나는 북극으로 쏜살같이 끌려간다. 얼마나 순식간에 양쪽 극 방향으로 끌려가면 가운데 부위에서 반으로 접히듯이 끌려갈까! 인간의 경우 23쌍의 상동염색체가 거의 동시에 뚝뚝뚝 하면서 떨어져나가는데 결과적으로 23개의 염색체는 남극 방향에, 23개의 염색체는 북극 방향에 위치하게 되는 감수분열 1기 후기가 된다. 이후 감수분열 1기 말기에는 없어졌던 핵막이 다시 나타나면서 1개의 세포가 2개의 세포로 나뉘는 세포질분리가 일어난다. 이것이 감수분열 1기인데, 결과

2부. 생명은 반복한다

적으로 1개의 세포가 2개의 세포가 되고, 2벌의 염색체가 각각 1벌씩 따로 나뉘어 담기는 것이다.

감수분열 2기는 체세포분열과 매우 흡사하다. 각각의 염색체는 아직 염색분체가 붙어 있어 쌍으로 된 상태인데 이것이 중기, 후기를 거치면서 양쪽 극 방향으로 나뉘어 끌려가고, 세포 수가 다시 2배로 늘어난다. 각각의 세포는 23개의 DNA 분자(정확한 명칭은 염색분체이다)를 가지게 된다. 이러한 감수분열 결과 염색체 수는 절반으로 줄어들고 세포는 모두 4개가 형성된다.

감수분열의 의의

세포분열에 왜 복잡하게 두 종류의 세포분열(체세포분열과 감수분열)이 있을까? 물론 조물주가 수험생들이 공부할 것이 단순할까 걱정되어 생명현상을 복잡하게 만들어놓은 것은 아니다. 감수분열의 두 가지 의의를 생각해볼 수 있다. 하나는 유전적 다양성을 확보하기 위함이다. 간단히 말하면 체세포분열은 정확하게 같은 세포를 만들어내는 것이 목적이지만 감수분열은 가능한 다양한 세포를 만들어내는 것이 목적이다. 다른 하나는 신선한 세포, 회춘한 세포를 만들어내는 것이다. 세월의 흐름을 고스란히 견뎌낸 세포가 아니라 새롭게 세대를 시작할 수 있는 젊고 싱싱한 세포를 만들어내는 것이 감수분열의 또 다른 목적이다. 대개 세포분열이 거듭될수록 염색체의 꼬리가 짧아지게 되는데 생식세포는 염색체의 꼬리가 짧아지지도 않는다. 즉 노화가 진행되지 않은 세포를 만들어내는 과정이 감수분열이라 할 수 있다.

감수분열 모식도

감수분열은 1기와 2기로 나뉜다. 1기 동안 염색체가 반으로 분리되고 2기 동안은 염색분체가 반으로 분리된다. 그 결과 1개의 세포가 4개의 세포로 만들어진다.

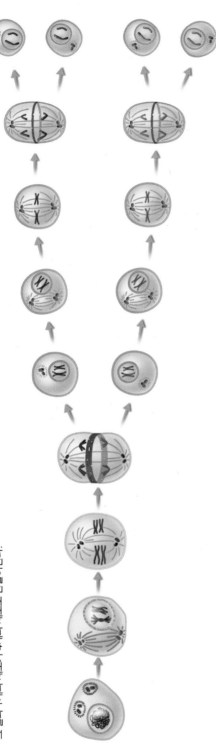

세포주기의 DNA 합성기 동안 DNA가 복제된다.	제1전기: 핵막이 분해되고, 미세소관이 형성된다. DNA는 염색체로 응축된다.	제1중기: 상동염색체가 세포 가운데에 무작위 배열된다.	제1후기: 미세소관이 짧아지면서 상동 염색체가 분리된다.	제1말기와 세포질 분열: 세포질이 분열되어 2개의 딸세포가 생기고 해당이 재형성된다.	제2전기: 미세소관이 길어진다.	제2중기: 염색체가 세포의 가운데에 배열한다.	제2후기: 미세소관이 짧아지면서 두 자매염색분체가 분리된다.	제2말기와 세포질 분열: 4개의 딸세포가 만들어 지고 해당이 재형성이 된다.
	감수분열 1기				감수분열 2기			

3

유전적 다양성을
위하여

· 지구 상의 오직 한 사람 내가 유일무이한 이유! ·

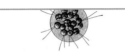

인류의 역사를 50만 년으로 보면 이 지구 상에 생존했던 인간의 총 수는 어느 정도일까? 한 세대를 20년으로 보면 우리 인류는 대략 2만 5,000세대쯤 지나 있다. 지금까지의 인구를 지수함수와 적분법을 이용해 대략 계산해보면 860억 명 정도가 살다 갔고 현재 살아가고 있다.[*] 이들 중 나와 같은 사람은 몇 사람이나 되었을까? 놀라지 마시라! 일란성 쌍생아를 제외하면 나랑 같은 사람은 이 지구 상에 아무도 없고, 인류의 그 긴 진화기간 동안 단 한 사람도 존재한 적이 없다. 앞으로 억겁의 시간이 지나도 나와 같은 사람은 태어날 확률이 없다. 어떻게 이토록 다양한 인간 군상

......

[*]　연구 및 학술 목적의 인구 정보를 제공하는 미국의 비영리단체 인국통계국(population reference bureau)에서 산출한 현재까지 지구 상에 살았던 인구의 총합은 대략 1,000억 명이었다. 우리 연구실에서 대학원생이 얼추 계산한 값과 상당히 흡사하다!

들이 존재할 수 있을까? 그 비결은 바로 감수분열 과정의 재조합에 있다.

유전적 다양성이 만들어지는 특별한 시기

유전적 다양성은 어떻게 만들어지는 것일까? 일단 간단하게는 감수분열 과정에서 일어나는 카드 패 섞기 때문이다. 카드놀이를 해본 사람은 누구나 안다. 52장의 카드로 만들 수 있는 패가 얼마나 다양한지. 물론 유전적 다양성은 이 정도의 작은 경우의 수와는 상대가 되지 않을 정도로 큰 수이다. 그 수가 얼마나 큰 수인지 간단한 수학을 해보자.

숫자, 기호, 그림이 서로 다른 23장의 파란색 카드를 마음속에 그려보라. 그다음 똑같은 숫자, 기호, 그림으로 되어 있는 빨간색 카드 23장을 상상해보자. 이제 23장의 카드에서 숫자, 기호, 그림이 같은 카드 한 장을 빨간색과 파란색 패 중에서 무작위로 한 장씩만 뽑아 23장으로 이루어진 카드 조합을 만드는 경우를 생각해보자. 이때 몇 가지 서로 다른 패가 가능할까? 고등학교 확률만 제대로 이해하면 금방 구할 수 있다. 모두 $2^{23}=8,388,608$개의 서로 다른 패가 가능하다. 즉 내가 만들 수 있는 유전 정보가 서로 다른 정자는 모두 800만 개 이상이다. 물론 새로운 아이가 태어나기 위해서는 정자만으로는 안 되고 난자가 필요한데 난자 또한 똑같은 확률게임으로 약 800만 개의 서로 다른 난자로 만들어질 수 있다. 따라서 태어나는 아이는 두 조합의 곱, 무려 65조 개 정도의 다양한 유전자 조합이 가능해진다. 솔직히 이 숫자는 별로 큰 숫자가 아니다. 우리 인류가 무한히 생존한다면, 이 정도의 숫자로는 언젠가는 똑같은 사람이 출현하게 될 테니 말이다.

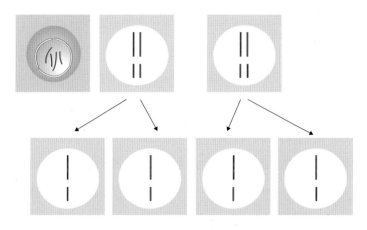

▌ **염색체 패 섞기.** 2쌍의 상동염색체를 가진 가상적인 세포가 감수분열을 할 때 나올 수 있는 딸세포의 종류는 2^2=4개이다. 사람의 염색체로 같은 계산을 할 경우 2^{23}=약 800만 개가 된다.

유전적 다양성이 가능해지는 두 번째 방법은 교차를 통한 새로운 조합의 염색체를 만드는 것이다. 앞에서 파란색, 빨간색 카드를 예로 들었지만 실제로 내가 만드는 카드는 빨간색과 파란색이 부분부분 뒤섞인 카드이다. 즉 내가 정자로 만들어내는 염색체는 내 아버님과 어머님이 내게 물려주신 빨간색 또는 파란색 카드가 아니고 감수분열 과정에서 교차를 통해 빨간색과 파란색을 뒤섞은 염색체이다. 감수분열 1기 전기 과정 동안에 상동염색체 간의 교차가 일어나는데 그 결과 내 아버님과 어머님의 염색체가 뒤섞이는 것이다. 비유하자면 내가 내미는 카드는 빨간색도 파란색도 아닌 부분부분이 뒤섞인 혼성 카드인 셈이다. 사람의 경우 이러한 교차가 염색체당 약 10번 정도 일어난다고 한다. 상동염색체 간 교차까지 고려하면 가능한 정자, 난자의 수는 거의 무한대에 가깝다. 심심하면, 그리고 확률 계산에 재능이 있으면 이 경우의 수를 직접 계산해보고 그 결과를 내게 이메일(ilhalee@snu.ac.kr)로 알려주면 고맙겠다.

유전적 다양성의 의미

이쯤 복잡한 계산을 하고 있으면 "왜 이렇게 큰 수의 유전적 다양성이 필요하지?"라는 질문을 던질 독자도 있겠다. 이 질문은 "고등동식물이 왜 생식을 하지?"라는 질문과 동일하다. 생물학을 공부하는 학생에게 "성이 왜 필요하지?"라는 질문은 대단히 흥미로운 질문 중 하나이다. 성이 없었더라면 짝을 찾기 위해 그토록 많은 시간을 헛되이 보내지 않아도 되었을 텐데…… 젊은 청춘들이 그 숱한 밤을 하얗게 세면서 애를 태우지도 않았을 것이고, 내 맘에 그리던 님을 얻지 못해 마음에 상처를 받고 방황하지도 않았을 텐데 말이다. 수만 세대를 거치는 동안 우리는 여전히 똑같은 가슴앓이와 방황을 거듭하고 있다.

성이 존재하는 이유, 즉 고등동식물이 생식을 하는 이유는 유전적 다양성을 확보하기 위함이다. 유전적 다양성은 오랜 진화 과정에서 변화무쌍하게 바뀌는 환경에서도 그 종이 살아남기 위해서 필요하다. 다양한 개체가 존재하면 그중에서는 변화된 환경에 더 잘 적응하는 개체가 있을 테고 이들이 그 종의 생존을 담보하게 될 것이기 때문이다. 또 다른 이유로 진화생물학자들이 많이 내세우는 병충해 적응 이론을 들 수 있다. 대개 병균들은 고등동식물에 비해 상대가 되지 않을 정도로 빠르게 증식한다. 빨리 증식한다는 것은 그만큼 진화 속도가 빠르다는 말이다. 예를 들어 인간에 특정 병원체에 대한 면역력이 생겼다면 그 병원균들은 재빨리 진화하여 그 면역력을 회피하는 병균으로 변신하게 된다. 물론 인간도 새로운 병원균에 대처하는 새로운 방어 기작을 가지게 되겠지만 기본적으로 이 경쟁에서 고등동식물은 거북이일 수밖에 없다. 고등동식물은 세대가 수 년에서 수십 년에 이르기까지 길기 때문에 진화 속도가 느릴 수밖에 없는 것이다. 이러한 느린 걸음의 진화 속도를 보정해주는 것이 생식을 통한 유전적 다양성이다.

인간의 존엄성, 유일무이한 존재

앞에서 인간을 정의하면서 '물질이 고도로 정교하게 배열된 존재'라고 했다. 이러한 기계론적 인간관을 설명하면 많은 이들이 충격을 받고 그럼 우리의 도덕과 가치는 도대체 어디에 근거해야 하는가라는 반응을 보인 다. 나는 모든 인간이 나름의 고유한 유전적 배열을 가진, 유일무이한 존 재라는 데 충분히 인간의 존엄성이 담보된다고 생각한다. 스스로 자신의 가능성을 찾고, 스스로 생의 의미를 찾아나가는 존엄한 존재이다. 누군가 미켈란젤로의 웅장한 조각상을 끌과 망치로 다듬고 있는 석공들에게 "당 신 뭘 하고 있는가"라고 물었을 때, 돌덩어리를 쪼고 있다고 대답한 석공 과 미켈란젤로의 위대한 조각상을 만들고 있다고 대답한 석공을 비교해 보라. 우주에서 단 한 번도 시험해본 적이 없는 고유한 유전적 배열을 가 진 당신, 선하고 보다 유익한 세상을 만드는 데 일익을 담당해야 하지 않 을까! 그 속에서 삶의 의미를 찾게 되지 않을까!

4

붉은 여왕과
성의 진화

· 여왕님은 왜 계속 뛰고 계세요? ·

잠시도 서 있지 못하고 계속 뛰고 있는 붉은 여왕에게 이상한 나라의
앨리스가 물었다.

"여왕님은 왜 계속 뛰고 계세요?"

붉은 여왕이 답했다.

"이 나라에서는 뛰지 않으면 뒤로 물러나기 때문에 계속 뛰어야 한단다."

이 유명한 대화는 공진화를 설명하는 핵심을 담고 있다. 치타가 경이적
인 달리기 실력을 가지게 된 이유는 피식자인 가젤의 뒷다리 근육이 발
달해 놀라운 속도로 도망가기 때문이며, 이 진화적 경쟁은 무한히 계속될
것이라는 이론이 공진화 이론이다. 즉 체스판에서 밀려나지 않기 위해서
는 계속 뛰어야만 하는 붉은 여왕의 나라처럼 공진화가 진행되는 두 생물

종 간에는 끊임없는 군비경쟁이 일어나게 되고, 그 경쟁을 포기하는 순간 종의 멸종이라는 파국을 맞는다는 것이다. 종의 멸종을 설명하기 위해 시카고 대학의 진화생물학자인 리 밴 베일런 교수가 1973년 처음 제안한 공진화 이론은, 이후 고등생물체의 '성의 진화'를 설명하기 위한 이론으로 발전하게 된다. 성이 진화한 것은 미생물 병원체의 빠른 진화 속도를 고등생물체인 숙주가 쫓아가기 위해 필연적으로 선택한 것이라는 이론으로 정교하게 발전한 것이다.

미생물 병원체의 세대 기간은 짧게는 20분에서 길어야 한나절이 되지 못하는 반면, 고등생물인 숙주의 세대 기간은 수십 년에서 길게는 수백 년에 이를 정도로 길다. 따라서 병원체는 매우 빠르게 진화할 수 있지만 숙주는 느린 진화 속도로 쫓아가게 된다. '붉은 여왕 이론'에 따르면 이런 상황에서 숙주종은 멸종할 수밖에 없다. 이러한 진화 속도의 한계를 극복하기 위해 고등생물체가 선택한 것이 성을 통한 유전적 다양성의 확보이다. 성은 암수의 유전 정보를 패 섞기 함으로써 엄청난 양의 다양성을 제공한다.

이론적으로는 그럴싸한데 실제 붉은 여왕 효과를 제공하는 성의 역할이 입증될 수 있느냐 하는 질문은 답하기 매우 까다로운 문제이다. 2011년 이를 입증하는 실험적 증거가 《사이언스》에 발표되었다.* 이 논문 이전에도 무성생식과 유성생식을 모두 다 할 수 있는 민물달팽이에서 붉은 여왕 효과와 성의 관계를 입증하는 실험이 발표된 적이 있었다. 이 실험에

----

* L.T. Morran et al. (2011) Running with the red queen: host-parasite coevolution selects for biparental sex. Science Vol. 333: p. 216-218.

따르면 편충 기생충의 감염이 많은 지역에 서식하는 민물달팽이는 그렇지 않은 지역에 서식하는 민물달팽이에 비해 훨씬 더 높은 빈도로 성(유성생식)이 나타난다. 그러나 현장 실험이라는 한계 때문에 연관관계를 볼 수는 있어도 인과관계를 명확히 입증하지는 못했다. 편충 기생충의 존재가 민물달팽이에 성이 더 많이 나타난 유일한 이유인지 명확한 답을 주지는 못했던 것이다. 자연에는 통제되지 않은 너무나 많은 조건들의 변이가 있기 때문이다.

이러한 한계를 극복하기 위해 미국 인디애나 대학의 모란 박사는 실험실에서 모델생물로 널리 사용되는 예쁜꼬마선충(C. elegans)을 재료로 삼아 병원균과의 공진화 실험을 진행했다. 예쁜꼬마선충은 자웅동체인 개체와 수컷인 개체로 이루어져 있어 유성생식과 자가수정을 모두 할 수 있는 특이한 성생활을 보이는 생물이다. 야생의 자연 집단에서는 수컷이 전체 개체의 20~30퍼센트 정도를 차지하며 유성생식을 하는 집단이 전체의 20퍼센트를 유지하게 된다. 그러나 여기에 세라티아 마르세센스(Serratia marcescens)라는 박테리아성 기생균을 감염시키면 유성생식을 하는 집단은 매우 빠르게 증가하여 80~90퍼센트 정도 수준에서 안정화된다. 이 결과는 공진화하는 기생균이 예쁜꼬마선충으로 하여금 성을 선택하게 했다는 사실을 보여준다.

모란 박사는 여기에 그치지 않고 기생균의 진화를 멈추게 했을 때는 어떻게 되는지를 살펴보았다. 즉 처음 공진화가 시작되기 전의 기생균을 계속해서 세대를 내려가는 예쁜꼬마선충에 감염시켰을 때 유성생식의 빈도가 어떻게 바뀌는지 본 것이다. 같은 세대의 기생균을 세대를 이어가고 있는 후손 예쁜꼬마선충에 감염시킴으로써 기생균의 진화는 정지되어 있

	예쁜꼬마선충		병원균	유성생식 비율
	수컷	자웅동체		
자연 개체군	25%	75%	없음	20%
	25%	75%		85%
진화 개체군	후손		조상종	20%

▌모란 박사의 공진화 실험

고, 예쁜꼬마선충은 정상적인 진화가 진행되게 한 것이다. 그 결과 기생균의 진화를 멈추게 하면 예쁜꼬마선충의 유성생식 빈도가 급격히 떨어져서 기생균이 없는 상태의 빈도로 되돌아가는 것을 보았다. 이는 공진화의 상대방, 즉 기생균의 진화가 진행되지 않으면 성이 선택되지 않는다는 것을 명쾌하게 보여준다.

　모란 박사의 논문은 볼수록 감탄하게 된다. 앞의 실험 결과만으로도 훌륭한데 여기에 덧붙여 붉은 여왕 가설을 입증하는 두 가지 실험 결과를 더보태고 있다. 첫 번째 실험은 서로 다른 돌연변이를 이용한 것으로 우선 예쁜꼬마선충을 자가수정만 할 수 있는 돌연변이를 사용하여 기생균에 감염시켜보았다. 그 결과 이 자가수정 예쁜꼬마선충은 기생균에 의해 20세대가 지난 뒤 완전히 멸종되었다. 반면 유성생식만을 하는 돌연변이 예쁜꼬마선충을 사용한 실험에서는 기생균에 의해 결코 멸종되지 않았다.

　두 번째 실험은 유성생식 효과 실험이다. 실험을 시작하기 전의 조상종

	예쁜꼬마선충	병원균	선충 생존 여부
선충 돌연변이	자가수정 돌연변이		멸종
	유성생식 돌연변이		생존
유성생식 효과 실험	조상종	후손	멸종
	후손	후손	생존
	자가수정 돌연변이	후손	멸종

┃ 모란 박사의 공진화 실험

에 해당하는 예쁜꼬마선충에 공진화가 한참 진행된 기생균을 감염시키면 예쁜꼬마선충이 모두 죽는 것을 본 반면, 함께 공진화가 되었던 예쁜꼬마선충에 같이 진화된 기생균을 감염시키면 멀쩡하게 살아 있다는 결과를 얻었다. 이는 예쁜꼬마선충이 공진화를 하지 않으면 기생균에게 멸종된다는 것을 보여준다. 한편 예쁜꼬마선충이 공진화를 했어도 자가수정만을 하는 예쁜꼬마선충은 여전히 기생균에 치명적이라는 사실을 보였다. 이러한 모란 박사의 공진화 실험은 예쁜꼬마선충과 병원균 간의 공진화 실험은 동물이 유성생식을 함으로써 갖게 되는 진화적 이익을 잘 설명하고 있다. 이는 애초 붉은 여왕 효과를 종의 멸종과 연관지으려 했던 리 밴베일런 교수의 아이디어를 실험적으로 입증한 것이기도 하다. 내가 읽은 최근 논문 중 나를 감동시킨 최고의 논문이었다.

붉은 여왕 가설을 논의할 때마다 내 머릿속에 떠오르는 것은 입시지옥을 살아내고 있는 우리의 가련한 청소년들이다. 특히 선행학습으로 남들보다 앞서 달려야 하는 강남의 중고생들, 그리고 이들의 질주를 독려하는 학부모들! "누가 제발 이들을 세워줘요"라고 외치고 싶지만 정작 내 아이가 이들의 대열에 합류했을 때는 세울 수가 없다. 내가 먼저 서면 다른 이들도 다 따라 서는 것은 아니기 때문이다. 붉은 여왕이 말했듯이 체스판이 움직이고 있기 때문에 내가 뛰는 것이 서 있는 것이 되는 상황에서, 체스판을 세워야 내가 설 수는 없는 것이다. 물론 모든 학생과 학부모가 동시에 서버리면 된다. 그러나 공진화가 진행되는 교육 현장은 서는 순간 내가 절멸하게 된다는 가혹한 현실을 보여준다. 체스판을 세울 수 있는 현명한 교육 정책이 필요하다.

5

멘델의 유전 법칙

· 입자성 유전의 패러다임 ·

멘델의 유전 법칙은 요즘 중학교 교과서에서부터 등장하여 아이들의 논리적 사고를 키우는 데 자주 활용되고 있다. 누구나 중고등학교 때 한 번쯤은 멘델의 유전 법칙에 따른 생물 문제를 풀어보았을 것이다. 이 때문에 멘델의 유전 법칙은 너무나 자명한 자연의 법칙처럼 받아들여진다. 이 자명한 법칙이 100여 년 전에는 전혀 자명하지 않았다는 사실이 놀라울 정도다. 멘델이 수도사이면서 자연과학자로 활동하던 1800년대 중반에는 유전이 어떻게 이루어지는지 전혀 알 수 없었고 오히려 잘못된 유전의 패러다임이 만연해 있었다.

멘델은 유전이 어떻게 이루어지는가에 대한 과학적 이론이 없는 상태에서 통계학적 분석을 통해 유전 법칙을 발견해낸 유전학의 창시자이다. 유전 현상에 대한 다양한 해석들이 과학자들에 의해 제안되었지만 단순

명쾌한 유전의 법칙이 발견되지 못하고 있던 상황에서 통계학을 비롯하여 물리학, 화학 등 다양한 신흥 학문을 통섭적으로 소화해낸 멘델에 의해 그 법칙이 발견되었다는 사실은 흥미롭다. 다른 과학자들에게는 없지만 멘델만이 갖추고 있던 것은 무엇일까?

혼성 유전 패러다임

자식이 부모를 닮는다는 유전 현상은 아마 인류 초기부터 경험적으로 알고 있었을 것이다. 이 때문에 철학자이자 자연과학자였던 고대 그리스 학자들은 유전에 대한 자신들의 철학적·과학적 이론을 한마디씩 던져놓았다. 예를 들면 히포크라테스는 신체 각 부위에서 만들어진 엑기스가 남성의 생식 기관에 모여들어 정액을 만들고 여성의 경우에도 비슷한 액체가 만들어지는데, 수정을 할 때 이들 엑기스가 서로 경합을 벌여 어떤 신체 부위는 엄마를 닮고 어떤 부위는 아빠를 닮는다고 했다. 아리스토텔레스는 모든 유전형질이 아버지에게서 온다고 생각하여 남성의 정액이 아기의 모습을 결정한다고 믿었고 어머니는 아기가 자라는 데 필요한 양분만 제공한다고 주장했다. (이런, 남성 우월주의!)

멘델이 유전 법칙을 발견하기 전 19세기에는 계몽주의 사조의 영향으로 이미 유전에 대한 과학적 이해를 위해 여러 가지 노력들이 있었고 나름 유전에 대한 패러다임이 존재했다. 당시 보편적으로 받아들여졌던 유전의 패러다임은 혼성 유전(blending inheritance)이었다. 자식이 양친의 형질을 조금씩 닮는다는 것은 잘 알고 있었을 테니, 두 양친의 형질이 마치 물감이 섞이듯 혼합되어 유전되는 것으로 이해했다는 사실은 별로 놀랍지 않다. 예를 들어보자. 키가 큰 남자와 키가 작은 여자가 결혼해서 자식을 낳으면 아이들의 키는 어떻게 될까? 그렇다, 대략 중간쯤 되는 키의 아이들이 태어난다. 이것은 혼성 유전에 따른 지극히 상식적인 결론이다. 아빠의 키 큰 유전형질과 엄마의 키 작은 유전형질이 섞여서 중간쯤 되는 형질이 다음 세대에 나타난다고 본 것이다.

그러나 이러한 혼성 유전으로는 해석되지 않는 많은 유전 현상들이 이미 알려져 있었다. 대표적 예가 영국 빅토리아 왕가의 혈우병 유전이다. 혈우병이 혼성 유전된다면 러시아, 스페인, 프러시아 등 유럽의 여러 왕실에 퍼졌던 이 유전병이 자손에 따라서 절반만 병증이 나타나는 사람, 혹은 반의 반만 증상이 나타나는 사람 등등이 있어야 한다. 그러나 혈우병은 실무율 법칙에 따라 유전되거나 되지 않거나 하는 병으로 혼성 유전으로는 설명할 수 없는 병이었다. 그 밖에도 혼성 유전이 틀렸음을 입증하는 다양한 유전 현상이 알려져 있었음에도 당시 과학자들은 혼성 유전의 패러다임을 극복하지 못하고 있었다.* 이러한 잘못된 패러다임은 과수, 가축을 육종으로 개량하려던 많은 농축산업자들의 손을 더디게 만들었고, 통계적 규칙을 적용하면 유전 원리를 이해할 수 있다는 간단한 사실을 발

---

* 이 패러다임이 얼마나 강력했던지 그 위대한 다윈조차도 혼성 유전의 개념에서 벗어나지 못했다. 그는 멘델과 유사한 실험을 수행하고도 멘델의 우성에 해당하는 우세라는 용어 정도를 남겨놓고 유전학 실험을 중단했다. 심지어 다윈 사후 책상 위 서류 더미 속에 묻혀 있는 멘델의 유전 법칙 논문이 발견되었다니 역사의 아이러니이다. 다윈은 멘델의 유전 법칙을 읽어보지 않았고, 이것이 자신의 자연선택 이론을 뒷받침하는 매우 중요한 개념, 즉 개체군 내 변이의 존속에 대해 설명해줄 수 있음을 알지 못했다. 혼성 이론에 따르면 몇 세대만 내려가도 모든 개체가 똑같은 표현형을 가지게 되어 개체군 내 변이가 없어지게 된다. 개체군 내 변이가 없이는 선택될 대상이 없어지기 때문에 자연선택 이론이 성립되지 못한다. 이러한 약점으로 말년의 다윈은 자신의 자연선택 이론을 자신 있게 설명하지 못했고, 대신 다윈의 불독이라 불리는 토머스 헉슬리가 논쟁을 적극적으로 주도하게 된다.

견하는 데 장애 요인이 되었을 것이다.

멘델 시대의 학문적 배경

멘델은 17~18세기 계몽주의 운동과 연이은 과학적 합리주의의 영향을 받아 경제적 · 사회적 발달을 위해서는 물리학, 화학, 통계학 등 진보적 과학의 힘을 빌려야 한다는 생각을 가지고 있었던 것으로 보인다. 특히 멘델의 삶의 터전이었던 오스트리아 브루노에서는 1806년 농학회를 설립한 안드레가 농공업 기술의 발전을 위해서는 수학, 물리, 화학, 통계학 등 자연과학의 연구가 필요하다고 주장하며 면양, 과수, 포도나무 육종에 과학적 기법을 도입하기 시작했다. 멘델이 평생을 보냈던 아우구스티누스회 성 토마스 수도원에서도 멘델이 오기 전 수도원장이었던 C. F. 나프에 의해 종묘원이 건립되었고, 과수 및 포도나무의 육종 기법이 개발되고 있었다. 특히 나프는 수도사 중 과학에 재능 있는 사람들을 훈련시키는 데 많은 노력을 기울이고 있었다. 작물학회 회장과 농학회 운영위원을 겸임하기도 했던 나프는 자연과학에 대한 열정과 노력 때문에 신앙수련을 게을리한다는 질책을 일삼던 주교와 갈등을 빚기까지 했다. 이러한 분위기 속에 학문에 재능이 있던 멘델은 브루노의 수도원에 들어왔고 나프의 적극적 지원으로 빈 대학에서 다양한 자연과학적 교과를 습득하게 된다.

19세기 중반 유럽의 자연주의자들은 모든 자연 현상을 과학적으로 설명할 수 있다고 믿었다. 당시는 물리학이 발전했으며 화학, 수학, 통계학 등의 연구 방법이 자연을 이해하는 데 적극적으로 활용되던 시기였다. 생물학 분야에서는 모든 생명체가 세포로 이루어져 있다는 세포론이 자리잡기 시작했고, 발생과 수정에 관한 과학적 해명도 시도되던 때였다. 특히 식물의 잡종 형성과 유전에 대한 연구들이 활발하게 진행되어 독일의 식물학자 요제프 게르트너가 완두콩의 형질이 쌍으로 이루어져 있다는 논문을 발표했고, 영국에서는 완두콩 유전에서의 우성과 잡종 분리에 관한 논문들이 발표되었다. 이러한 과학계의 분위기 속에서 잡종의 기원 및 발생의 법칙을 이해하기 위한 멘델의 완두콩 유전 실험이 진행되었다.

멘델에게 주어진 행운

멘델이 완두콩을 실험 재료로 사용한 것은 아마도 게르트너의 영향이었을 것이다. 완두콩은 멘델의 유전 법칙 발견에 결정적 장점을 가진 실험 재료였다는 점에서 멘델에게 행운이 따랐다고 할 수 있다. 완두콩은 오랜 기간 수도원에서 재배되어왔기 때문에 자가수분에 의한 순계[*]가 확립되어 있었다. 따라서 둥근 콩과 주름진 콩과 같은 서로 대립되는 형질을 가진 완두콩을 쉽게 확보할 수 있었다. 일곱 가지의 서로 대립되는 형질, 즉 둥근 콩과 주름진 콩 외에도 흰색 꽃과 자주색 꽃, 노란색 콩과 녹색 콩, 키가 크거나 작은 형질 등등을 가진 순계 간의 교배 실험을 통해 항상 일정한 법칙을 발견할 수 있었던 것이다. 멘델의 두 번째 행운은 수도사로서 충분한 시간적 여유가 있었다는 사실일 것이다. 약 10여 년간의 꾸준한 연구를 통해서 입자성을 가진 유전인자가 세대를 거치면서 분리

---

[*] 순계란 오랜 세대 동안 자가수분을 통해 자손을 얻어왔기 때문에 자손의 형질이 모두 같은 계통을 말한다.

되는 현상을 발견했고, 이를 통계적으로 처리하면서 분리비의 법칙을 찾아냈던 것이다. 또 다른 멘델의 행운은 물리, 화학, 식물학, 동물학, 식물생리학 등 다양한 자연과학 학문을 두루두루 섭렵할 수 있었던 오스트리아 빈 대학의 학문적 분위기였을 것이다.

멘델의 유전 법칙 두 가지

잘 알고 있는 멘델의 유전 법칙을 간단히 설명해보자. 멘델의 교배 실험에서 잡종 제1세대(F_1)에서는 하나의 형질이 사라진다. 즉 둥근 콩과 주름진 콩을 교배해서 얻은 F_1에서는 둥근 콩만 나온다. 그러나 F_1을 자가수분해서 얻은 F_2에서는 다시 주름진 콩의 형질이 나타난다. 이는 F_1에서 주름진 형질을 결정하는 유전인자가 없어진 것이 아니고 가려진 것임을 보여준다. 콩 표면의 형태를 결정해주는 두 인자가 쌍으로 존재한다는 사실을 분명히 알 수 있다. 더구나 F_2에서 나타나는 둥근 콩과 주름진 콩 간의 비율 3 : 1은 두 대립인자가 나뉘었다가 다시 섞인 것임을 보여준다. 말하자면 1RR : 2Rr : 1rr로 분리되었음을 의미하는데, 이는 유전인자가 마치 동전을 던졌을 때 앞면 혹은 뒷면 둘 중 하나로 나오는 것처럼 R 혹은 r로 분리되어 정자와 난자를 만들고 이들이 다시 합해져서 RR, Rr, rr의 자손이 나옴을 보여주는 것이다. 이것이 멘델의 제1법칙 분리의 법칙이다.

이제 분리의 법칙의 의미를 명확히 해보자. 무엇이 분리된다는 말인가? 학생들에게 분리의 '주어'가 뭔지 아느냐고 물어보면 많은 경우 당황해한다. 그냥 3 : 1 분리비가 나오니까 분리의 법칙이라고 외웠기 때문에 분리의 주어가 무엇인지 깨닫지 못하는 것이다. 이것이 멘델의 유전 법칙의

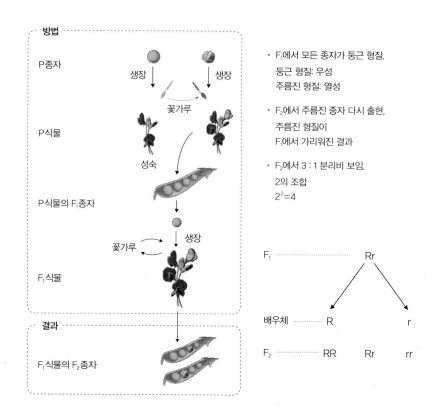

방법

P종자

생장 ↓ | ↓ 생장

꽃가루

P식물

성숙

P식물의 F₁종자

꽃가루 | ↓ 생장

F₁식물

- F₁에서 모든 종자가 둥근 형질.
  둥근 형질: 우성
  주름진 형질: 열성

- F₂에서 주름진 종자 다시 출현.
  주름진 형질이
  F₁에서 가리워진 결과

- F₂에서 3 : 1 분리비 보임.
  2의 조합
  $2^2=4$

F_1 ·················· Rr

배우체 ········· R · · · · · · · · · r

F_2 ·················· RR   Rr   rr

결과

F₁식물의 F₂종자

▌**멘델의 제1법칙, 분리의 법칙.** 한 쌍의 유전인자가 배우체를 만들 때 각각 분리된다는 법칙이다.

가장 중요한 개념이며 패러다임의 전환임에도 중고등학교 교과서에서는
그 중요한 개념을 중요하다 가르치지 못하고 있어 안타깝다. 분리의 '주
어'는 쌍으로 존재하는 '유전인자', 즉 유전인자가 분리된다는 뜻이며, 분
리되는 시점은 정자나 난자와 같은 배우체(혹은 반수체)가 생성될 때이다.
앞의 완두콩 예에서 Rr이 분리되어 R을 가진 배우체와 r을 가진 배우체로
나뉘는 법칙이 분리의 법칙이다. 3 : 1 분리비는 이 배우체들이 다시 수정
을 통해 만나 나타나는 표현형의 분리비, 즉 3(RR+Rr) : 1rr인 것이다. 이

개념이 명확해지면 유전의 입자성이 명확해진다. 물감이 퍼지듯 섞이는 것이 아니라 입자처럼 딱딱 나뉘는 것이 유전자라는 것을 명확하게 인식할 수 있기 때문이다.

교과서에서 배우는 또 하나의 유전 법칙 '독립의 법칙'에 대해서도 살펴보자. 독립의 법칙을 이해하기 위해서는 둥근 콩과 주름진 콩처럼 하나의 대립인자가 아니라 두 가지의 대립인자, 즉 둥글고 노란색 콩과 주름지면서 녹색 콩의 교배가 필요하다. 이 교배에서는 둥글과 주름짐뿐만 아니라 노랑과 녹색의 대립인자도 함께 관찰하는 것이다. 이를 교과서에서는 단성교배, 양성교배라고 하던데, 나처럼 한자세대가 아닌 사람은 도대체 무슨 소리인지 헷갈린다. 우리 교과서 속의 과학용어는 확실히 문제다. 어쨌든 둥글고 노란색 콩을 주름지고 녹색인 콩과 교배하면 잡종 제1세대에서는 모두 둥글고 노란색 콩만 나온다. 둥근 것이 주름진 것에 대해 우성이듯이 노란색이 녹색에 대해 우성인 것이다. 잡종 제1세대 F_1을 자가수분시켜 잡종 제2세대를 얻어보면 대단히 흥미로운 분리비가 나온다. 즉 둥글고 노란색 9 : 둥글고 녹색 3 : 주름지고 노란색 3 : 주름지고 녹색 1의 분리비, 그 유명한 9 : 3 : 3 : 1의 분리비가 나온다.

그렇다면 이것을 왜 독립의 법칙이라고 하는가? 이 질문 또한 우리 학생들이 머리를 긁적이게 만든다. 왜냐하면 중고등학교 교과서에서는 개념을 가르쳐주지 않고 그냥 수학 계산법만 알려주고 있는데 개념을 몰라도 문제 푸는 데 아무 지장이 없기 때문이기도 하다.

역시 독립의 '주어'가 중요하다. 무엇이 독립되었다는 얘기인가? 둥글거나 주름진 대립인자가 분리되는 사건이 노란색이거나 녹색인 대립인자가 분리되는 사건과 독립된 사건임을 말한다. 앞에서의 예를 활용해보자.

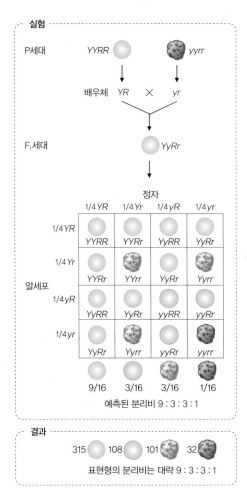

실험

P세대　　YYRR　　　　yyrr

배우체　YR　×　yr

F₁세대　　　YyRr

정자

	1/4 YR	1/4 Yr	1/4 yR	1/4 yr
1/4 YR	YYRR	YYRr	YyRR	YyRr
1/4 Yr	YYRr	YYrr	YyRr	Yyrr
1/4 yR	YyRR	YyRr	yyRR	yyRr
1/4 yr	YyRr	Yyrr	yyRr	yyrr

알세포

9/16　　3/16　　3/16　　1/16
예측된 분리비 9 : 3 : 3 : 1

결과

315　108　101　32
표현형의 분리비는 대략 9 : 3 : 3 : 1

▌ 멘델의 제2법칙, 독립의 법칙. 두 대립인자가 배우체에 나뉠 때 각각 독립적으로 분리된다.

둥글고 주름진 형질을 각각 R, r이라 했으니 노란색과 녹색을 각각 Y, y라 하자. 이 교배에서 잡종 제1세대의 유전자형은 RrYy가 된다. 분리의 법칙에 따르면 R과 r이 서로 다른 배우체에 따로 분리되어 담긴다. 이는 Y와 y도 마찬가지일 것이다. 이때 두 사건이 독립적으로 일어나게 된다. 이 때문에 중고등학교 학생들에게 두 사건이 독립적으로 일어난다고 설명하기 위해 100원짜리 동전과 500원짜리 동전의 앞면이 나올 확률과 뒷면이 나올 확률이 독립적인 사건이라고 가르친다. 좋은 예시다. 확률적으로 두 사건은 독립적이라는 의미를 명확히 전달하고 있기 때문이다. 배우체에서 R과 r, Y와 y가 담기는 사건이 독립적으로 일어나기 때문에 이들 배우체의 수정에 의해 나타나는 F₂자손들의 표현형 분리비는 9 R_Y_ : 3 R_yy : 3 rrY_ : 1 rryy가 되는 것이다.

　독립의 법칙도 역시 유전인자가 입자성을 가짐을 뚜렷이 보여준다. 멘델의 분리의 법칙과 독립의 법칙은 기존의 패러다임인 혼성 유전의 개념을 뛰어넘어 새로운 유전의 패러다임을 제공하고 있다. 이러한 입자성 유전의 법칙이 확고해진 20세기에 물리학자 슈뢰딩거는 '생명이란 무엇인가'라는 1943년 더블린 강연에서 유전입자가 염색체 위에 놓여 있으며 그것이 아마 비주기성 결정일 것이라 예측했다.

멘델 법칙의 재발견

1865년 발표된 멘델의 유전 법칙은 지금 읽어보면 그 당시 이 간단한 논문을 왜 과학자들이 이해하지 못했을까 의아할 정도로 쉽게 쓰여 있다. 심지어 당대 최고의 생물학자로 추앙받던 다윈조차도 이 논문의 의의를 깨닫지 못했다는 사실에 이르면 고개가 갸우뚱해진다. 다윈의 자연선택 이론에서 매우 중요한 이론적 바탕이 되는 '개체군 내 유전적 변이'는 혼성 유전의 패러다임으로 들여다보면 이해되지 않는다. 멘델의 유전 법칙으로만 설명이 되는, 다윈이 살아생전에 그토록 찾고 싶어 했던 해답이 이미 주어져 있었는데 다윈은 그것을 끝내 놓치고 말았던 것이다. 패러다임의 영향이 그렇게 무섭다. 우리 자연과학을 하는 사람들이 가장 경계하는 것이 바로 패러다임에 갇히는 것이다.

이후 35년이 지난 1900년 세 명의 과학자 체르막(오스트리아), 드 프리스(네덜란드), 코렌스(독일)가 유럽의 세 지역에서 동시에 멘델의 법칙을 재발견하게 된다. 35년이 지난 뒤 어떤 상황이 멘델의 법칙을 재발견하게 했을까? 아마도 세포학의 발전과 염색체 이론의 정립이 멘델 법칙을 동시에 재발견하게 하지 않았을까! 1900년에 이르게 되면 염색체가 세포분열 과정에 분리되고 그 양이 체세포와 배우체세포에서 반분된다는 사실이 보고되면서, 이 속에 유전인자가 놓여 있지 않을까라는 추정을 하게 되었다. 이러한 이론과 잘 맞아 떨어지는 유전 현상을 찾기 시작하니까 단숨에 세 명의 과학자에 의해 유전 법칙이 동시에 발견되었던 것이다. 감수분열 과정에 나타나는 염색체 위에 유전자를 올려놓고 어떻게 염색체가 배분되는지를 쫓아가보면 분리의 법칙과 독립의 법칙을 간단히 확인할 수 있다. 세상은 답을 알고 들여다보면 참으로 간단하다!

우리 교과서에만 있는 우열의 법칙

중등 교과서에 소개된 멘델의 법칙에는 내가 설명한 멘델의 제1법칙(분리의 법칙)과 제2법칙(독립의 법칙) 외에도 하나가 더 있다. 그렇다, 우열의 법칙이다! 그런데 대학 교재는 물론이고 미국의 중등 교과서에는 우열의 법칙이라는 것은 없다. 대학에서 강의를 하면서부터 나는 왜 우리 교과서에는 다른 나라 교과서에는 없는 우열의 법칙이 있을까라는 쓸데없는 고민을 하게 되었다. 아마 짐작컨대 우리 교과서가 일제강점기의 영향 아래에 있던 학자들에 의해 쓰이기 시작하면서 그렇게 된 것이 아닐까 싶다. 우리나라 교과서 속의 우열의 법칙은 아직도 우리 속에 남아 있는 일제의 잔재일 것이다. 이 상황을 과학사의 토막 지식들을 활용해 나름 추리해보면 재미있다. 혹시 내가 잘못 추리한 것이라면 알려주기 바란다.

일단 멘델 자신이 제1법칙이니 제2법칙이니 하는 표현을 쓴 적이 없다. 분리의 법칙이니 독립의 법칙이니 하는 표현을 제안하지도 않았다. 이 표현은 멘델 법칙이 재발견되고 난 후, 20세기 초 멘델을 추종하는 일군의 유전학자들이 학문적으로 유전 법칙을 정리하면서 명명한 것이다. 서구에서 멘델의 유전 원리가 과학계에서는 매우 드문 '법칙(law)'으로 격상되고 있던 시기에 일본의 학자들도 멘델의 유전 원리를 받아들이고 이를 세 가지 법칙으로 정리했다. 즉 멘델의 제1법칙=우열의 법칙, 멘델의 제2법칙=분리의 법칙, 멘델의 제3법칙=독립의 법칙이 일제 교과서에 등장하기 시작했다. 이후 해방을 맞고 한글로 쓰인 우리 교과서를 집필하면서 일제 때 공부했던 우리 학자들에 의해 일본학자들의 멘델 법칙 도그마가 그대로 계승된 것이다.

그러나 따지고 보면 우열의 법칙은 분리의 법칙이나 독립의 법칙과는 달리 법칙이 될 수 없다. 예외가 많아도 너무 많다. 더구나 멘델이 발견한 고유한 유전 원리도 아니다. 앞에서 멘델이 공부하던 시절의 학문적 배경을 설명하면서 잠깐 언급했지만 멘델 이전에도 영국의 학자들은 특정 형질이 대립형질에 대해 우세하게 작용함을 알고 있었다. 그 학자들 중에는 다윈도 포함된다. 우열의 법칙이 성립되지 않는 사례를 들어보자. 분꽃의 색깔 유전만 봐도 빨간색과 흰색 꽃을 교배하면 분홍색 꽃이 나온다. 분꽃 색깔에는 우성이나 열성이 없다. 분꽃 유전이 예외적인 현상도 아니고 흔히 나타나는 유전 현상이다. 말하자면 대립인자들 중에서 어떤 형질이 다른 형질에 대해 반드시 우성이어야 할 이유가 없다. 우열이 분명한 유전 현상이 좀 더 일반적일 수는 있지만 그걸 법칙이라고 하기에는…….

마지막으로 왜 우열이 일반적인지 간단히 설명하고 넘어가자. 이건 왜 고등동식물이 2배체인가와 상관이 있다(사람의 경우 2n=46인 2배체). 멘델이 밝힌 것처럼 우리 몸에 있는 모든 유전자는 쌍으로 존재한다. 덕분에 둘 중 하나의 유전자에 돌연변이가 일어나도 아무런 문제가 발생하지 않는다. 하나의 유전자가 만들어내는 단백질 산물만으로도 충분하기 때문이다. 하나의 유전자가 만들어내는 단백질의 양이 역치값을 넘는 충분한 양이기 때문에 일반적으로 실무율 규칙을 따르게 되는 것이다.* 이것은 2배체인 생물이 살아가는 데 큰 도움이 된다. 쌍으로 존재하는 유전자 중 하나에 우연히 돌연변이가 일어나도 다른 하나가 있어서 생존에 아무런 지장이 없기 때문이다. 이 때문에 2배체는 단수체 생물에 비해 진화적인 장점을 가진다.

---

* 분꽃의 색깔 유전 같은 경우에는 두 유전자가 만들어내는 색소의 양이 한 유전자가 만들어내는 색소 양보다 많아 색깔이 짙게 나타나는 것이다.

6

유전 물질의 발견과
이중나선

· 왓슨과 크릭의 통찰력 ·

20세기 초반이 물리학의 세기였다면 20세기 후반은 생물학이 주도하는 세기였다고 해도 과언이 아니다. 과학사적으로 보았을 때도 과학이 우리 인간의 정신이나 문명에 미치는 영향을 고려하면 지나친 과장이 아니라는 데 대부분의 과학자들이 동의할 것이다. 물론 21세기는 완전히 생물학의 세기이다. 생물학이 분류나 관찰을 하는 매우 수동적인 학문, 박물학을 벗어나 비약적인 발전을 할 수 있게 한 사건을 하나만 꼽으라면 누구나 1953년에 있었던 왓슨과 크릭 박사의 1953년에 DNA 이중나선 구조 발견을 꼽을 것이다.[**] 이 사건으로 우리는 유전 물질이 그토록 단순하

....

[**]   Watson and Crick (1953) Molecular structure of nucleic acids: a structure for deoxyribose nucleic acid. Nature, Vol 171: p. 737-738.

다는 것을 깨닫게 되었고, 단순한 것이 아름답다는 사실을 스티브 잡스 이전에 절감하고 있었다. 이중나선 구조의 발견 덕분에 다양한 분자생물학적 발견들이 1960년대 이후 폭발적으로 이루어졌으며, 생물학 교과서를 따라가기 바쁘게 되었다. 지금도 많은 중고등학교 생물학 선생님들이 학생들 가르치는 데 어려움을 느끼고 있다고 불평한다니 연구를 통해 새로운 생물학 지식을 생산해내는 과학자의 한 사람으로서 죄송하게 되었다.

유전 물질에 얽힌 패러다임

대중적 과학서 『이중나선』에 따르면 왓슨은 슈뢰딩거의 『생명이란 무엇인가』라는 책을 읽고 대단한 영감을 얻었다고 한다. 이 책은 두 부분으로 구분할 수 있는데 하나는 유전 물질에 대한 추론(그는 유전 물질이 비주기성 결정이라 예측했다)이고 다른 하나는 생명계의 열역학에 관한 내용이다. 왓슨은 이 책을 읽고 유전 물질이 무엇인지 규명한다면 생명의 많은 미스터리를 술술 풀어낼 것이라 생각했다. 왓슨은 DNA에 해답이 있을 것이라고 믿었지만 당시 생물학계에서는 유전 물질이 단백질일 것이라 믿는 사람들이 훨씬 많았다. 심지어 슈뢰딩거도 그렇게 생각할 정도였으니 '유전 물질=단백질'이라는 패러다임이 얼마나 공고했는지 알 수 있다.

왜 많은 학자들이 단백질이어야 한다고 생각했을까? 우선 단백질의 다양성을 들 수 있다. 앞에서 설명한 것처럼 20종의 아미노산으로 이루어진 단백질은 무궁무진하게 많다. 생명 현상 또한 대단히 다양하기 때문에 이

2부. 생명은 반복한다

런 일을 맡을 수 있는 유전 물질은 당연히 단백질일 것이라 믿었다. 또 하나는 단백질의 기능이다. 생명 현상을 제공하는 물질이 단백질인 것을 이미 효소에 대한 연구 등을 통해서 익히 알고 있었기 때문에 유전 물질이 단백질이어야 마땅하다 생각했다. 반면에 핵산은 그 구조가 너무 단순하다. 기껏해야 네 가지의 염기로 이루어져 있고, 구조 또한 쉽게 풀어낼 수 있을 정도로 매우 단순하다. 이렇게 단순한 구조로 어떻게 그토록 다양한 생명 현상을 담아낼 수 있단 말인가! 후에 유전 물질이 DNA임이 밝혀진 한참 뒤에도 단백질이 유전 물질인데 사람들이 헷갈려서 잘못 짚었다고 굳게 믿는 과학자들이 꽤나 있었다. 내가 공부했던 위스콘신 대학에서 실제로 세미나 도중 "유전 물질은 DNA가 아니야"라고 외치던 노과학자를 본 적이 있다. 그때는 1990년대 중반이었는데도 말이다. (패러다임에 갇히는 것은 이토록 무섭다!)

DNA가 유전 물질이라는 흐릿한(?) 증거들

그렇다면 단백질이 유전 물질일 것이라는 많은 학자들의 믿음과 달리 왓슨은 왜 DNA가 유전 물질일 것이라고 예측했을까? 물론 그는 과학자이지 점쟁이가 아니다. 때문에 그에게 단서가 있었다. 당시 가장 강력한 증거 두 가지가 보고되었으니 하나는 미국 콜럼비아 대학 에이버리 교수의 폐렴균 연구 결과였고, 다른 하나는 미국 콜드스프링하버 연구소 허시 박사의 박테리오파아지라는 바이러스 연구 결과였다. 에이버리 교수는 폐렴균의 유전적 특성을 결정해주는 물질이 단백질이 아니고 DNA여야 된다는 매우 강력한 증거를 1944년에 보고했다.[*] 이러한 강력한 증거에

DNA 구조를 설명하는 왓슨과 크릭(위). 그들이《네이처》에 발표한 DNA 구조를 밝힌 논문(아래).

도 불구하고 이를 믿지 못하겠다는 학자들이 많았으므로 보다 강력한 증거가 필요했다. 이를 허시와 그의 조수 체이스는 박테리아에 감염되어 증식하는 바이러스인 파아지를 이용하여 파아지가 증식되는 과정에서 박테리아 속으로 침투해 들어가는 것은 단백질이 아니라 핵산임을 보였다.[**] 이들의 실험 결과는 돌이켜 생각해보면 흐릿한 증거가 아니라 너무나 또렷한 증거였다. 이를 왓슨은 잘 알고 있었고, 때문에 DNA가 유전 물질이며, 그 구조를 밝혀내면 생명의 미스터리가 한꺼번에 풀린다고 판단했던 것이다. 그는 참으로 옳았다!

왓슨과 크릭의 통찰력

DNA 구조를 밝히는 과정은 한 편의 드라마다. 이 드라마는 왓슨 본인이 저술한 『이중나선』을 통해 대중들에게 잘 소개되었고 다른 과학자들에 의해서도 여러 가지 에피소드들이 소개되고는 한다. 여기서는 왓슨과 크릭이 DNA 구조를 밝히는 데 필요했던 주요한 정보만 간단히 살펴보자.

우선 왓슨과 크릭은 이미 알려진 핵산에 대한 정보 중에서 샤가프의 규칙에 대한 정보를 매우 잘 활용했다. 샤가프의 규칙이란 생물체에서 뽑은 핵산을 분석해보니 첫째, 모든 생물체에서 아데닌과 티민의 비율이 항상

----

[*] 에이브리 교수는 폐렴균의 병원성을 제공하는 유전인자가 단백질 분해 효소나 지질 분해 효소를 처리했을 때는 없어지지 않으나 핵산을 분해하는 효소를 처리했을 때는 없어지는 것을 보임으로써 유전 물질이 DNA라 주장했다.

[**] 파아지에 방사성 동위원소를 이용하여 단백질에 표지를 달았을 경우와 핵산에 표지를 달았을 경우를 비교하는 실험을 수행했다. 그 결과 동위원소 표지가 핵산에 달렸을 경우만 박테리아 속으로 들어감을 보였다.

같고 구아닌과 시토신의 비율이 항상 같으며 둘째, 링 구조가 2개인 퓨린(여기에 아데닌과 구아닌이 포함된다)의 비율과 1개인 피리미딘(시토신과 티민이 포함된다)의 비율이 항상 1 : 1의 비율이라는 규칙이다. 이 샤가프의 규칙은 동물, 식물, 미생물 할 것 없이 모든 생물체에 적용되는 규칙이었다. 따라서 DNA의 화학적 구조에 대한 열쇠를 쥐고 있는 정보였다. 그다음 정보는 DNA의 X선 회절 사진이었다. 왓슨은 윌킨스 교수가 프랭클린 박사의 동의도 없이 몰래 보여준 DNA의 X선 회절 사진을 또렷이 기억하고 있었다.[*] 그리고 그 그림 속에서 매우 규칙적인 세 가지 패턴을 유추해냈다. 무언가 매우 규칙적으로 반복되어 있다는 것, 적어도 세 가지 정도의 규칙적 패턴이 나타난다는 것이 생물학자였던 왓슨 박사가 파악할 수 있는 모든 것이었을 것이다. 이 퍼즐을 가지고 왓슨과 크릭은 매일같이 유쾌하게 떠들어대면서[**] 사고 실험을 통해서 DNA 구조를 풀고 있었다. 심지어는 네 가지 염기의 화학 구조식을 그린 종이 조각을 맞춰보면서 구

---

[*] 이 부분에 관한 서로 다른 설명들이 있다. 이 글에서는 왓슨의 『이중나선』 에피소드를 따랐으나 인간의 기억은 자기가 기억하고 싶은 대로 기억하는 가변성이 있어 사람들마다 얘기가 조금씩 다르다. 내가 가장 공감하는 에피소드는 후쿠오카 신이치가 쓴 『생물과 무생물 사이』에 들어 있다. 이 책에 따르면 왓슨이 아니라 크릭이 프랭클린 박사가 작성한 연구 보고서에 들어 있는 X선 사진과 해석 내용을 마지막 순간에 보았다고 한다. 같은 연구소의 선임 교수였던 페루츠(노벨상을 받은 분이다)가 자신에게 평가 의뢰된 프랭클린 박사의 연구 보고서를 크릭 박사에게 보여줬는데, 이것을 본 크릭 박사가 서둘러 DNA 이중나선 구조를 《네이처》에 기고했다고 한다. 이 책에 따르면 비운의 여인 프랭클린 박사가 이미 DNA 구조를 꽤 깊이 이해하고 있었을 것으로 추정된다. 그렇다고 하더라도 왓슨과 크릭에 의한 DNA 이중나선 구조의 완벽한 해명은 그들의 공로라는 데 이의를 달 사람은 없다. DNA가 유전성을 가진 분자임을 명확히 밝힌 사람들이 바로 그들이기 때문이다. 프랭클린 박사는 DNA 구조를 밝히는 데 가장 결정적 역할을 했으면서도 노벨상을 수상하지 못했다. 안타깝게도 그녀는 왓슨, 크릭, 윌킨스가 노벨상을 받을 때 이미 이 세상 사람이 아니었기 때문이다. 노벨상은 아무리 훌륭한 공로여도 죽은 사람에게 수여되지는 않는다.

[**] 내가 크릭 박사가 소장으로 있던 미국 캘리포니아의 소크 연구소에서 박사후연구원 생활을 하고 있었을 때 식당이 떠나갈 듯 유쾌하게 터뜨리는 크릭 박사의 웃음은 연구원들 사이에 아주 유명했다.

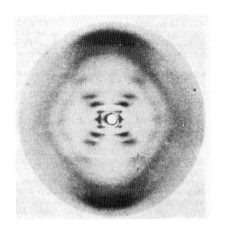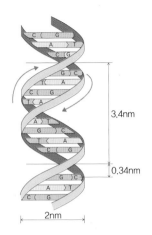

3.4nm

0.34nm

2nm

▍DNA X선 회절 사진과 DNA 구조

조를 유추했다고 한다.

　이제 우리도 퍼즐을 맞춰보자. 어떻게 왓슨과 크릭은 샤가프 규칙과 빙빙 돌아가는 듯한 X선 회절 사진을 보고 이중나선 구조를 상상할 수 있었을까? 무언가 빙빙 돌아가는 규칙적인 패턴을 보면 나선으로 되어 있지 않을까 상상을 할 수 있다. 나선형 구조에 샤가프의 규칙, 퓨린과 피리미딘이 1 : 1이 되어야 한다는 제약을 만족할 수 있는 구조는 서로 마주보며 짝짓기하는 이중나선 구조밖에 없다. 물론 답을 알고나면 자명해 보이지만 답을 모를 때는 수수께끼일 것이다. 실제로 DNA 구조를 풀기 위해 마지막까지 경쟁했던 당대 최고의 X선 구조 결정학자 라이너스 폴링***은 삼중나선을 제안하는 오류 논문을 발표하기도 했다.

....

*** 　폴링은 미국 칼텍(Caltech)의 교수로서 당시 세계 최고의 X선 구조 결정학자였으며 단백질의 삼
중나선 구조 규명으로 1954년 노벨화학상을 받은 대학자였다.

왓슨과 크릭은 이런 식의 사고 실험을 통해 DNA는 이중나선 구조여야 하며 두 나선이 서로 반대 방향으로 마주보며 꽈배기처럼 꼬인 형태라는 것을 알아냈다. 이 구조를 완성하고 나니 DNA가 유전 물질임이 자명해졌다. 즉 아데닌은 티민과 결합해야 하고, 구아닌은 시토신과 결합해야 하는 염기쌍 규칙*에 따르면 한 나선의 염기 순서가 결정되면 마주보는 다른 나선의 염기 순서는 자동으로 결정되는 것이다. 이것이 복제의 원리이며, 유전성의 특성이라는 것을 바보라도 한눈에 파악할 수 있다. DNA의 구조는 당과 인산이 연결된 뼈대가 나선의 바깥쪽에 배열되어 있으며, 염기쌍은 안쪽으로 배열되어 있다. 나선 구조는 한 바퀴를 도는데 10개의 염기쌍이 필요하다.

----

* 아데닌과 티민, 구아닌과 시토신이 결합하는 규칙에 의해 염기쌍이 만들어내는 이중나선의 내부 거리는 2나노미터로 항상 일정하게 유지된다. 2개의 링 구조와 1개의 링 구조가 연결되는 것이 염기쌍인 셈이다.

3부

—

생명은 해독기다

1

디지털 정보와
아날로그 정보

· 1차원 정보가 3차원 정보로 변환 ·

하나의 흐름인 생명체는 그 흐름이 중단되는 순간 죽음을 맞이하게 된다. 지난 60년간 생물학이 눈부시게 발전했지만, 그래서 마침내 생명의 언어를 풀어냈지만, 우리는 여전히 생명의 흐름이 왜 중단되는지 모른다. 40억 년이라는 긴 생명의 역사 기간 중 어떤 생명체도 그 이유를 알아내지 못했고 중단을 막아내지 못했다. 그러나 생명의 이른 초기 역사부터 생명체는 자신의 존재를 영속시키기 위한 방법을 찾아냈다. 개체로서의 영속은 불가능하지만 자신을 만드는 매뉴얼을 대대손손 자손에게 물려주는 것은 가능함을 알아낸 것이다. 생명의 흐름을 세대에서 세대로 이어가게끔 하는 방법, 그것이 자신의 정보를 DNA 정보 매체로 암호화하는 것이다. 이번 장에서는 DNA 정보로 암호화되어 있는 매뉴얼을 어떻게 실행하는지, 즉 생명체가 가진 DNA 해독기의 작동 메커니즘을 설명한다. 크릭 박사는 이 해독 과정을 센트럴 도그마(central dogma)라 명명했다. 생각해보면 생명체가 40억 년간 은밀하게 숨겨놓았던 비밀문서를 이제야 열어보게 된 것이다.

생명 매뉴얼이 암호화된 DNA

생명의 매뉴얼은 DNA 형태로 암호화되어 있다. 달리 말하면 생명을 만드는 데 필요한 유전자 정보가 DNA 형태로 기술되어 있다. 모든 유전자 정보는 단백질 합성에 대한 정보이다. 따라서 DNA에 기술된 유전 정보를 해독하여 단백질을 구성하는 아미노산 서열로 전환하는 것이 DNA 해독기가 하는 일이다. 우선 DNA와 단백질 두 정보 매체의 특성을 비교해보자.

DNA에 들어 있는 정보는 염기 서열 형태로 저장되어 있다. DNA 분자의 기능이 정보를 저장하는 것이므로 염기 서열 자체가 DNA의 정보이자 기능이다. 따라서 DNA의 정보는 1차원적이다. 마치 책 위에 쓰인 문장이 구겨지든 휘어지든 상관없이 그 내용은 그대로 유지되듯이 DNA의 정보 또한 구겨지든 휘어지든 바뀌지 않는 1차원 정보이다. 즉 DNA 정보는 끓인다고 없어지거나 훼손되지 않는다. 그런 면에서 DNA 정보는 컴퓨터를 구동하는 가장 원시적인 언어인 기계어와 같다. DNA의 정보를 디지털 정보라고 하는 이유다.

단백질은 이와 다르다. 단백질 또한 아미노산 서열의 형태를 가지고 있지만 아미노산 서열이 자동적으로 기능을 부여하지는 않는다. 단백질은 모두 제각각의 입체적인 형태, 즉 3차 구조를 가진다. 이 3차 구조가 흐트러지면 단백질의 기능은 소실된다. 예를 들면 단백질은 끓이면 바로 변성되고 그 기능을 잃어버린다. 끓는 과정 동안에 아미노산 서열이 바뀌거나 끊어지거나 하지 않음에도 불구하고 그 기능이 사라져버리는 것이다. 단백질을 끓이면 3차 구조가 흐트러지기 때문이다. 단백질의 기능이 아미노산 서열에 있는 것이 아니고 3차 구조에 있기 때문에 단백질은 아날로그 정보라 비유한다.

정보 변환 어댑터, tRNA

1차원적 디지털 정보(DNA)와 3차원적 아날로그 정보(단백질)는 정보 매체가 서로 다르기 때문에 DNA 정보를 단백질 정보로 전환하기 위한 어댑터가 필요하다. 이 사실을 사고 실험을 통해 제안한 사람이 크릭 박사이다. 노벨상을 수상한 후 과학행정으로 돌아버린 왓슨과 달리 크릭 박사는 한평생 새로운 생물학적 개념들을 창안해가면서 연구에 매진한, 연구자들의 훌륭한 롤모델이었다. 크릭 박사는 DNA의 정보가 서로 다른 정보 매체인 단백질로 전환되기 위해서는 정보 변환 어댑터*가 필요할 것이라 제안했는데, 후에 분자생물학자들에 의해 이것이 전송RNA(tRNA)임이 밝혀지게 되었다. 이는 사고 실험에 의한 예측이 실제 실험을 통해 확인된 매우 훌륭한 사례이다. 결론적으로 tRNA가 3염기로 구성된 코돈의 정보를 정확히 알맞는 아미노산으로 해독한다.

---

* 전기를 110볼트에서 220볼트로 전환했을 때, 110볼트용 전기기구를 계속 사용하기 위해서 우리는 '도란스'라는 전압 변환 장치를 새로 구입해야 했다. 미국에서는 이 도란스를 어댑터라 불렀다. 그런 의미에서 정보 변환 어댑터가 적절한 비유인 듯하다.

정보 변환 유전 부호

DNA에 들어 있는 단백질 생산 명령어는 바로 활용되지 못하고 전령 RNA(mRNA)라는 중간 매개체를 필요로 한다. 즉 DNA 정보를 일부 필요한 부분만 복사하여 하나의 단백질을 생산하는 데 활용하는데, 이 복사체가 mRNA이다. 이와 같이 중간 매개체가 필요한 이유는 자명해 보인다. 우선 하나의 단백질을 생산하는 데 필요한 부분만 갖다 쓰면 되지 전체 DNA가 다 연결되어 있는 게놈을 가져다 쓸 이유는 없는 것이다.

사람의 경우 하나의 염색체에 평균 1,000개의 유전자가 들어 있는데 이들은 모두 연결되어 있는 하나의 사슬을 이룬다. 따라서 단백질 하나를 생산하는 데 DNA를 직접 사용한다면 1개의 단백질 만들자고 1,000여 개의 유전자 청사진을 다 들고 법석을 떠는 꼴이 된다. 이러한 소동을 막기위해 해당 유전자 하나만 복사해서 단백질 생산에 사용한다. 또 다른 이유로 진핵생물의 경우 DNA 정보 매체가 존재하는 공간과 단백질이 생산되는 공간이 물리적으로 분리되어 있다는 제약 때문에 DNA 정보의 복사가 필수적이다. 즉 DNA 정보는 핵 속에 들어 있으며, 단백질이 생산되는 장소는 핵 밖의 세포질이다. 염색체 전체를 핵과 세포질 사이를 왔다 갔다 옮겨가지고 다니면서 해독하는 것은 물리적으로도 불가능한 일이다. 이 때문에 복사체가 필요한데 생물체는 오랜 진화 과정을 거치면서 RNA 형태의 복사체를 선택했다. 게놈의 유전 정보가 워낙 중요하기 때문에 이를 단백질을 합성하는 데 직접 사용하지 않고 필요한 부분만 복사한 복사체를 사용하여 게놈을 보호한다는 장점도 있다. 이러한 복사체 mRNA의 화학적 특성은 DNA와 마찬가지로 정보 저장 능력이 있으며, 기본적으로

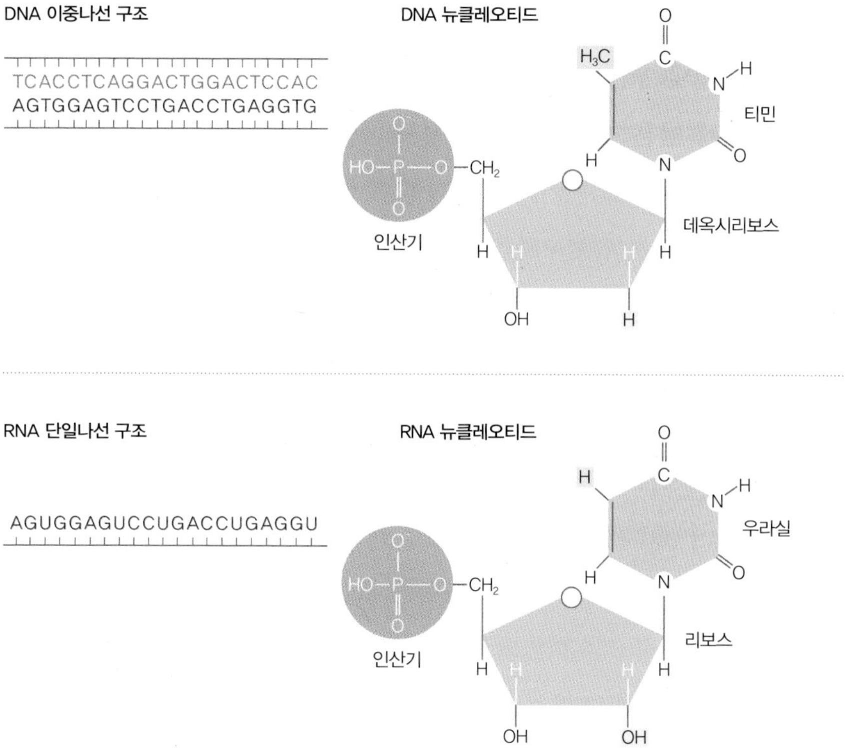
DNA 이중나선 구조
TCACCTCAGGACTGGACTCCAC
AGTGGAGTCCTGACCTGAGGTG
DNA 뉴클레오티드
티민
인산기
데옥시리보스
RNA 단일나선 구조
AGUGGAGUCCUGACCUGAGGU
RNA 뉴클레오티드
우라실
인산기
리보스

DNA와 RNA의 차이

같은 언어, 즉 염기 서열이라는 언어를 사용한다.

DNA와 RNA는 화학적으로 유사한 구조로 되어 있다. 인산-당 뼈대로 이루어져 있고, 그 뼈대 안쪽에 염기가 연결되어 있는, 인산-당-염기의 기본 구조를 가진다. 둘 사이의 차이는 첫째, 사용하는 염기로 티민 대신에 우라실을 사용한다. 우라실은 티민과 같이 아데닌과 결합하는 화학적 특성을 가지므로 RNA에서 사용하는 티민 대체재이다. 왜 RNA는 하필 우라실을 쓰는지, 티민을 사용하면 안 되는지, 아마 유기화학자들은 그 답을 알 것이다. 둘째, RNA의 뼈대인 당은 DNA의 데옥시리보스 대신에 리보스이다. 데옥시리보스는 리보스보다 산소 하나가 적은 당 구조이다. 산소 하나가 많다는 것이 리보스로 하여금 이중나선으로 결합하기 쉽지 않게 한다. 때문에 RNA는 이중나선 가닥이 아니라 일반적으로 단일가닥으로 되어 있다. 아마도 세포질 수용액 내에서 짧은 단일가닥으로 비교적 안정화되는 화학적 특성이 있기 때문에 진화 과정에서 DNA 유전 정보의 복사체로서 RNA가 선택되었을 것이다.

정보 변환 과정

정보 변환 과정은 다음의 두 단원에서 소상하게 다룰 것이므로, 여기서는 잠깐 개요만 들여다보자. 우선 DNA 정보가 RNA로, RNA 정보가 단백질로 전환된다는 크릭 박사의 센트럴 도그마를 다시금 소개할 필요가 있겠다. DNA 이중나선에 들어 있는 정보 중 한 가닥의 염기 서열을 이용하

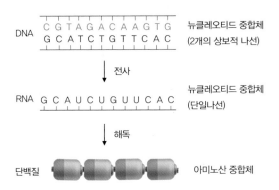

▎센트럴 도그마에 의한 전사와 해독의 예시

첫 번째 염기		두 번째 염기 U	두 번째 염기 C	두 번째 염기 A	두 번째 염기 G	세 번째 염기
U		UUU UUC } 페닐알라닌(phe) UUA UUG } 류신(leu)	UCU UCC UCA UCG } 세린(ser)	UAU UAC } 타이로신(tyr) UAA 종결코돈 UAG 종결코돈	UGU UGC } 시스테인(cys) UGA 종결코돈 UGG 트립토판(trp)	U C A G
C		CUU CUC CUA CUG } 류신(leu)	CCU CCC CCA CCG } 프롤린(pro)	CAU CAC } 히스티딘(his) CAA CAG } 글루타민(gln)	CGU CGC CGA CGG } 아르기닌(arg)	U C A G
A		AUU AUC } 이소류신(ile) AUA 메티오닌(met) AUG 개시코돈	ACU ACC ACA ACG } 스레오닌(thr)	AAU AAC } 아스파라긴(asn) AAA AAG } 리신(lys)	AGU AGC } 세린(ser) AGA AGG } 아르기닌(arg)	U C A G
G		GUU GUC GUA GUG } 발린(val)	GCU GCC GCA GCG } 알라닌(ala)	GAU GAC } 아스파틱산(asp) GAA GAG } 글루탐산(glu)	GGU GGC GGA GGG } 글리신(gly)	U C A G

│ 유전 부호표

여, 즉 주형으로 하여, RNA를 복사한다. 이 과정을 학술적으로는 전사라 한다. 전사 과정에 의해 DNA의 두 나선 중 하나의 염기 서열과 동일한 서열을 가진 RNA 전사체가 만들어진다. 엄밀하게 말하면 완전히 동일하지는 않고, 티민이 있어야 할 자리에 우라실이 들어간다. 이 과정은 염기쌍 규칙, AT, GC의 규칙을 그대로 따른다. 다만 T 대신에 U가 들어가니 AU, GC 짝짓기 규칙으로 전사된다. 다음 과정에서는 RNA의 염기 서열을 이용하여 아미노산 서열을 결정하는 해독이 진행된다. 해독 과정에서는 mRNA 전사체에 들어 있는 염기 서열 정보를 3염기 단위로 잘라서 순서대로 아미노산으로 전환한다. 이러한 3염기 정보를 코돈이라 한다. 어떤 코돈이 어떤 아미노산에 대한 정보인지는 1960년대 집중적으로 연구되어 1966년 유전 부호표가 완성되었다. 그 과정에 많은 연구자들이 노벨상을 수상했는데 그중 대표적인 인물이 미국 위스콘신 대학의 교수였던 고빈드 코라나라는 인도 출신 과학자와 미국 국립보건원의 마셜 니런버그 교수였다.

　이후 과학자들은 전사 과정과 해독 과정의 분자 기작을 밝혀내기 위해 경쟁적으로 연구했고, 현재 생물학 교과서에 각각의 장을 할애해서 서술할 정도로 중요한 발견이 되었다. 생물학을 전공하는 학생들은 이 과정에 대한 분자 메커니즘을 최소한 네 번은 듣고서야 졸업하게 된다. 우선 일반생물학 교과서에서 한 번 접하고, 전공으로 접어들면서 유전학, 생화학, 분자생물학에서 각각 똑같은 내용을 반복해서 듣게 된다. 그래서 난 유전학을 강의하면서는 아예 이 부분의 강의를 생략하고 넘어간다. 너무나 심하게 중복해서 가르치기 때문이다. 하지만 이 책에서는 현대생물학의 중요한 발견을 그냥 넘어갈 수 없어 다음 장들에서 간략하게나마 전사와 해독 과정을 설명할 것이다.

2

유전 정보를 복사하는
전사

· 필요한 만큼만 복사하라! ·

RNA 중합 효소

유전 정보를 복사하여 RNA를 생성하는 과정을 전사라 하며 생성되는 RNA 조각을 전사체라 한다. 생명체에서 일어나는 모든 현상은 단백질의 작용 결과이다. 특히 물질대사는 효소가 담당하는데 전사 과정 또한 이를 담당하는 RNA 중합 효소가 필요하다. RNA 중합 효소는 특정 세포에서 어떤 단백질의 합성이 필요한지, 즉 어떤 유전자가 전사되어야 할 것인지를 판단하는 전사조절 단백질의 도움을 받아 전사되어야 할 유전자의 프로모터 부위에 결합하게 된다. 프로모터란 유전자에서 단백질 합성에 대한 정보, 즉 아미노산 서열 정보를 가진 부위(단백질 해독 부위라 한다)의 앞부분에 연결된 염기 서열이다. 프로모터에 결합한 RNA 중합 효소

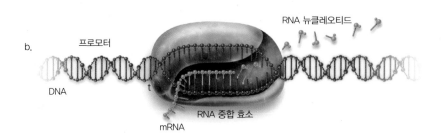

다음과 같은 라벨이 있습니다: 프로모터, 단백질 정보, 종결 신호, a., RNA 뉴클레오티드, b., 프로모터, DNA, t, RNA 중합 효소, mRNA

▌ **유전자의 구조와 전사.** (a) 유전자는 프로모터, 단백질 정보, 종결 신호로 이루어져 있다. (b) 프로모터에 전사조절 단백질이 결합하면 RNA 중합 효소가 그 자리에 붙어 전사를 시작하고 종결 신호를 만나면 전사가 끝이 난다.

는 DNA 이중나선의 가닥을 풀고 두 가닥 중 한 가닥의 염기 서열과 상보적인 염기 서열을 순서대로 이어붙이는 효소 작용을 한다. 이렇게 RNA를 합성하다가 특정한 염기 서열을 만나면 RNA 중합 효소가 DNA 가닥에서 떨어지게 되는데, 이런 역할을 하는 염기 서열을 종결 신호라 한다. 물론 종결을 위해서는 종결 신호에 결합하는 다양한 단백질이 필요하다.

전사체의 가공

생성된 RNA 전사체는 그 길이가 단백질의 크기에 따라 수백에서 수만 염기에 이르기까지 다양하다. 이렇게 생성된 RNA는 특별한 가공 과정을 거치는데, 진핵생물의 경우 대략 세 단계 정도가 대학 교재에 자세히 소개되고 있다. 원핵생물에는 없는 가공 과정이다. 첫째는 전사체인 RNA의

앞부분(이를 5' 끝이라 한다)에 모자를 씌우는 5'-고깔 씌우기(5'-capping)
이고, 둘째는 전사체 RNA의 뒷부분(이를 3' 끝이라 한다)에 폴리 A 꼬리 붙
이기(poly A tailing)이며, 세 번째로는 인트론을 제거하고 엑손을 이어붙
이는 스플라이싱(splicing)이다.

이중 주목할 만한 것이 스플라이싱인데, 원핵생물에서는 하나의 유전
자에 들어 있는 염기 서열 정보가 끊어짐이 없이 3염기씩 주욱 아미노산
서열로 전환된다. 그러나 진핵생물에서는 대개 아미노산에 대한 정보가
없는 인트론이라는 부위가 엑손의 중간 중간에 있어 이 부위를 잘라내 주
어야 한다. RNA 중합 효소에 의해 생성된 전사체는 아미노산 서열 정보
를 가진 엑손과 아미노산에 대한 정보를 가지지 않은 인트론이 서로 교
대로 연결되어 있다. 이 전사체를 이용해 단백질을 만들기 위해서는 먼저

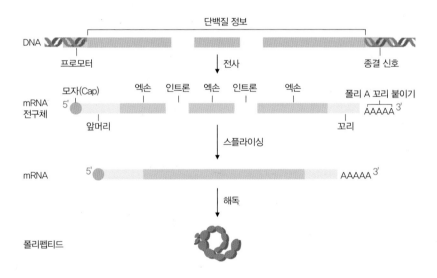

▌RNA 전사체의 가공. 5'-고깔 씌우기, 폴리 A 꼬리 붙이기, 스플라이싱을 마친 RNA를 mRNA라 한다.

인트론 부위를 잘라내줘야 한다. 이러한 가공을 스플라이싱이라 한다. 글자 그대로 RNA 자르기이다.

5'-고깔 씌우기는 전사체의 앞부분에 특이한 형태의 뉴클레오티드를 붙이는 가공으로, 진핵생물의 경우 이 고깔이 리보좀이 부착되는 표식으로 작용하며, 해독의 시작점을 안내하는 역할을 한다. 3'-폴리 A 꼬리는 전사체가 세포질 속에 얼마나 오랫동안 분해되지 않고 머무를지 그 수명을 조절하는 역할을 한다.

전사체의 수송

DNA 유전 정보는 핵 속에 들어 있으나 단백질을 합성하는 리보좀은 세포질 속에 있다. 따라서 가공이 완성된 전사체는 핵에서 세포질로 이송되어야 한다. 이를 담당하는 많은 단백질들이 있고 이들에 대한 연구가 현재도 진행 중에 있다. 세포질로 이송된 전사체는 비로소 리보좀과 결합하게 된다. 리보좀은 눈사람처럼 생겼는데 눈사람의 큰 덩어리와 작은 덩어리는 따로 떨어져 있다가 전사체가 세포질로 나오면 작은 덩어리가 먼저 붙어서 위치를 조정하고, 이어서 큰 덩어리가 붙어서 리보좀의 형태가 완성된다. 이후의 과정은 해독이라는 단백질 합성 과정이다.

이상에서 본 것처럼 전사 과정은 개념적으로 매우 단순한 과정이다. DNA로 된 유전 정보를 RNA 형태로 복사하는 과정이다. 이 전 과정을 이해하기 위해 그토록 많은 과학자들이 매달려 밤을 새웠으며, 무수히 많은 과학자들이 유레카를 외치는 경험을 했을 테고, 또 많은 과학자들이 노벨상을 받았다. 이렇게 생각하면 노벨상도 별거 아니다.

인트론의 진화

왜 인트론은 진핵생물에는 있고 원핵생물에는 없을까? 이 질문은 인트론의 진화에 대한 질문이기도 하다. 즉 생물체에서 인트론이 없었는데 진화 과정에서 생긴 것일까, 아니면 처음부터 있었는데 진화 과정에서 사라진 것일까? 아마도 최초의 생명체는 정보가 정교하지 않았을 것이다. 따라서 단백질에 대한 정보가 있는 부위와 없는 부위가 뒤섞여 있었을 것으로 생각하는 것이 자연스럽다. 리처드 도킨스의 언어를 빌리자면 복제기계*가 처음 출현할 때는 정교하지 못했을 것이고, 정교하지 않은 것들 중에서 불필요한 부위를 잘라내는 기능을 가진 복제기계가 유리했을 것이다. 이들이 진화 과정에서 선택되면서 스플라이싱 기작을 갖춘 진핵생물이 되지 않았을까! 그렇다면 아예 인트론을 유전 정보에서 매끄럽게 제거했던 원핵생물이 더 진화한 생물체란 말인가?

생물학을 처음 접하는 학생들에게 인트론의 진화에 대한 질문을 던지면 진핵생물이 원핵생물에 비해 고등한 생물이니까 원래 없었는데 진핵생물의 진화 과정에 필요해서 생긴 것이라고 종종 혼동하는 것을 보게 된다. 그런데 생각해보라, 원핵생물이 더 오래 진화해왔는지 진핵생물이 더 오래 진화해왔는지……. 원핵생물은 지구 역사상 35억 년 전부터 있어왔고, 진핵생물은 20억 년 전이나 되어서야 비로소 나타난다. 원핵생물이

---

* 리처드 도킨스의 『이기적 유전자』는 처음 읽는 이들에겐 자못 충격적이다. 이 책은 모든 생명체가 본질적으로 복제기계의 후손이며 복제기계의 목적을 현재도 충실히 수행하고 있다고 주장한다. 즉 이들의 유일한 목적은 더 많은 복제기계를 복제해내는 것인데 이 목적이 세련되게 진화한 결과 현재와 같은 다양한 생명체들이 생겼다는 것이다. 물론 이 복제기계란 관점에는 인간도 예외가 아니다.

더 오래 진화했으니 특정 분자 기작이 더 세련된 형태로 진화한 것이 전혀 이상하지 않다. 오랜 진화 시간을 거치면서 원핵생물은 적은 DNA 정보를 알뜰하게 활용하기 위해 불필요한 부위인 인트론을 게놈에서 제거해나간 것이다.

그렇다면 진핵생물은 인트론의 관점에서 원시적인 생물인 셈이다. 기계적 작동의 단순성으로 보면 옳은 말이다. 그러나 진핵생물은 그 나름의 복잡한 분자 기작을 가지고 있는 필연적 이유가 있었다. 처음 인트론이 발견된 1970년대에는 쓸모없는 염기 서열이라 생각했기에 원핵생물에 없는, 그러나 진핵생물에 있는 인트론은 참 당혹스러운 존재였다. 그러나 게놈의 시대라 불리는 21세기로 접어들면서 인트론의 다양한 기능이 알려지게 되었고, 특히 유전자 발현을 정교하게 조절하는 능력이 알려지면서 인트론이 진화적으로 진핵생물에서 없어지지 않고 남아 있는 이유를 이해하게 되었다.

3

단백질 생산,
해독

· 세포 내 공작기계, 리보좀 ·

    핵 속의 DNA 정보 매체에 저장된 단백질 생산 정보는 복사되어 mRNA (messenger RNA)라는 염기 서열을 만들어낸다. 이 mRNA는 세포질로 수송되어 단백질의 아미노산 서열로 바뀌는데 이 과정을 해독이라 한다. 영어로는 'translation'이니 번역이라는 뜻이다. 즉 염기 서열이라는 언어로 된 정보를 아미노산 서열이라는 언어로 번역하는 과정이다. 염기 서열 정보가 어떻게 아미노산 서열로 바뀌게 될까? 간단한 산수를 해보자. 염기에는 A, T, G, C 네 가지가 있고 아미노산에는 20종이 있다. 당연히 1 : 1 대응관계가 아님을 알 수 있다. 2개의 염기는 어떨까? 4×4=16가지의 조합이 나오니 여전히 부족하다. 3개의 염기는? 4×4×4=64가지의 조합으로 차고 넘친다. 경제성이 최고의 덕목인 생명체는 분자생물학자들의 기대를 저버리지 않고 3염기가 하나의 아미노산을 지정하게끔 진화했다.

이것을 유전 부호(genetic code) 혹은 코돈(codon)이라 한다. 유전 부호를 살펴보면 하나의 아미노산을 여러 개의 코돈이 지정하고 있음을 알 수 있다. 20개의 아미노산을 64개의 코돈이 지정하려다 보니 피할 수 없는 일이다. 당연한 말이겠지만 코돈이 중복되어 있다고 해서 반대로 특정 코돈이 여러 개의 아미노산을 지정하는 혼란은 없다. 유전 부호표에서 3개의 코돈 UAG, UGA, UAA는 어떤 아미노산도 지정하지 않는 종결코돈으로 작용한다. 즉 해독 과정이 끝날 때 이 코돈이 들어 있다.

리보좀이라는 공작기계

해독을 담당하는 세포소기구는 리보좀이다. 리보좀은 많은 수의 단백질과 RNA가 뒤섞인 복합체로서 그 구조가 대단히 복잡하다. 이 때문에 리보좀의 3차 구조가 밝혀진 것은 매우 최근의 일이다. 2000년 초반에 세 명의 과학자에 의해 그 구조가 동시에 밝혀졌는데, 이들은 2009년에 노벨화학상을 공동 수상하게 된다. 워낙 까다롭고 도전적인 구조 분석이라 이미 노벨상이 예측된 발견이었다.

리보좀은 핵 속에서 만들어지는데, 만들어질 때는 작은 소단위와 큰 소단위라는 2개의 덩어리로 따로따로 만들어진다. 이들이 세포질로 수송되어 단백질을 제조하는 과정에서 결합하면 완전한 형태의 리보좀이 된다. 교과서에서는 이들 작은 소단위와 큰 소단위로 이루어진 리보좀을 눈사람 형태로 묘사하고 있는데 실제 모양도 비슷하다.

해독에 필요한 세 가지 RNA

해독을 위해서는 세 가지 종류의 RNA, 즉 mRNA, tRNA, rRNA가 사용된다. 우선 mRNA는 유전자의 정보를 담고 있는 RNA이다. DNA에 들어 있는 유전자 정보를 그대로 복사한 RNA이다. 진핵생물의 경우에는 가공이 완료된 RNA를 말한다. 다음으로 염기 서열 정보를 아미노산 서열 정보로 변환하는 변환 어댑터 tRNA(transfer RNA)가 있고, 마지막으로 리보좀을 구성하는 rRNA(ribosomal RNA)가 있다. tRNA는 클로버 잎 모양의 2차 구조를 가지는데 아래쪽 동그란 부위에 안티코돈이라 하여 mRNA의 3염기 코돈을 읽는, 즉 상보적 염기 서열을 가진 세 가지 염기가 있다. tRNA 줄기 모양의 끝에는 CCA 염기로 끝나는 3' 끝이 있다. 이 CCA 끝에 안티코돈에 짝이 맞는 아미노산이 붙어 있다.

여기서 잠깐 논리적인 추론을 해보자. 유전 부호에는 모두 $4 \times 4 \times 4 = 64$개의 코돈이 있다. 그중 종결코돈이라 불리는 UAA, UAG, UGA를 제외하면 모두 61개의 코돈이 남는다. 그렇다면 서로 다른 tRNA의 개수도 모두 61개일까? 그래야 할 것이다. 실제 인간 게놈 프로젝트가 완료된 시점에서 tRNA 유전자의 수를 확인해본 결과, 인간은 모두 497개의 tRNA 유전자를 가지고 있었다. 이들 가운데 동일한

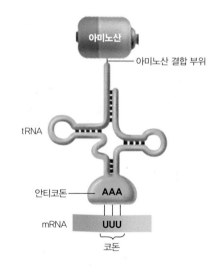

▌tRNA의 구조

염기 서열을 가진 tRNA(이를 중복 유전자라 한다)를 소거하면 모두 274종의 서로 다른 tRNA 유전자가 인간 게놈 내에 들어 있다. 실제 필요한 61개에 비해 훨씬 많은 수의 유전자가 우리 게놈 내에 존재하는 것이다. 이런 상황은 현재까지 알려진 모든 생물체가 비슷하다. 모든 생물체는 실제 필요한 61개보다 더 많은 수의 tRNA 유전자를 가지고 있다.

해독의 정확성을 보장하는 효소

그렇다면 안티코돈과 그에 합당한 아미노산을 연결시키는 일이 어떻게 실수 없이 정확하게 일어날까? 1970년대 대장균을 재료로 집중적으로 이루어진 분자생물학 연구 결과를 보면 안티코돈과 아미노산을 잘못 이어붙이면 단백질의 아미노산 서열도 그에 맞게 엉터리가 되어버린다. 즉 어댑터가 그 역할을 충직하게 하기 위해서는 가장 중요한 분자적 과정이 안티코돈과 그에 적합한 아미노산을 연결시켜주는 과정이다. 이를 담당하는 것이 아미노산-tRNA 합성 효소이다. 이 효소의 정확한 짝짓기 작용이 해독의 정확성을 위해 가장 중요한 열쇠가 되는 것이다. 최근 자료에 따르면 tRNA 유전자 계열별로 각각 서로 다른 아미노산-tRNA 합성 효소가 존재한다고 하니 61개보다는 훨씬 많은 수의 효소가 존재할 것이라 생각된다. 이 분야의 세계적 전문가인 서울대학교 약대 김성훈 교수에 따르면 인간 게놈 내에 모두 40여 개의 아미노산-tRNA 합성 효소 유전자가 있다. 이런 모순(tRNA 유전자 수 274개는 고사하고 61개의 코돈보다 적은 아미노산-tRNA 합성 효소의 수)을 설명하는 특별한 분자 메커니즘이 필요하다.[*]

아미노산-tRNA 합성 효소의 정확성은 이 효소가 가진 두 결합 부위, tRNA 결합 부위와 아미노산 결합 부위의 3차 구조, 즉 모양에 달려 있다. 모든 tRNA는 클로버 잎 모양이지만[**] 3차 구조가 저마다 서로 조금씩 달라서 특정한 아미노산-tRNA 합성 효소의 결합 부위에 들어갈 수 있는 tRNA는 제한되어 있다. 아미노산의 구조 또한 말할 것 없이 20종이 제각각이다. 따라서 아미노산-tRNA 합성 효소의 아미노산 결합 부위의 모양도 제각각일 것이다. 이렇게 알맞은 tRNA와 아미노산이 아미노산-tRNA 합성 효소의 결합 부위에 맞아 들어가는 것이 해독의 정확성에 가장 중요한 핵심이 된다.

해독의 분자 과정

해독의 분자 과정은 196쪽 그림에 간단히 묘사되어 있다. 핵에서 따로 만들어진 리보좀의 작은 소단위와 큰 소단위는 세포질 속으로 이송되어 세포질 용액 속에 둥둥 떠다니게 된다. 이때 핵에서 이송되어온 RNA 전사체(mRNA)가 작은 소단위를 만나게 되면 mRNA의 5'-고깔과 결합하게 된다. 작은 소단위는 mRNA의 앞부분을 스윽 스캔하면서 첫 번째 개시코돈을 찾게 된다. 64개의 유전 부호 가운데 AUG는 해독을 시작하는 개시 코돈이면서 동시에 메티오닌이라는 아미노산을 암호화하는 코돈으로 작

---

[*]　아미노산-tRNA 합성 효소는 20종의 아미노산에 대해서는 높은 특이성을 가지나 tRNA에 대해서는 상대적으로 낮은 특이성, 즉 같은 아미노산을 부호화하는 tRNA들을 같은 것으로 인식하는 특징을 지닌다.
[**]　tRNA의 실제 3차 구조는 살짝 접혀져서 L자 모양이다.

리보좀의 구조모델

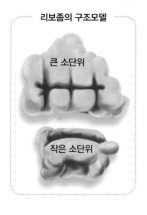

큰 소단위

작은 소단위

해독 진행 과정

❶ 세포질에 자유롭게 떠다니는
  아미노산과 tRNA.

❷ 아미노산-tRNA 합성 효소에 의한
  tRNA와 해당 아미노산의 짝짓기.

❸ 코돈에 상보적인 안티코돈을 가진
  tRNA가 리보좀의 A자리에 결합한다.

❹ 리보좀의 P자리에 있는 펩티드와 아미노산이 결합한다.

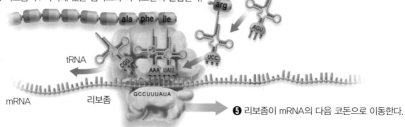

tRNA

mRNA   리보좀

❺ 리보좀이 mRNA의 다음 코돈으로 이동한다.

❻ 리보좀이 종결코돈에 이르면 mRNA와
  생성된 단백질 사슬이 방출된다.

❼ 단백질 사슬이 적당한
  3차 구조로 접히고
  꼬인다.

❽ 리보좀이 mRNA에서 떨어져나와
  작은 소단위와 큰 소단위로 해체된다.

해독의 분자 과정

용한다. 작은 소단위가 개시코돈과 정확한 위치에서 덜커덕 결합하게 되면 비로소 큰 소단위가 작은 소단위와 결합하여 리보좀의 구조를 완성한다. 리보좀의 내부에는 리보좀을 관통하는 mRNA가 결합되어 있고, 동시에 tRNA가 결합하는 두 부위가 존재하는데 이를 연구자들은 편의상 A자리, P자리라 명명했다. A자리에 있는 tRNA는 끝에 아미노산 하나를 부착하고 있다. P자리에 있는 tRNA에는 현재 길이가 자라고 있는 펩티드 조각이 붙어 있다. 이 때문에 각각 A(amino), P(peptide)자리라 부르는 것이다. A자리에는 해독 중인 mRNA의 3염기 정보와 상보적인 안티코돈을 가진 tRNA가 결합하게 된다. 물론 이 tRNA는 3' 끝 부위에 적합한 아미노산이 붙어 있다. A자리에 tRNA가 자리를 잡으면 P자리에 있던 길이가 길어지는 중인 펩티드가 아미노산과 결합하게 된다. 이 과정을 매개하는 효소 기능이 리보좀 내부에 있다. 결과적으로 하나의 아미노산이 길어진 펩티드가 되고, P자리의 tRNA는 빈 tRNA가 되어 리보좀에서 방출된다. 이후 리보좀은 mRNA 위를 정확히 3염기 앞으로 나아가게 되고, 똑같은 과정이 반복되게 된다. 이 과정이 반복되면서 펩티드 길이가 계속 길어지다가 종결코돈을 만나게 되면 해독이 끝난다. 종결코돈에 해당하는 tRNA가 없기 때문에 공회전을 하다가 결국 펩티드가 리보좀에서 떨어져나가는 것이다.

리보좀의 효소 기능과 RNA 월드

리보좀은 작은 소단위, 큰 소단위 둘 다 20여 종의 단백질과 몇 개의 RNA로 이루어져 있다. 말하자면 'RNA+단백질' 복합체인 셈이다. 흥미롭게도 리보좀의 3차 구조를 밝혀보니 효소 기능을 가진 부위는 단백질 부위가 아니고 RNA 부위였다. '효소=단백질'이라는 공식이 깨어지는 것을 볼 수 있다. 그렇지만 이때는 이미 RNA가 효소 기능을 한다는 보고가 많이 있었기 때문에 별로 놀라운 일은 아니었다. RNA가 효소 기능을 가지고 있음이 알려진 것은 1982년 토머스 체크 교수에 의해서였다. 미국 콜로라도 대학 교수였던 체크 교수는 섬모충에서 뽑은 RNA 분자를 연구하던 중 우연히 RNA 분자가 스스로 스플라이싱(splicing)*하는 것을 발견했다. RNA 분자는 워낙 쉽게 분해되는 것으로 악명 높은 분자였기 때문에 처음에는 이 결과를 믿지 않았다고 한다. 그러나 반복되는 실험에서도 스플라이싱을 스스로 하는 것이 발견되어 사고의 전환, 즉 패러다임의 전환을 얻게 되었다. 이후 효소 기능을 가진 많은 RNA의 존재가 밝혀지면서 체크 교수는 1989년 노벨상을 수상하게 되었다. 이러한 패러다임의 전환은 생명체의 기원 이론에도 새로운 전기를 가져다주었다.

그동안 생명체의 기원에 대한 논쟁에서 단백질이 먼저냐, 핵산이 먼저냐 하는 오랜 논쟁이 이어져왔다. 이는 닭이 먼저냐, 달걀이 먼저냐 하는 논쟁과도 같다. 최초의 닭이 만들어지기 위해서는 닭이 먼저 생겼을까, 아님 달걀이 먼저 생겼을까. 달걀이 없으면 닭도 없는 것 아니냐는 주장과 그 달걀은 도대체 누가 낳는 것이냐는 주장이 팽팽하게 대립한 것이다. 생명체의 기원을 따질 때도 마찬가지다. 효소 기능을 부여하는 분자가 먼저 나타났을지 정보 저장의 기능을 가진 분자가 먼저 나타났을지……. 기

---

* 진핵생물의 전사체 RNA에는 엑손과 인트론이 섞여 있는데, 인트론을 제거하고 엑손을 이어붙이는 작업을 스플라이싱이라 한다.

3부. 생명은 해독기다

능이 없는데 어떻게 정보의 복제가 가능하냐는 주장과 복제가 되지 않는데 어떻게 영속성을 가질 수 있느냐는 주장이 팽팽하게 대립되는 형국이었다. 그런데 복제와 효소 기능을 동시에 구현할 수 있는 분자, RNA가 출현한 것이다. 이후 생명체 기원에 관한 논쟁에서 RNA가 최초 분자라는데 아무도 이의를 달지 않게 되었다.

최근 RNA가 단순히 정보의 복사체 노릇만 하는 것이 아니라 다른 기능들이 있음이 알려지면서 생물학 분야에서 소위 'RNA 월드'라는 용어가 새로 떠오르기 시작했다. 생물체가 단백질에 대한 정보가 없는 RNA(비부호 RNA라 한다)를 엄청난 양 생산하고 있는데, 이 RNA들이 유전자 발현을 매우 정교하게 조절한다는 사실이 조금씩 드러나면서 RNA의 중요성이 재조명되고, 급기야 RNA 월드라는 용어가 급부상한 것이다. 이는 새로운 생물학적 발견에 대한 기대 때문이다. 그러나 따지고 보면 RNA 월드가 부각되기 시작한 것은 RNA의 효소적 기능이 알려진 때부터였다.

4

유전자 발현 조절

· 세포들이 저마다 다른 이유 ·

게놈 속의 유전자들

게놈이라는 용어가 대중적으로 사용되기 시작한 것은 2000년대부터 였다. 인간 게놈 프로젝트를 진행하는 과정에서 대규모 연구비가 투입되는 프로젝트에 "너 뭐하니?"라는 질문을 받았을 때 구구절절 답하기 쉽지 않아 전문용어이지만 그냥 게놈이라는 단어를 쓰기 시작했던 것 같다. 게놈이란 한 생명체가 가지고 있는 유전 정보의 총합을 의미한다. 대장균의 경우 모두 4,000여 개의 유전자를 가지고 있는데 이를 통칭해서 게놈이라고 하는 것이다.

인간 게놈에는 대략 2만 1,000개의 유전자가 들어 있다. 이 유전 정보는 사람을 구성하는 수백조 개의 세포 모두가 똑같이 가지고 있는 정보량이다. 똑같은 유전 정보를 가지고 있는데 왜 세포들은 저마다 다른 형태, 다른 기능을 가지고 있을까? 예를 들면 혈액 속의 적혈구는 원반형 모양으로 산소와 이산화탄소를 운반하는 기능을 가지고 있다. 반면 뇌 속의 신경다발을 구성하는 뉴런이라는 신경세포는 가늘고 길며 한쪽 끝에 뾰쪽뾰쪽한 모양의 세포 몸체를 가지고 신경자극을 전달하는 기능을 가진다. 이들이 똑같은 유전 정보를 가지고도 형태와 기능이 다른 이유는 무엇일까? 서로 다른 유전자를 활용하여 서로 다른 단백질을 생성하기 때문이다. 우리 몸을 구성하는 세포 중 어떤 세포도 2만 1,000개의 유전자 모두를 활용하는 세포는 없다. 대부분의 세포들은 2만 1,000개 중의 약 10퍼센트 정도 되는 유전자만 활용한다. 이때 세포마다 활용하는 유전자들이 서로 다르기 때문에 생산하는 단백질이 다르게 되고, 결과적으로 형태와 기능이 서로 다른 세포가 되는 것이다.

유전자 발현

그렇다면 어떤 유전자들이 활용되고 어떤 유전자들은 활용되지 않는 것일까? 이를 결정하는 과정을 유전자 발현이라고 한다. 특정 유전자의 전사가 진행되어 RNA 전사체가 만들어지면 이때 '이 유전자는 발현되었다'라고 한다. 유전자 발현이 일어날지 말지의 여부는 유전자 스위치에 해당하는 프로모터 부위의 염기 서열에 따라 결정된다. 단백질에 대한 정보를 가지고 있는 부위(단백질 부호 부위)의 앞부분에 프로모터가 연결되어 있는데, 이 부위가 해당 유전자가 언제 어떤 세포 속에서 발현이 될지를 결정해주는 스위치이다. 한편 이 스위치를 껐다 켰다 하는 손이 필요한데,

이러한 손 역할을 하는 분자를 전사조절 단백질이라 한다. 말하자면 전사조절 단백질이 프로모터 부위에 결합하여 스위치를 켜는 손 역할을 하는 것이다.

　다양한 종류의 전사조절 단백질이 알려져 있는데 어떤 전사조절 단백질은 스위치를 켜는 활성인자 역할을 하고 어떤 전사조절 단백질은 스위치를 끄는 억제인자 역할을 한다. 이러한 전사조절 단백질에 의한 유전자 발현 조절을 연구한 선구자는 1965년에 노벨상을 탄 프랑스 파스퇴르 연구소의 프랑수아 자콥과 자크 모노이다. 이들은 대장균의 유전자 발현을 조절하는 조절 단위로서 오페론 가설을 제안했다. 이들의 연구가 유전자 발현 조절 기작 연구의 시발점이 되었다. 자그마치 60년 전에, 그것도 유전자에 대한 개념이나 게놈에 대한 정보가 거의 없는 상태에서 생명 설계도의 작동 원리를 밝혀낸 것이다. 나는 강의실에서 이 대목을 가르칠 때마다 새삼 감동한다. 새로운 패러다임이 펼쳐지는 연구 성과이기 때문이다.

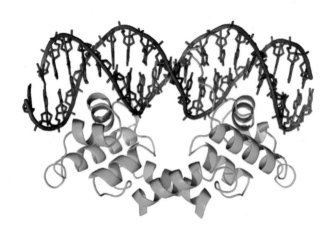

▌ 전사조절 단백질이 DNA에 결합된 형태

3부. 생명은 해독기다

오페론

DNA ⋀⋀ laci ｜ [RNA 중합 효소] ↗ ｜ lacZ ｜ lacY ｜ lacA ⋀⋀

RNA 중합 효소

억제인자　　　β-갈락토시다아제　투과 효소　아세틸 전달 효소

▌lac 오페론. 젖당 분해에 필요한 세 가지 효소가 한꺼번에 발현 조절된다(lacZ, lacY, lacA 유전자). 앞 부위에는 전사 발현을 조절하는 억제인자 유전자(lacI)가 위치해 있다. RNA 중합 효소가 결합하는 바로 앞에 조절 부위가 위치해 있어 이 자리에 억제인자가 결합하지 않으면 세 효소가 한꺼번에 다 생성되고, 억제인자가 결합하면 세 효소가 모두 생성되지 못한다.

겨우 4,000개밖에 안 되는 유전자를 가진 대장균도 유전자 발현 조절이 필요하다. 대장균은 우리 인간처럼 다양한 세포들이 있는 것이 아닌데 왜 유전자 발현 조절이 필요하냐고 반문할 수도 있겠다. 이는 주변 환경의 차이에 따라 서로 다른 유전자들을 활용하기 위해 진화한 결과다. 이를테면 대장균의 서식 환경에 포도당이 있으면, 주변에 아무리 젖당이 풍부하게 있어도 대장균은 젖당의 소화에 필요한 유전자들을 꺼놓는다. 포도당이 훨씬 쉽게 에너지를 얻을 수 있는 영양분이기 때문이다. 그러나 주변 환경에 포도당이 고갈되면 그때부터는 젖당의 소화에 필요한 유전자들을 한꺼번에 발현시킨다. 이렇게 한꺼번에 발현이 되는 단위를 자콥과 모노는 오페론이라 했다.

젖당 오페론

자콥의 자서전에 따르면 젖당 오페론의 조절 기작에 대한 영감이 아내

와 영화를 보러갔다 불현듯 떠올랐다고 한다. 자콥과 모노는 대장균을 젖당이 있는 배지에서 키우면, 증식이 잠시 멈추었다가 조금 뒤 젖당 분해 효소가 생성되면서 증식이 다시 진행되는 것을 보고 신기해하던 때였는데, 이 미스터리의 해답이 아내와 영화관에 들른 자콥의 머릿속에 번개 치듯 떠오른 것이다. 자콥의 가설은 젖당 분해 효소 유전자들이 평소에는 억제인자에 의해 꺼져 있다가 젖당이 필요할 때 이 억제인자가 억제 기능을 잃게 된다는 것이다. 자콥은 이 가설을 연구소 선배교수였던 모노에게 말했고, 갸우뚱해하는 모노를 설득하여 자신의 가설을 입증하는 실험들을 수행하게 된다. 바로 이 일이 '오페론 가설'이라는 전설적인 업적으로 이어졌다.

이제 젖당 오페론 가설에 대해 간단히 살펴보자. 젖당 오페론에는 젖당 분해에 필요한 세 가지 효소 유전자들이 하나의 묶음으로 조절된다. 이를 조절 단위(operating unit)라는 개념으로 오페론(operon)이라 명명한 것이다. 이 젖당 오페론의 앞부분에는 유전자 발현을 조절하는 프로모터가 있다. 젖당이 없을 때 이 프로모터 중 오퍼레이터라 불리는 부위에는 전사 억제인자가 단단히 결합되어 있어 전사가 일어나지 않는다. RNA 중합 효소가 작용하지 못하게 길목을 차단해버린 것이다. 그러나 젖당이 배지에 있을 때는 젖당이 이 억제인자에 결합하여 억제인자의 3차 구조를 바꿔버린다. 그 결과 억제인자는 더 이상 프로모터 부위에 결합하지 못하게 되고, RNA 중합 효소가 전사를 진행하게 한다. 매우 간단한 조절 기작이지만 이 안에 유전자 발현 조절에 필요한 기본 개념들이 모두 들어 있다. 이후 다양한 유전자 발현 조절 기작을 밝히는 데 자콥과 모노의 오페론 가설은 매우 중요한 개념의 틀을 제공했다. 노벨상 수상 발견들 중에서도

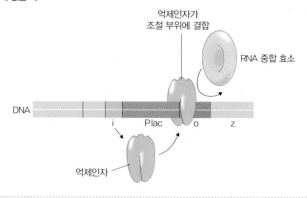

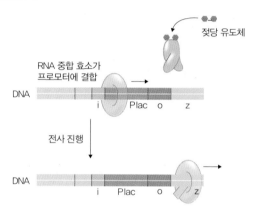

❚ lac 오페론의 작용모델

몇 손가락 안에 드는 매우 중요한 과학적 발견이라 생각된다.

대장균을 이용한 여러 연구를 통해서 전사 억제인자뿐만 아니라 전사 활성인자도 있으며, 젖당 오페론과는 정반대로 평소에 오페론을 켜고 있다가 불필요해졌을 때 오페론을 끄는 방식도 존재함이 알려지는 등 다양한 조절 방식이 밝혀졌다. 대장균과 같은 원핵생물뿐 아니라 고등동식물을 망라하는 진핵생물의 유전자 발현 기작도 규명되었는데, 기본적인 개념은 별로 다르지 않았다. 즉 유전자 발현이 필요 없을 때 꺼두기 위해 전사 억제인자가 작용하고, 필요할 때 켜기 위해 전사 활성인자가 작용한다는 것이다. 조금 더 세련되고 정교한 조절 시스템이 작동함은 물론이다.

진핵생물의 유전자 발현 조절

기본적인 개념은 동일하지만 진핵생물에는 원핵생물과 다른 몇 가지 특성이 있다. 우선 진핵생물에는 오페론의 개념이 성립되지 않는다. 진핵생물의 모든 유전자는 제각각 따로따로 프로모터를 가지고 있다. 이를테면 트립토판이라는 아미노산을 생합성하는 데 5개의 유전자가 필요한데, 원핵생물의 경우 이 다섯 가지 유전자들이 하나의 오페론으로 묶여 있고 하나의 프로모터에 의해 한꺼번에 조절된다. 그러나 진핵생물의 경우 5개의 유전자는 제각각 프로모터를 가지고 있다. 오페론만 가지고 얘기하면 대장균 등의 원핵생물이 훨씬 효율적인 조절 기작을 가지고 있는 셈이다. 원핵생물은 하나의 대사 과정에 필요한 유전자들을 하나의 프로모터를 써서 전사함으로써 정확하게 동일한 양의 효소를 생산할 수 있기 때문이다.

진핵생물의 유전자 발현이 원핵생물과 다른 또 하나는 DNA 3차 구조*

---

* DNA의 정보와 기능은 1차 구조에 있다고 해놓고 3차 구조라니 모순되는 것처럼 보인다. 여기서 3차 구조란 DNA가 핵 속에 차곡차곡 들어가 있기 위해 포개어져 있는 형태를 의미한다. 가장 간단한 단위를 크로마틴이라 하는데, 이것은 히스톤이라는 8개의 단백질이 공처럼 쌓인 덩어리 주위를 DNA가 대략 2바퀴 감고 있는 구조이다.

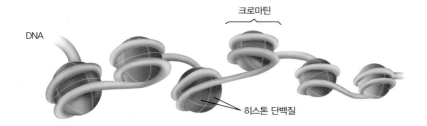

진핵생물의 크로마틴 구조

의 차이에 있다. 원핵생물의 경우 유전 정보를 가진 DNA가 비교적 자유롭게 존재하는 데 비해 진핵생물의 경우 크로마틴 구조로 단단히 포장되어 있다. 따라서 전사인자들이 원핵생물의 경우 비교적 쉽게 DNA에 다가갈 수 있지만, 진핵생물의 경우 크로마틴 구조가 어떻게 되어 있느냐에 따라 DNA 근처에 아예 가지 못하는 경우도 있다. 이러한 크로마틴 구조가 진핵생물의 전사 발현 조절이 복잡하게 일어나는 이유이자, 한 번 분화된 세포가 쉽게 원래 상태로 되돌아가지 못하는 까닭이다. 줄기세포 연구의 중요한 해결 과제 중 하나다.

5

유전공학의 탄생

· 신이 된 인간들 ·

　1960년대 말 유전 부호가 완전히 풀리고, 대장균과 파아지*의 유전자 구조 및 기능 등이 이해되면서 이를 공학적으로 이용할 수 있지 않을까 하는 장밋빛 전망이 나타나기 시작했다. 전사, 해독의 분자 기작이 하나씩 밝혀지면서 유전자를 인위적으로 재단하여 활용하는 유전공학 기술이 떠오르는 미래 기술로 부상한 것이다. 예를 들어보자. 1980년대 이전에만 해도 당뇨병은 치료를 위해 엄청난 비용이 드는 질병이었다. 당뇨병은 당시에 부자병이라 불렸는데, 영양 과잉이 되기 쉬운 부자들이 잘 걸리는 질병이라는 의미도 있었지만, 치료를 위해 엄청난 비용이 들기 때문에 부자들만 치료할 수 있다는 조소적인 의미도 있었다. 어쨌든 이 질병에 걸

....

＊　박테리아에 기생하는 바이러스를 박테리오파아지라 하는데, 이를 줄여서 파아지라 부른다.

린 환자는 인슐린 주사만 맞으면 병증을 없앨 수 있는데 인슐린이 너무나 고가의 의약품이어서 가난한 사람들은 쉬이 엄두를 내지 못했다. 인슐린은 도살한 돼지의 췌장에서 소량 얻어지는 의약품이라 당연히 고가일 수밖에 없었다. 심지어 어떤 환자는 돼지에서 추출한 인슐린에 면역 거부 반응이 일어나기도 했다. 이 경우 훨씬 비싼 인슐린을 공급받아야 했는데, 갓 죽은 시신에서 극소량의 인간 인슐린을 뽑아 치료제로 써야 했기 때문에 그 비용은 가히 천문학적이었다. 이런 문제를 극복하게 한 것이 유전공학 기술이다. 인간의 인슐린을 대장균으로 하여금 대량으로 생산하게 함으로써 인슐린의 가격을 극적으로 떨어뜨린 것이다. 그 결과 현재 전 세계 수억 명의 당뇨병 환자들이 구원을 받았다. 이 기술이 처음 소개된 것은 1970년대 후반이었는데, 이 때문에 우리나라에도 유전공학 열풍이 불어 전국의 수많은 수재들을 생물학으로 끌어들였다. 고백컨대 나도 그 중 한 사람이었다.

유전공학을 가능하게 했던 발견들

인간의 인슐린을 대장균으로 하여금 대량으로 생산하게 하려면 어떤 기술이 필요할까? 기본적으로 두 가지는 반드시 필요하다. 하나는 유전자 조각을 마음대로 잘라 붙일 수 있는 제한 효소이다. 말하자면 유전자 가위에 해당하는 효소이다. 둘째로는 원하는 유전자를 대장균 속에 옮겨넣기 위해 유전자 차량에 해당하는 벡터가 필요하다. 인슐린**의 사례에서

....

** 인슐린은 51개의 아미노산으로 이루어진 펩티드성 호르몬이다.

는, 인간의 인슐린 유전자를 잘라서 플라스미드 벡터에 이어붙인 후 대장균 속에 집어넣는다. 그러면 대장균은 인슐린 유전자 정보를 이용해 인슐린을 대량으로 생산해준다.

| 제한 효소의 발견 |

제한 효소는 1960년대 말 대장균의 파아지에 대한 방어 기작을 연구하는 과정에서 파아지의 증식을 제한하는 효소로 발견되었다. 스위스의 미생물학자 베르너 아르버는 특정 대장균 균주에서 파아지의 증식을 제한하는 효소가 있다는 것을 알았고, 이 효소의 작용 기작을 밝히는 과정에서 제한 효소가 특정 염기 서열을 인식하여 절단한다는 것을 알아냈다. 이를테면 *EcoR1*이라는 제한 효소는 GAATTC라는 염기 서열을 인식하여 절단한다. 이후 1970년대에는 다양한 제한 효소들이 집중적으로 발견되었는데 그 결과 유전자를 적절한 위치에서 자를 수 있는 다양한 도구가 개발되었다. 제한 효소의 발견에는 1978년 노벨생리의학상이 주어졌다. 스위스의 아르버와 함께 미국의 두 미생물학자 해밀턴 스미스, 대니얼 네이탄이 공동 수상하게 된다. 유전공학을 가능하게 했으며, 기초 학문의 입장에서도 분자생물학의 발전에 혁혁한 공을 세웠던 기념비적인 업적이라 하겠다.

| 벡터의 개발 |

미생물을 연구하던 중 원핵세포에는 게놈 정보를 가진 염색체 이외에도 별도의 유전자를 가진 작은 고리형 DNA 분자가 있음을 알게 되었다. 이를 플라스미드라고 한다. 이 고리형 DNA 분자는 원핵세포 내에서 염색체와 별도로 복제되는 특성을 가지고 있다. 이 성질을 이용하여 특정 유전

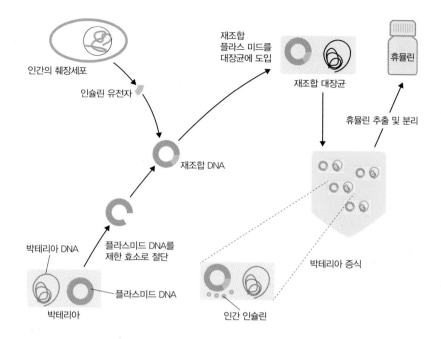

인간의 췌장세포

인슐린 유전자

재조합 DNA

재조합 플라스 미드를 대장균에 도입

재조합 대장균

휴뮬린

휴뮬린 추출 및 분리

박테리아 DNA

플라스미드 DNA를 제한 효소로 절단

플라스미드 DNA

박테리아

박테리아 증식

인간 인슐린

┃ **유전공학 기술을 이용한 인슐린의 대량 생산.** 인간의 췌장세포에서 인슐린 유전자를 잘라내고, 이 것을 박테리아의 플라스미드에 끼워넣은 재조합 DNA를 만든다. 이 재조합 플라스미드를 대장균에 집어넣고 증식시키면 대장균이 인간의 인슐린을 대량으로 생산하게 된다.

자 조각을 플라스미드에 끼워넣으면 이 유전자를 미생물로 하여금 증폭 하게 할 수 있다. 이와 같이 외래의 유전자를 증폭시킬 목적으로 사용하 는 유전자 차량을 벡터라 하는데 플라스미드는 벡터의 한 종류이다. 이외 에도 파아지 자체를 벡터로 쓰기도 하고 효모균을 실험 대상으로 사용할 때는 효모의 염색체를 벡터로 사용하기도 한다.[*]

....

* 염색체를 벡터로 사용하는 경우에는 엄청난 양의 DNA 조각을 넣을 수 있다는 장점이 있다.

| DNA 변형 효소들 |

유전자 조각을 자르고 이어 붙이는 데 필요한 그 외 다양한 효소들이 개발되었다. 이를테면 잘린 DNA를 연결시키는 효소인 리가제, DNA를 합성하는 DNA 중합 효소, DNA 조각을 증폭하는 Taq 중합 효소[*] 등이 있다.

재조합 DNA 기술과 아실로마 회의

재조합 DNA 기술이란 서로 다른 생명체에서 유래한 DNA 조각을 이어 붙여 복제하는 기술을 말한다. 이러한 재조합 DNA 기술이 처음 선을 보인 것은 지금으로부터 40여 년 전인 1973년이었다. 미국 스탠퍼드 대학의 스탠리 코언 교수와 샌프란시스코 캘리포니아 대학의 허버트 보이어 교수가 공동 연구를 통해 재조합 DNA 플라스미드를 제조하는 데 성공한 것이다. 이때 재조합 DNA로 처음 만들어진 것은 카나마이신[**] 저항성 유전자를 대장균의 플라스미드에 끼워넣은 것으로 이 재조합 플라스미드를 가진 대장균은 카나마이신 항생제가 들어 있는 배지에서도 멀쩡히 살 수 있었다.

코언 교수는 플라스미드가 각종 항생제 저항성 유전자를 가질 수 있다는 것을 알고 있었고, 플라스미드를 박테리아에 쉽게 집어넣는 기술을 가지고 있었다. 반면 보이어 교수는 새로운 제한 효소를 개발하여 그 활용

---

[*]　Taq 중합 효소는 특정 DNA 조각을 효소학적으로 대량 증폭시키는 기술인 중합 효소 연쇄 반응(PCR: Polymerase Chain Reaction)에 이용되는 효소이다.

[**]　카나마이신은 항생제로서 대장균을 포함한 세균들을 죽이는 치료제이다. 카나마이신 저항성 유전자는 카나마이신을 분해하여 무해하게 만드는 단백질을 암호화하는 유전자이다.

방안을 모색하고 있었다. 이 두 사람이 1973년 하와이에서 개최된 한 학회에서 만나 서로 아이디어를 주고받던 중 플라스미드에 항생제 저항성 유전자를 집어넣어 항생제 내성을 가지는 대장균을 만들어내는 실험을 구상하게 되었다. 유전공학의 효시였던 재조합 기술이 탄생하게 된 것이다. 이들은 재빨리 이 실험을 진행하여 그해 가을에 《PNAS》라는 미국학술원 회지에 결과를 발표했다. 이 기술은 가히 분자생물학을 혁명적으로 바꿨다. 이후 전 세계 과학자들은 앞다투어 재조합 DNA 기술을 이용한 생물학 연구를 진행하게 된다.

새로운 생물학적 도구인 재조합 DNA 기술을 이용한 다양한 연구가 한창 진행되는 시점에 과학자들은 덜컥 겁이 나기 시작했다. 그동안 자연계에 존재하지 않았던 새로운 조합의 DNA를 마구 생산하고 있는 상황이 대단히 위험해 보였던 것이다. 이러다 갑자기 치유할 수 없는 슈퍼세균이 부지불식간 만들어지면 어떻게 하지! 대재앙이 일어나는 것은 아닐까? 이런 우려들이 많은 과학자들을 자성하게 했고, 결국 1976년 미국 캘리포니아의 아실로마 센터에 관련 연구자들이 모여 재조합 DNA 연구 수행에 대한 안전지침을 만들기에 이른다. 아실로마 회의는 과학계의 자정 능력을 보여주는 훌륭한 미담 사례이다.

유전공학 벤처의 탄생

재조합 DNA 기술이 발표되고 이후 여러 연구를 통해서 서로 다른 생물종 간의 인위적 유전자 전이가 가능하다는 것을 알게 되었다. 따라서 이론적으로 앞에서 언급한 인간의 인슐린 유전자를 대장균에 이식하여 인슐린을 생산하는 것이 가능하게 된 것이다. 이러한 이론적 배경을 바탕으로 창업된 벤처회사가 제넨텍으로, 유전공학 기업의 효시가 되었다. 밥 스완슨이라는 젊은 벤처투자가는 재조합 DNA 기술의 무한한 응용 가능성을 꿰뚫어보고, 이 기술을 선보인 보이어 교수를 찾아가 유전공학 벤처를 창업하자고 설득했다. 그리하여 1975년 제넨텍이 창업되었고, 이후 3년 만에 인간의 인슐린 유전자를 대장균에 집어넣어 발현시키는 데 성공한다. 이런 성공을 지켜보던 미국의 거대 제약회사 일라이릴리는 제넨텍과 라이선스 체결을 하고 인간 인슐린 제품인 휴뮬린('human insulin'의 합성어)의 상업화를 위해 제약회사의 노하우를 십분 발휘한다. 임상 실험에서 미국 식약청 FDA 승인까지 이끌어내어 마침내 1982년 제품 판매를 시작하게 한 것이다. 휴뮬린은 최초의 유전공학 약물이며 동시에 인류에 희망의 빛을 던져준 신기술의 결정체였다.

유전공학 벤처 제넨텍은 업계의 전설이 되었다. 패기만만한 젊은 벤처투자가, 새로운 유전공학 기술을 창조한 과학자, 이 둘의 행복한 결합이 수십억 달러의 부를 창출한 것이다. 우리나라에서도 1990년대 말 벤처바람이 심하게 불었을 때 이들의 성공 사례는 생명공학 벤처들에게 훌륭한 역할모델이 되었다.

부와 명예를 모두 잃은 과학자

그렇다면 코언 교수는? 불행히도 코언 교수는 공동 연구로 재조합 DNA 성과를 얻었지만 큰 부를 얻지도 명예를 얻지도 못했다. 코언 교수가 진정으로 바란 것은 노벨상이 아니었을까 싶다. 그러나 불행히도 그는 노벨상조차 받지 못하는 불운을 안게 된다. 과학적인 업적으로 보면 노벨상을 수상한다고 전혀 이상할 것이 없다. 심지어 PCR이라는 매우 단순해 보이는 실험 기법에도 노벨상이 주어지는 판에 재조합 DNA처럼 학문적으로도, 공학적으로도 과학 기술 문명에 엄청난 영향을 미친 연구 결과가 노벨상을 받지 못했다는 사실이 의아스러울 정도다. 아마 두 가지가 작용했을 것이다. 첫째는 코언 교수가 재직한 스탠퍼드 대학에서 너무 욕심을 내어 재조합 DNA 기술에 특허를 등록한 것이다. 이 때문에 비록 학술적 목적인 경우에는 이 기술을 자유롭게 쓸 수 있도록 문을 열어놓았지만, 여전히 많은 과학자들은 이 특허를 학문 발전의 장애물로 인식하고 있었다. 둘째는 공동 연구자였던 보이어 교수의 벤처 창업과 경제적 성공이 이유이지 않았을까 싶다. 학문적 가치를 최고의 선으로 여기는 노벨상 수상 위원회 입장에서는 보이어 교수가 이미 경제적으로 보상을 받았기 때문에 거기에 명예까지 안겨주는 것은 과하다고 생각했을 수 있다.

어쩌면 코언 교수는 여전히 매년 10월 노벨상 시즌이 되면 가슴을 설레고 있을지도 모른다. 그러나 안타깝게도 그의 성과는 이제 너무 철 지난 레퍼토리가 되어버렸다. 학문에도 흐름이 있는데 재조합 DNA 기술은 현대 생물학자들에게는 그 무슨 석기시대 이야기냐 하는 느낌이다.

6

GMO의 생산

· 사장되어가는 제2의 녹색혁명 기술 ·

1970~1980년대를 광풍처럼 휘몰았던 유전공학 바람은 의약 시장에 파란을 일으켰다. 초기에 개발되어 엄청난 부를 안겨줬던 의약품은 인슐린을 비롯해 인터페론, 성장호르몬 등이었다. 이들은 모두 단백질 제재라는 공통점을 가진다. 말하자면 이미 분자생물학을 통해 잘 알고 있는 전사, 해독 과정을 이용하면 쉽게 생산할 수 있는 의약품이다.

그런데 이러한 유전공학 기술을 농업에 적용하면서 농생명공학업체가 강한 저항에 부닥치게 되는 문제가 발생하기 시작했다. GMO에 대한 거부 운동이 그것이다.

3부. 생명은 해독기다

농업혁명

농업의 역사는 우리 인류의 문명사와 궤를 함께한다. 1만여 년 전 '비옥한 초승달 지역(Fertile Crescent)'이라 불리는 메소포타미아 문명 발흥 지역에서 농업이 시작되었다.[*] 이 지역은 유프라테스 강과 티그리스 강이 흘러가며, 때로는 범람하며 자연스럽게 토양이 비옥해진 곳이다. 이 지역에 자라는 풍부한 곡류들이 인류를 수렵채집 생활에서 농경 생활로 전환하게 했고, 나아가 사회와 문명이 발생시켰다.[**] 초기 농업의 정착은 인류 문명이 시작되게 한 사건이기에 가히 농업혁명이라 할 만하다.

농업이 시작되는 초기부터 농부들은 보다 생산성이 높고 잘 자라는 품종을 선별하여 다음 해 농사에 활용하는 일종의 육종을 시행했을 것이다. 보다 똑똑한 농부는 우수한 품종을 골라내기 위해 인공 수분을 시도해보기도 했을 것이다. 이러한 시도가 수천 년간 진행되면서 오늘날 우리는 생산성 높고 자연재해에 강한 농작물들을 얻게 되었다. 특히 1960년대 집중적으로 진행된 녹색혁명이 우리 인류를 기아에서 해방시켰다. 녹색혁명 이후 인류는 처음으로 농업 분야에서 공급이 수요를 초과하는 상황을 맞게 된다. 물론 현재도 전 세계적으로 기아에 고통받는 사람들이 있지만 이는 분배의 문제이지 생산의 문제는 아니다. 아직까지는 정치적으로 해결할 문제이다.

....

[*] 이 지역은 현재 레바논, 시리아, 요르단, 이라크, 이스라엘, 팔레스타인 등의 국가가 자리 잡고 있다. 인류 역사 내내 한 번도 분쟁이 끊이지 않았던 장소이며 현재도 분쟁이 진행 중인 곳이다.

[**] 인류 문명의 역사를 다윈의 자연선택 이론 관점에서 서술한 대단한 역작이 제레드 다이아몬드가 쓴 『총, 균, 쇠』이다. 이 책은 인류 문명이 비옥한 초생달 지역에서 시작된 이유를 잘 설명하고 있다. 대학을 졸업하기 전에 반드시 읽어봐야 할 책이다.

녹색혁명 기간에 집중적으로 이루어진 품종개량은 벼, 옥수수, 밀 등의 왜소화였는데,[*] 이를 위해 X선을 포함한 다양한 돌연변이가 이용되었다. 현대적 의미의 농작물 육종이 진행된 것이다. 육종의 기본 원리는 표준종에다 특정 형질을 가진 야생종이나 돌연변이종을 반복적으로 교배하는 것이다. 반복적인 교배를 통해 표준종과 거의 같은, 특정 형질만 도입된 게놈을 갖게 만들면 실질적으로 동등한[**] 신품종이 된다. 이러한 육종 과정은 아무래도 시간이 걸리게 마련인데, 이 문제를 극복하기 위해 유전공학을 도입한 것이 GMO 작물이다.

GMO 작물 생산 기술

GMO 작물을 생산하는 기술은 앞서 설명한 유전공학 기술과 비슷하다. 외래의 유용한 유전자를 작물에 도입해 보다 생산성이 높고 농사 짓기 수월한 작물을 생산하는 것이다. GMO를 생산하기 위해서는 우선 작물에 유전자를 도입하기 위한 벡터가 개발되어야 한다. 이를 위해 사용하는 벡터는 '자연의 유전공학자'라 불리는 아그로박테리아에서 빌려온다.

산을 올라가다 보면 흔히 식물의 조직에 암 덩어리처럼 보이는 혹을 발견할 수 있다. 이러한 혹은 매우 다양한 생물종, 즉 곤충, 박테리아, 바이러

---

[*] 작물의 왜소화는 두 가지 장점이 있다. 첫째, 작물이 불필요한 잎 등의 기관을 생산하는 대신 곡식을 생산하는 데만 에너지를 집중하게 한다. 둘째, 곡식이 너무 많이 매달려 줄기가 풀썩 쓰러져 수확량을 잃게 되지 않도록 곡식을 왜소화시켜 줄기가 쓰러지지 않게 만든다.

[**] 영어로 'substantially equivalent'라고 하는데 뒤에서 설명할 GMO 생산에서도 똑같은 기준이 적용된다.

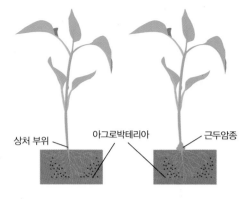

상처 부위   아그로박테리아   근두암종

▍아그로박테리아는 식물의 뿌리와 줄기가 만나는 지점에 근두암종을 일으킨다. 사진은 근두암종의 실제 모습이다.

스 등***에 의해 생기는데, 특히 줄기와 뿌리 사이에 생성되는 근두암종이라는 혹에 대한 분자생물학적 연구가 1970년대 활발하게 이루어졌다. 연구 결과 근두암종이라는 혹을 발생시키는 생물종이 아그로박테리아라는 미생물임을 알아냈고, 이 박테리아가 식물을 유전공학적으로 변형시켜 자신에게 먹이를 공급하는 노예로 만들어버린다는 사실을 밝혀냈다. 특히 식물을 유전공학적으로 개량하기 위해 아그로박테리아는 Ti 플라스미드라는 특별한 플라스미드를 가지고 있는데, 이 플라스미드의 일부 DNA 조각을 식물의 염색체에 삽입한다는 것을 알게 되었다. 이를 이용하여 작물을 유전공학적으로 개량할 수 있는 기술을 개발한 사람이 벨기에의 생물학자 마크 반 몽테규 박사와 조제프 셸 박사이다. 그들은 Ti 플라스미드

....

*** 이들은 모두 식물의 호르몬을 자신들이 생합성하여 암 덩어리 또는 혹을 만들게 한다.

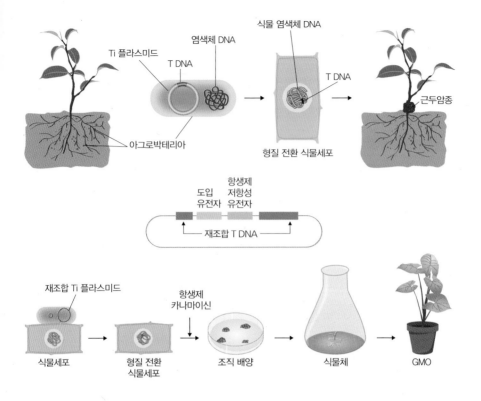

▎자연의 유전공학자 아그로박테리아를 이용한 GMO 생산

에서 식물을 착취하는 데 필요한 유전자*들을 제거하고 작물에 도입하고
자 하는 유전자를 집어넣었다. 이후 공학적으로 개량된 Ti 플라스미드를
가진 아그로박테리아를 작물에 감염시켜 GMO를 얻었다. 이외에도 유용
한 유전자를 작물에 강제로 도입하는 방법에는 샷건 입자총 방법 등 다양

....

* 아그로박테리아가 식물을 착취하는 데 사용한 유전자는 암 발생에 필요한 식물 호르몬 생합성 유전
자와 아그로박테리아만 먹이로 사용할 수 있는 오파인 생합성 유전자이다.

한 방법이 시도되었다.

GMO 작물을 생산하기 위해서는 유전공학의 일반적인 기술, 재조합 DNA를 만들고 이를 벡터에 도입하는 기술 외에도 한 가지가 더 필요하다. 바로 외래 유전자가 염색체에 삽입된 식물조직을 선별하고,[**] 이를 배양하여 새로운 개체를 만들어내는 조직 배양 기술이다. 조직 배양 기술은 1950년대 후반에서 1960년대 중반까지 많은 식물학자들에 의해 개발되었다. 특히 미국 위스콘신 대학의 폴케 스쿠그 박사의 노력이 높게 평가된다. 식물학자들은 적당한 식물 호르몬을 처리하면 어떠한 조직에서라도, 즉 그것이 잎이 되었건, 뿌리가 되었건, 새로운 개체가 만들어지고 종자를 얻을 수 있다는 사실을 알아냈다. 이러한 기술을 바탕으로 외래 유전자가 삽입된 조직으로부터 새로운 개체, 나아가 그 종자까지 받을 수 있게 된 것이다. 외래 유전자가 삽입된 조직을 선별하기 위해서는 함께 도입한 항생제 저항성 유전자의 기능을 이용한다. 즉 조직 배양을 하는 동안 항생제를 섞은 배지를 이용하면 외래 유전자가 도입된 조직만 살아남고 나머지 식물세포는 모두 죽게 된다.

절대 기아에 대처하는 미래 기술

인구학자들은 2050년에는 전 세계 인구가 90억 명에 이를 것이라 예측하고 있다. 농업 생산성을 연구하는 전문가들은 이때가 되면 현재의 상대

** 외래 유전자가 삽입된 조직을 선별하기 위해서는 이 유전자 외에 항생제 저항성 유전자를 함께 도입해야 한다.

적 기아를 넘어 절대적 기아의 문제에 직면하게 될 것이라 주장한다. 이들의 말에 귀를 기울일 필요가 있다.

인류가 절대적 기아에서 탈출한 녹색혁명 당시 작물의 생산성*은 엄청난 비약을 했다. 이는 그 당시 작물을 유전적으로 개량함으로써 잠재 생산량을 늘려놓았기 때문이다. 그러나 이후 작물의 잠재 생산성은 무려 60년 동안 정체되고 있다. 물론 농업 기술이 발전하면서 작물의 실제 생산량도 꾸준히 늘어왔기에, 지금까지는 식량이 큰 문제로 대두되고 있지는 않다. 그러나 전 세계 인구가 90억이 넘는 2050년에는 현재 작물의 잠재 생산량으로는 인류가 절대 빈곤에 허덕일 수밖에 없게 된다. 그때쯤이면 세상에서 가장 두려운 무기가 식량이 될 것이다.

이 문제의 해법은 이미 우리 인류가 가지고 있다. 60년 동안 정체되어 있는 작물의 잠재 생산량을 늘리는 것이다. 이를 위해서는 작물을 유전적으로 개량하는 GMO 기술을 받아들여야 한다. 그런데 말도 안 되는 비과학적인 이유로 GMO 작물을 배척하는 환경주의자들 때문에 제2의 녹색혁명을 견인하는 과학 기술이 사장되어가고 있다. GMO 작물이 위험할 수 있다고 말하는 과학자들은 뻥쟁이이거나 겁쟁이들이다. 과학자로서의 소신을 말하지 못하고 주위의 눈치만 살피는 것이다. 생물학자로서 명예를 걸고 말할 수 있다. GMO 작물은 먹어도 아무런 문제가 없다.** 왜냐하면 식품으로서의 안전을 보장하기 위한 엄격한 심사 과정을 통과한 작물

---

* 작물 생산성에는 두 가지 다른 개념이 있다. 하나는 일정한 농지에서 얻을 수 있는 잠재적 최대 생산량이다. 다른 하나는 실제 생산량으로, 실제 농지에서는 병해충, 가뭄, 재해 등에 의해 잠재 생산량의 절반도 안 되는 수확을 얻게 되는 것을 말한다.

** 나는 1990년대 후반부터 GMO식품을 먹어왔지만 아무런 문제가 없다. 나만 먹었겠는가!

이기 때문이다.[***] 도대체 유전자 하나 집어넣었는데 문제가 될 것이 무엇인가? 꽤 오래전부터 해왔던 전통 육종에 의한 개량과 다를 것이 없다. 오히려 원포인트[****] 개량이라는 측면에서는 한 걸음 진일보한 것이다. 그래서 GMO를 부정적 의미를 내포한 유전자 변형 혹은 유전자 조작이라고 할 것이 아니라 유전자 개량이라고 긍정적으로 번역할 것을 제안한다. 사실 이 제안은 내가 처음 하는 것이 아니고 카이스트의 최길주 교수가 한 것이다. 그의 의견에 적극 동의한다. GMO 거부 운동이 공공연히 일어나는 유럽, 미국에 비해 우리가 농업 선진국이 될 수 있는 절호의 기회다. 우리나라는 식물과학 분야의 선진국이고 GMO 작물 개발의 오랜 노하우가 축적되어 있다. 식물과학 분야에서 작물의 잠재 생산성을 증대시킬 유용한 유전자들을 확보, 제공하고 농생명공학 분야에서 GMO 작물을 개발한다면 식량이 무기가 되는 2050년에는 우리가 세상을 호령할 수 있을 것이다.

[***] GMO 작물에 대한 더 상세한 논의를 원한다면 내 연구실 홈페이지 자료를 참조하기 바란다.
http://ilhalee.snu.ac.kr/newbbs/tour.php

[****] 골프를 배우다 알게 된 용어인데 스윙하는 자세를 바로잡기 위해 한 가지 동작씩 잡아주는 레슨을 원포인트 레슨이라 한다. 전통 육종이 교배 과정에서 도입하고자 하는 유전자 외에 다른 유전자들이 함께 들어오는 것을 피할 수 없는 반면, GMO 생산 기술은 원하는 유전자 하나만 도입하는 장점을 가진다.

4부

생명은 정보다

1

DNA, 유전자, 게놈

· 이름부터 알고보자! ·

10여 년 전, 이젠 이화여대로 옮겨간 최재천 교수가 대학원 입시에서 유전자좌(locus), 유전자(gene), 대립인자(allele), 유전자형(genotype)을 구분하여 설명하라는 문제를 출제한 적이 있다. 그때 그 문제를 보면서 무릎을 탁 치게 되었다. 생물학은 용어의 학문이고 용어를 정확히 이해하는 것이 학문의 출발점이라는 지극히 당연한 사실을 깨우친 것이다. 자연과학 중에서 특히 언어적 기술이 많이 필요한 학문이 생물학이다. 그러니만큼 정확한 개념의 이해가 결국 용어의 정의에서 출발하는 학문이 생물학인 것이다.

일반생물학 강의를 하면서 학생들이 쉽게 이해하지 못하고, 오랜 시간 전공 공부를 한 후에야 명확하게 이해를 하는 용어가 게놈 혹은 유전 정보 관련 용어들이라는 사실을 깨달았다. 이 장에서는 생명체의 게놈 정보와 관련된 개념과 용어들을 단숨에 정리해보자.

게놈(유전체)

인간 게놈 프로젝트 때문에 일반인들조차 한 번쯤 들어본 용어가 게놈이다. 게놈(genome)이란 유전자(gene)와 염색체(chromosome)를 합성해서 만든 용어로, 염색체 속에 들어 있는 모든 유전자를 함의하고 있다. 인간 게놈 프로젝트는 인간 게놈의 전체 염기 서열을 완전히 읽어내겠다는 프로젝트로, 인간 게놈 국제컨소시엄과 크레이그 벤터 박사가 이끄는 셀레라사가 공동으로 2000년 초판을 발표했고, 2005년 보다 완전한 형태로 다시 개정판을 발표한 사업이다. 여담으로 생물학계에서 최초로 전체 게놈의 염기 서열이 결정된 생물은 헤모필루스 인플루엔자(*Hemophilus influenza*)라는 미생물이었다. 이는 그보다 훨씬 전부터 미국 보건원의 엄청난 연구비를 지원받으며 염기 서열을 결정하려 했던 대장균 게놈 프로

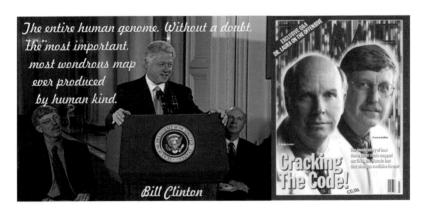

▌ 인간 게놈 프로젝트의 성공적인 수행을 발표하는 클린턴 대통령(왼쪽)과 타임지 표지.

4부. 생명은 정보다

젝트 연구팀을 물 먹인 사건이었다. 당시까지 생물학적으로 우리가 가장 잘 알고 있던 생물체가 대장균이었기 때문에 게놈이 결정되는 최초의 생명체는 당연히 대장균이 될 것이라 생각했지만, 그들에게 낭패를 안겨준 팀이 바로 벤터 박사의 셀레라 팀이었다.

진핵생물로서 최초로 게놈 서열이 결정된 생물은 예상대로 효모(1996년)였고 동물로서 가장 먼저 된 것은 예쁜꼬마선충(1998년)이었다. 식물로서 가장 먼저 된 것은 애기장대라는 쌍떡잎잡초(2000년)였으며, 모델 생물로 많은 연구 결과가 집적되어 있던 초파리도 2000년에 완성되었다. 식물에서 또 다른 중요한 식물인 외떡잎작물 벼는 2004년에 게놈 서열이 발표되었다. 인간과 유사한 척추 포유류 동물인 생쥐의 게놈 서열은 2002년에 발표되었다. 말하자면 1990년대 말과 2000년대 초반에 주요 생물의 게놈 염기 서열이 집중적으로 분석된 것이다.

본론으로 돌아와서 게놈이란 특정 생명체가 가지고 있는 유전 정보의 총합을 의미한다. 사람의 경우 30억 염기쌍으로 이루어져 있는데 이는 다시 24개의 염색체 단위로 구분된다. 무슨 소리인지 모르겠다는 사람을 위해 조금 부연 설명하는 것이 필요하겠다. 부연 설명을 위해 우선 염색체부터 정의한다.

염색체

모든 생물체는 유전 정보를 염색체(chromosome)라는 곳에 저장한다. 고등동식물의 경우 2배체 생물로서 염색체를 두 벌 가지고 있다. 예를 들어 설명하면 사람의 염색체는 모두 46개로 이루어져 있다. 세포분열 과정

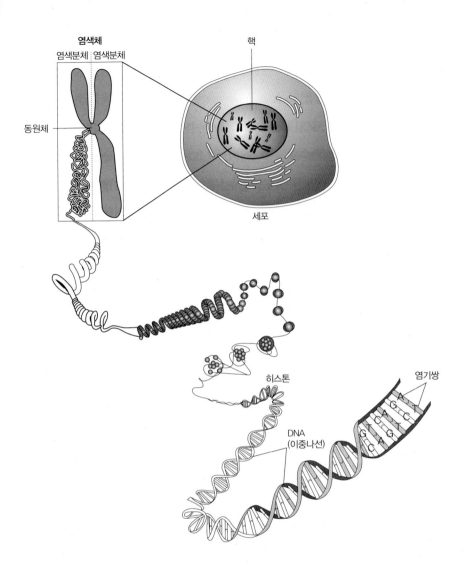

염색체

염색분체 : 염색분체

동원체

핵

세포

히스톤

DNA
(이중나선)

염기쌍

▌염색체는 하나의 기다란 DNA 사슬이다.

에 있는 세포를 들여다보면 46개의 막대기 모양이 나타나는 데 이것이 염색체이다. 사람의 염색체 개수를 표현할 때 46개라고도 하지만 23쌍이라고도 표현한다. 즉 2×23=46이 된다는 의미이다. 이런 생물체를 같은 유전 정보를 두 벌 가지고 있다는 의미로 2배체 생물체라고 한다.

하나의 염색체는 한 분자의 DNA로 이루어져 있다. 더 정확히는 하나의 염색분체*가 한 분자의 DNA로 이루어져 있다고 해야 할 것이다. 그리고 한 분자의 염색체 DNA는 정말 길고 긴 하나의 사슬 구조로 이루어져 있다.

다시, 게놈

게놈을 마저 정의해보자. 사람의 경우 두 벌 중 각각의 한 벌이 똑같은 유전 정보를 가지고 있으니 23개의 염색체가 가지고 있는 유전 정보를 모두 합치면 게놈이 된다. 여기에 약간의 조정이 필요하다. 사람은 남녀가 뚜렷이 구분되는 동물이고 이는 염색체에서 차이가 나타나기 때문에 X, Y 성염색체를 고려해줘야 한다. 즉 23쌍의 염색체에 성염색체를 고려하면 24개의 염색체에 대한 유전 정보가 완전한 게놈을 구성하게 된다. 정리하면 24분자로 이루어진 염색체 DNA의 염기 서열 정보를 모두 합한 것이 인간의 게놈 정보이다.

사람의 경우 수십조 개에 해당하는 세포 각각이 완전한 형태의 게놈을

---

* 염색체는 항상 한 쌍의 염색분체로 이루어져 있다. 이는 세포분열 직전 딸세포에 나눠주기 위해 DNA가 복제되고 세포분열 과정에서만 염색체가 눈에 보이게 응축되기 때문이다.

쌍으로 가지고 있는 셈이다. 어떤 생물학자는 이 게놈을 끄집어내어 꼬리에 꼬리를 물고 연결시키면 한 사람에게서 뽑아낸 전체 DNA가 달나라까지 두 번은 왕복할 수 있는 길이가 된다는 계산을 한 적이 있다. 맞는 말이기는 하지만 그것이 담고 있는 함의가 무엇인지 왜 그런 비유를 하는지 이해할 수 없다. 사람이 가진 세포 수가 많다는 이야기를 하고 싶은 것인지, DNA의 길이가 길다는 얘기를 하고 싶은 것인지……. 별 의미 없는 말장난에 지나지 않는다.

유전자

유전자(gene)를 언어철학적인 관점에서 정확하게 정의하고자 하면 대단히 어려울 수도 있다. 서울대학교 자유전공학부의 장대익 교수가 이를 정확히 정의하고자 무척 애를 쓰는 분 중 한 사람이다. 생물학자인 나는 유전자를 정의하는 데 그렇게 언어철학적 관점에서 명확히 해야 할 필요성을 느끼지는 못한다. 일반적으로 생물학을 하는 사람들에게 유전자란 '하나의 단백질 생산을 명령하는 명령어'이다. 이러한 단순한 정의에서 배제되는 예외들을 포괄하고자 한다면 '하나의 기능을 수행하게 명령하는 단위로서의 DNA 사슬' 정도로 정의하면 될 것이다. 이러한 포괄적 정의를 따르면 단백질 생산뿐만 아니라 RNA 생산을 명령하는 명령어도 유전자에 포함된다.

일반적으로 단백질의 평균 길이가 약 300개의 아미노산 길이 정도이기에, 유전자 하나의 길이는 1,000개의 뉴클레오티드쯤 된다(300개의 아미노산으로 이루어진 단백질을 위해서는 900개의 뉴클레오티드에 플러스알파기 필요하다). 실제 고등농식물에서 유전자의 길이는 이렇게 단순하지가 않고 인트론을 포함하고 있어서 대단히 길다. 사람의 경우 유전자 하나의 길이가 수백킬로 염기쌍(수백 kb)이 되는 경우가 흔하다. 이들 유전자가 수천 혹은 수만 개 모인 것이 하나의 염색체이고, 이들 염색체가 모여서 게놈을 구성하는 것이다. 사람의 경우 평균 1,000개 정도의 유전자가 하나의 염색체를 구성하고 24개의 염색체가 모여 전체 게놈을 구성한다.

DNA

DNA(deoxyribonucleic acid)는 유전 정보를 저장하는 물리적 실체라고 하면 될 것이다. 화학적으로는 뉴클레오티드를 단위체(monomer)로 하여 연결된 복합체(polymer)이며, 뉴클레오티드로 연결된 두 사슬이 오른 나선 방향으로 꼬인 화학 구조이다. 그래서 DNA 이중나선이라고 한다. DNA의 화학 구조를 조금 더 설명하면 인산-당-인산-당-인산-당⋯⋯으로 연결된 뼈대 구조에 염기가 연결된 사다리가 꽈배기처럼 꼬인 형태이다. 염기에는 아데닌(A), 구아닌(G), 시토신(C), 티민(T)의 네 종류가 있으며 이들은 인산-당 뼈대 구조에서 당에 연결되어 사슬의 안쪽에 배열되어 있다. 염기의 가장 중요한 특성은 아데닌은 티민과, 구아닌은 시토신과만 결합하는 상보적 결합 능력이 있다는 것이다. 이러한 상보성 때문에 이중나선의 두 사슬 중 하나의 염기 서열을 알면 상대편의 염기 서열을 자동으로 알 수 있게 된다. 즉 -GAGCTA-에 대한 상보적 서열은 -CTCGAT-가 된다. 이러한 상보성이 유전성을 제공하는 물질의 특성임을 1953년 DNA 이중나선 구조를 발표한 《네이처》 논문에 왓슨과 크릭은 명확히 기술하고 있다. 이후 생물학은 DNA를 중심으로 하는 분자생물학의 시대로 접어들게 된다.

뉴클레오티드

뉴클레오티드(nucleotide)는 DNA라는 복합체를 구성하는 단위체이다. 즉 DNA는 여러 개의 뉴클레오티드가 서로 공유결합으로 연결되어 사슬 형태를 만든 것이다. 하나의 뉴클레오티드는 당-염기-인산의 구조를 가지고 있다. 앞에서 설명한 대로 당-인산의 뼈대에 염기가 결합되어 있다.

염기

여기서 말하는 염기(base)는 산-염기의 염기와는 다르다. 산-염기를 말할 때 염기는 수산기를 가진 화학 구조물을 의미한다. DNA 구성 성분으로서의 염기는 A, G, C, T 네 가지 종류를 말한다. A, G는 화학적으로 2개의 링 구조를 가지고 있어서 1개의 링 구조만 가진 C, T에 비해서 너비가 2배쯤 된다. DNA 염기쌍은 2개의 링 구조를 가진 A 혹은 G와 1개의 링 구조를 가진 T 혹은 C와 결합하기 때문에 DNA 사슬의 지름은 3개의 링 구조가 가지는 너비에 해당한다. 그 너비가 대략 2나노미터이다.

유전학에서 사용되는 기타 용어들

염색체, DNA, 유전자 외에도 유전학을 공부하면서 많이 접하게 되는 용어가 유전자좌, 대립인자, 유전자형, 표현형이다.

유전자좌라는 표현은 일본식 용어임에 분명하다. 우리말로 '유전자 자리'라고 번역하는 것이 한글세대에게 더 이해하기 쉬울 것 같다. 유전자 자리란 염색체를 하나의 기다란 선으로 나타낼 때 그 위에 표시한 유전자 위치를 말한다. 초파리 유전학자 모건 박사가 유전자 지도를 그리는 방법을 고안하여 제안했는데, 이때 각 유전자의 염색체 지도 상의 위치를 locus, 유전자 자리라 명명한 것이다. 이 유전자 자리는 인간 게놈의 염기 서열을 읽어나갈 때 일종의 랜드마크 역할을 한다.

대립인자란 하나의 유전자가 가지는 서로 다른 형태를 말한다. 우리에게 익숙한 사례를 가지고 설명하면, ABO 혈액형 유전인자를 들 수 있다. 혈액형을 결정하는 A, B, O가 각각 서로 대립인자이다. 이들은 적혈구 세포의 표면 단백질 중 하나의 유전자에 변이가 생겨 서로 다른 혈액형을 결정하게 된 것인데, 엄마와 아빠에게 물려받은 혈액형 유전자는 서로 대립인자인 것이다.

표현형이란 멘델 유전학에서 보았던 둥글거나 주름진 콩의 형태, 즉 겉으로 드러나는 형질을 표현형이라 부른다. 반면 유전자형이란 겉으로 드러나지는 않지만 실제로 각 개체가 가진 대립인자의 조합을 말한다. 이를테면 표현형으로 보아 똑같이 둥근 콩이지만 유전자형은 동형접합 RR일 수도 있고 이형접합 Rr일 수도 있는 것이다.

2

인간 게놈 프로젝트

· 대량 정보의 생산과 처리 ·

　인간 게놈 프로젝트는 내 기억에 1990년대 초반에 진행되었다. 내가 미국에서 유학 생활을 시작할 때 생물학계에 가장 큰 이슈 중 하나가 인간 게놈 프로젝트였기 때문에 또렷하게 기억한다. 생물학계의 전설인 제임스 왓슨이 주도하는 프로젝트이니 쉬이 이견을 달기 어려운 분위기였다. 그럼에도 불구하고 많은 생물학자들은 엄청난 국책 연구 과제로 계획 중인 인간 게놈 프로젝트가 개인 연구비를 갉아먹게 될 것이라고 공공연히 반대하고 있었다. 개별 과학자들의 입장에서 볼 때 염기 서열을 읽고 분석하는 하찮은 일을 하는 과학자들이 자신이 수행하는 중요한 연구의 연구비를 빼앗아가는 상황으로 보인 것이다. 이러한 불편한 시선에도 불구하고 왓슨은 이 프로젝트에 확신을 가지고 의회를 설득하여 장장 15년간 총 30억 달러를 들여야 하는 사업을 시작했다. 더구나 그는 예산 부담을 니뉘가질 수 있도록 전 세계 과학자들을 설득하여 인간 게놈 국제컨소 시엄을 출범했는데, 이때 이 프로젝트에 참여한 나라가 영국, 독일, 프랑스, 일본, 중국이다.

인간 게놈 프로젝트의 출범

원래 인간 게놈 해독 작업에 대한 아이디어는 1984년쯤에 등장했다. 그해 미국 에너지부에서 20명의 과학자를 초청하여 '원자력이 인간 유전자 돌연변이에 미치는 영향'을 분석하게끔 했는데, 이 자리에 초청받은 조지 처치 박사*는 새로운 DNA 염기 서열 대량 분석기법을 소개했다. 그의 짧지만 감동적인 세미나 발표 후에 들뜬 과학자들이 그 정도 기술력이면 인간 게놈 전체를 해독하는 것도 가능하겠다는 아이디어를 제시한 것이다. 이후 풍문으로만 떠돌던 인간 게놈 해독 아이디어를 당시 콜드스프링하버 연구소에 있던 왓슨이 본격적으로 검토하면서 1986년 연구소 내 인간 게놈 특별 분과를 설치했다. 왓슨이 공공연히 이 프로젝트에 찜을 한 것이다. 이후 왓슨의 놀라운 정치력이 발휘된다. 우선 그는 미국 국립과학아카데미(NAS: National Academy of Science)를 움직여 1988년 인간 게놈 프로젝트의 타당성을 분석한 보고서를 발표하게 했다. 곧이어 같은 해 보고서의 제안에 따라 미국 국립보건원 산하 인간 게놈 연구센터를 설립하고 소장직을 맡게 된다. 장기 프로젝트이고 엄청난 예산이 들어가는 사

＊ 조지 처치 박사는 DNA 염기 서열법 개발로 1980년 노벨상을 받은 월터 길버트 교수의 제자로 염기 서열법 개발에 공헌한 과학자이다.

업이기 때문에 왓슨 정도의 영향력을 가진 인물이라야 의회를 설득할 수 있을 테니 누구나 왓슨이 소장이 되어야 한다고 생각했다. 그는 미 의회를 설득하는 데 한몫했을 뿐 아니라 전 세계 과학자들을 설득하는 데도 충분히 역할을 했다. 그의 열정과 추진력이 1990년 인간 게놈 국제컨소시엄을 출범하게 한 것이다. 인간적으로 참 매력 있는 사람이다!

인간 게놈 프로젝트의 초기 평가

아이디어가 처음 제안된 뒤 무려 6년의 시간 동안 과학자들은 어떤 논쟁을 하고 있었을까? 대부분의 생물학자들은 이 프로젝트의 무모함에 반대하고 있었다. 여러 가지 이유가 있었지만 몇 가지만 추려보자. 우선 비용이 천문학적으로 많이 드는 데 비해 얻게 될 정보는 극히 일부에 지나지 않는다는 반대가 있었다. 다음 장에서 다시 언급하겠지만 인간 게놈의 전체 염기 서열 가운데 단백질 생산 명령어로서의 유전자 부위는 고작 1.5퍼센트밖에 되지 않는다. 인간 게놈 전체를 해독하겠다는 것은 고작 1.5퍼센트의 정보를 얻기 위해 98.5퍼센트의 쓰레기 정보*를 읽어 내겠다는 것이다. 이를 비용으로 따져보면 당시 기술로는 1염기당 1달러 정도 소요되었으므로 4,500만 달러어치의 정보를 얻기 위해 30억 달러를 소모하는 셈이다. 이 얼마나 엄청난 낭비인가! 1990년대 당시 상황으로는 당연히 이해되지 않는 바보 같은 짓이었다. 둘째로 인간 게놈을

---

* 1990년 당시 이 엄청난 양의 쓰레기 정보를 정크(junk) DNA라 불렀다. 그러나 최근 게놈에 대한 연구 결과 인간 게놈의 80퍼센트 이상이 RNA로 전사되며, 유전자 발현 조절을 맡고 있는 부위까지 포함하면 전체 게놈에서 그야말로 쓰레기에 해당하는 정보는 거의 없음이 밝혀졌다.

4부. 생명은 정보다

해독함으로써 얻게 되는 이득이 무엇인지 명확하지 않았다. 다만 미지의 땅으로 들어가는 여행 정도에 지나지 않는 일은 아닐까? 더구나 엄청난 수의 과학자들을 그 지루하기 짝이 없는 염기 서열 결정에 활용하다니 이건 미친 짓이야라고 생각하는 것이 일반적인 과학자들의 정서였다. 고백컨대 나도 그중의 한 사람이었다.

왓슨 들여다보기

인간 게놈 프로젝트가 진행되면서 왓슨에 대한 다양한 평가가 이루어졌다. DNA 이중나선 구조를 밝힘으로써 생물학의 흐름을 완전히 바꿔놓은 사람, 외향적이며 도전적인 성격에 차분히 연구실에 앉아 연구에 집중하기보다 과학행정에 자신의 역량을 한껏 발휘한 사람, 이 정도가 인간 게놈 프로젝트 이전에 우리가 알고 있던 왓슨이라는 인물의 전부였다. 그러나 인간 게놈 프로젝트라는 엄청난 대형 국책과제가 진행되면서 총괄 책임자의 철학과 개성이 적나라하게 드러났다. 그의 철학을 보여주는 두 가지 사례를 간략히 소개할까 한다.

왓슨은 인간 게놈 프로젝트가 진행되는 동안 이 프로젝트가 갖게 될 윤리적 문제에 대해 심각하게 고민했다. 많은 사람들에 의해 이 프로젝트가 부정적 의미로 맨해튼 프로젝트**와 비교되고는 했기 때문이었다. 이에 그는 이 프로젝트에 투입되는 예산의 일정 부분을 할애하여 '유전자 연구가 사회에 미치는 영향'에 대해 사회과학적인 측면의 연구를 하게 했다. 아마

** 맨해튼 프로젝트란 물리학자 오펜하이머의 주도하에 진행된 원자폭탄 개발 프로그램이다.

가장 많이 떠올랐던 이슈가 유전자 정보의 프라이버시 문제였던 것 같다. 이를테면 보험회사가 개인의 게놈 정보를 들여다보고 보험료를 결정하면 어쩔 테냐, 혹은 기업체가 개인의 게놈 정보를 보고 채용 여부를 결정한다면? 더 나아가 결혼할 때 서로 배우자의 게놈 정보를 주고받아야 하느냐 하는 문제 등 다양한 사회문화적인 문제가 발생할 수 있다. 이런 문제에 대해 사회가 어떤 결정을 내려야 하는지 왓슨은 철학자, 윤리학자, 사회학자들이 논의해주기를 바랐던 것이다.

또 다른 한 가지는 결국 왓슨이 인간 게놈 프로젝트의 책임자직을 내려놓게 만든 사건이다. 당시 인간 게놈 프로젝트의 상위 관리기관은 미국 국립보건원(NIH)이었고, 따라서 NIH 원장은 왓슨의 상사인 셈이었다. NIH 원장은 인간 게놈 프로젝트가 진행되면서 얻게 될 인간의 유전자 정보에 대해 특허권을 획득해야 된다고 주장했다. 국민의 세금이 들어간 사업이므로, 이 사업에서 얻게 될 이득이 다시 국가로 환원되어야 한다는 입장이었던 것이다. 그러나 왓슨은 인간 유전자에 특허권을 행사하게 되면 1차적으로 기초의학의 발전에 걸림돌이 될 것이고, 나아가 인간 게놈 프로젝트의 궁극적 목적인 의료, 보건의 비약적 발전에 치명적인 장애가 될 것이라 생각하여 반대 입장을 분명히 했다. 왓슨은 인간 유전자에 특허를 신청하는 행위를 '미친 짓'이라 맹비난했다. NIH 원장과의 이러한 갈등은 결국 왓슨으로 하여금 인간 게놈 프로젝트에서 중도하차하게 만들었고, 그의 뒤를 이어 프랜시스 콜린스 박사가 새로운 소장으로 부임하게 된다.

인간 게놈 프로젝트의 진행 경과

애초에 국제컨소시엄에서는 인간 게놈의 덩치가 너무 크니 우선 순서를 잡아놓고 그다음에 염기 서열을 결정하는 전략을 취했다. 이를 계층별 염기 서열법(hierarchical sequencing method)이라 한다. 간단히 설명하면, 인간의 염색체를 토막을 내어 약 200킬로 염기쌍 크기로 벡터에 저장한 게놈 도서관을 만든다. 이후 서로 중복되는 클론들을 찾아내어 이들을 배열한다. 지루한 작업이기는 하지만 이렇게 하면 염색체의 모든 DNA 조각을 벡터 클론에 담아 순서대로 배열할 수 있다. 더구나 국제컨소시엄에

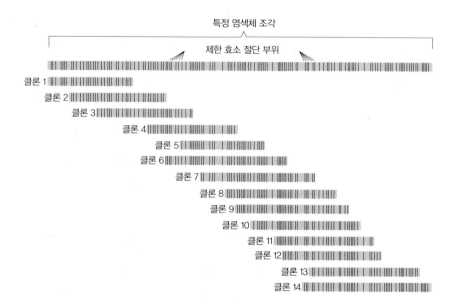

계층별 염기 서열법. 약 200킬로 염기쌍 크기의 클론들을 서로 비교하여 중복되는 부위들이 연결되는 게놈 도서관을 만든다. 이후 각 클론들의 염기 서열을 결정하여 전체 게놈의 염기 서열을 배열하는 방법이다.

서는 나라별로 담당 염색체를 나눠가질 수도 있으니 일석이조다. 그다음 각각의 벡터 클론의 DNA 염기 서열을 결정하면 전체 게놈의 염기 서열을 결정할 수 있게 된다. 이 방법의 장점은 염기 서열을 결정하는 동안 내가 염색체 어느 부위의 서열을 결정하고 있는지 분명히 알고 있으므로 순서가 뒤죽박죽 될 일이 없다는 것이다. 그러나 치명적인 단점은 염기 서열을 결정하기 전 사전 준비 작업에 너무나 많은 비용과 인력이 투입되어야 한다는 것이다.

이러한 문제점을 참아내지 못하고 인간 게놈 센터를 뛰쳐나가 독자적으로 게놈 염기 서열을 해독한 과학자가 크레이그 벤터 박사였다. 크레이그 벤터 박사는 전체 게놈 산탄총 방식(whole genome shotgun method)을 제안했는데, 이 방식은 인간 게놈 국제컨소시엄에서 했던 염색체 지도 작성이나 배열 없이 바로 게놈을 아주 작은 조각*으로 잘게 쪼갠 뒤 염기 서열을 읽고 이후에 이 조각들의 순서를 짜맞추는 방식이다. 워낙 많은 수의 조각들이 나오기 때문에 각 조각들을 일일이 비교하기 위해서는 엄청난 연산이 필요하고, 초대형 컴퓨터의 가동이 필요한 작업이었다. 두 방법을 비교해보면 왜 국제컨소시엄에서는 산탄총 방식을 쓰지 않았을까 의아스러울 것이다. 초기 과학자들은 벤터 박사의 산탄총 방식이 가능하지 않을 것이라 생각했다. 이 때문에 벤터 박사는 왓슨 박사에게 한 방 먹기도 했다고 한다. 되지도 않을 일을 우기면서 오히려 국제컨소시엄의 방법을 어리석다 탓한다고 말이다.

....

* 당시 기술력으로는 1,000염기쌍 정도를 한 번의 반응으로 서열 결정을 할 수 있었으므로 아주 작은 조각이란 1,000염기쌍을 의미한다.

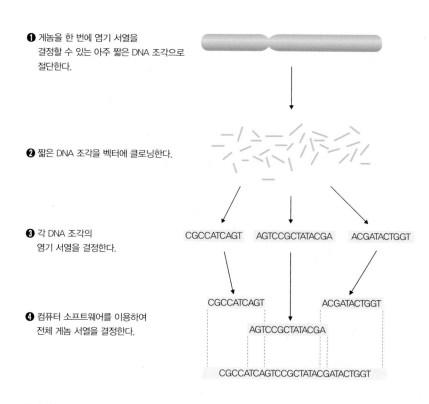

❶ 게놈을 한 번에 염기 서열을
결정할 수 있는 아주 짧은 DNA 조각으로
절단한다.

❷ 짧은 DNA 조각을 벡터에 클로닝한다.

❸ 각 DNA 조각의
염기 서열을 결정한다.

CGCCATCAGT   AGTCCGCTATACGA   ACGATACTGGT

❹ 컴퓨터 소프트웨어를 이용하여
전체 게놈 서열을 결정한다.

CGCCATCAGT   ACGATACTGGT

AGTCCGCTATACGA

CGCCATCAGTCCGCTATACGATACTGGT

▍전체 게놈 산탄총 방식

그렇다면 왜 산탄총 방식이 가능하지 않을 것이라 생각했는지 잠깐 들여다보자. 우선 쉽게 떠올릴 수 있는 이유는 산탄총 방식이 지나치게 많은 연산을 필요로 한다는 것이었다. 1,000염기쌍 단위로 염기 서열을 읽어나간다면 인간 게놈은 300만 개의 조각을 읽어야 한다. 더구나 서로 중복되는 부위를 보고 순서를 결정해야 하므로 실제로는 인간 게놈의 6배 정도에 해당하는 조각을 읽어나가야 한다. 따라서 1,800만 개의 조각을 일일이 비교하면서 순서를 잡아야 하는데, 1990년대 초반의 컴퓨터로는 가능하지 않은 연산이었다. 다행히 벤터 박사는 NIH를 뛰쳐나가 산탄총 방식으로 작업을 하는 동안 IBM으로부터 최고 성능의 컴퓨터를 지원받을 수 있었다고 한다. 연산의 문제뿐이라면 컴퓨터를 개발하여 문제를 풀 수 있었을 것이다. 그러나 이보다 더 큰 문제는 게놈 내에 무수히 많이 나타나는 반복 서열의 존재였다. 작게는 수십 염기쌍 정도에서 크게는 수백 킬로 염기쌍 정도 되는 크기의 동일 반복 서열이 염색체 여기저기 산재해 있어, 이런 반복 서열 부분을 만나게 되면 이 조각이 염색체 1번에 들어 있는 조각인지 아니면 염색체 5번에 들어 있는 조각인지 헷갈리게 된다. 결국 전체 게놈의 염기 서열을 정확히 배열하는 것이 불가능할 것이라 예측한 것이다.

인간 게놈 국제컨소시엄과 벤터 박사의 셀레라사가 서로 경쟁하다 보니 이 프로젝트는 엄청난 속도로 빠르게 진행되었는데, 우리에겐 좋은 일이었지만 경쟁을 하는 당사자들은 피를 말리는 작업이 되었다. 이런 경쟁 상황에서 국제컨소시엄에서는 셀레라사가 인간 유전자에 대해 특허를 걸지 못하도록[*] 서열이 결정되는 족족 인터넷에 공개를 해버렸고 그 때문에 갈등이 고조되기도 했다. 그러나 결국 두 기관이 손을 잡을 수밖에 없었고 결과적으로 이들 간의 상호 협력을 통해 인간 게놈 프로젝트가 무려 10여 년 앞당겨지게 되었다. 돌이켜보면 서로 원원하는 전략이 아니었던가 싶다. 서로 간에 미흡했던 정보를 주고받음으로써 완전한 형태의 게놈 서열을 얻어낼 수 있었으니 말이다.

....

[*] 셀레라사는 공익기관이 아니고 영리를 추구하는 기업이다. 당연히 게놈 해독 작업으로 얻게 되는 인간 유전자에 특허를 걸고 싶어 했다.

인간 게놈 프로젝트의 파급 효과

인간 게놈 프로젝트가 진행되면서 비약적으로 발전한 학문 영역이 유전체학(genomics)이다. 그동안 생물학 분야에서는 연구 대상으로는 까다로운 인간 대신 모델생물로서 초파리, 예쁜꼬마선충, 생쥐, 제브라피시 등이, 식물의 경우에는 애기장대, 벼 등이 집중적으로 연구되고 있었다. 이들에 대한 오랜 연구 결과 위에 게놈에 대한 정보를 덧보탠다면 생명 현상을 이해하는 데 날개를 다는 격이 될 것이다. 따라서 인간 게놈 프로젝트가 진행되는 동안 당연히 이들 모델생물들에 대한 게놈 분석이 함께 진행되었다. 이러한 유전체학의 확산은 염기 서열 결정 기술의 비약적 발전으로 이어졌다.

1990년대 초반에는 인간 게놈 전체를 해독하는 데 들어가는 비용이 30억 달러가 필요했으나, 지금은 몇천 달러밖에 들지 않을 정도로 가격이 떨어졌고 동시에 양질의 데이터를 얻을 수 있게 되었다. 그 결과 우리 생물학계는 한 번도 겪어보지 못한 정보의 홍수 속에 휘말리게 된다. 매일같이 쏟아져나오는 대량 정보와 이들을 적절히 처리하는 것이 무엇보다 중요한 일이 된 것이다. 이러한 필요성에서 만들어진 학문이 생물정보학(bioinformatics)으로 생물학과 계산통계학이 만난 퓨전 학문이다.

생물정보학은 초기 대량 정보의 처리와 가공이라는 비교적 단순해 보이는 연구 영역에 지나지 않았다. 그러나 모든 학문이 그러하듯 생물정보학도 서서히 진화하기 시작하면서 새로운 생물학의 영역을 개척해나갔고, 이제는 미래 생물학의 방향을 제시하고 있다. 대표적인 사례가 컴퓨터 시뮬레이션으로 구현되는 버추얼 생명 프로그램일 것이다. 유전체학을 통해 대량으로 쏟아져나오는 정보들을 잘 가공하고 처리하면 생명을 컴퓨터 프로그램으로 재현할 수 있고, 특정 자극을 가했을 때 어떤 반응이 나오는지 예측하는 것도 가능해진다. 나아가 인공 생명, 인공 지능에 이어 합성생물학에 이르기까지 생물정보학은 그 영역을 점차 확대해나가고 있다.

인간 게놈 프로젝트의 의의

2000년 6월 당시 미국의 클린턴 대통령은 인간 게놈 프로젝트의 두 중심인물, 프랜시스 콜린스 박사와 크레이그 벤터 박사를 양 옆에 세운 채 기자회견을 하며 인간 게놈 프로젝트의 1차 초본을 발표했다. 당시 언론에서는 이 사건을 케네디 대통령 때의 아폴로 프로젝트 성공과 비견되는 엄청난 과학사적 사건이라 소개했다.

인간 게놈 프로젝트를 통해 우리는 처음으로 생명체의 설계도 전체의 모습을 들여다볼 수 있게 되었고, 각종 질병, 노화 등의 원인을 이해할 수 있는 기반을 마련하여 보건 및 의료에 비약적 발전을 꾀할 수 있게 된 것이다. 더불어 기초과학적 측면에서도 1990년대 초반 우리가 이해하지 못했던 많은 생명 현상들이 드러나며 새로운 학문의 흐름이 등장하게 되었다. 대표적 흐름이 유전체학과 RNA 월드가 아닐까 한다. 물론 생물학자들은 자신의 전공 영역에 따라 다른 중요한 흐름이 있었다고 주장할 것이다. 어쨌든 1990년대 초반의 많은 일반 과학자들의 예견이 틀렸고, 왓슨을 비롯한 몇몇 선구적인 과학자들의 직관이 옳았다. 인간 게놈 프로젝트 때문에 생물학의 새로운 지평이 열린 것이다.

3

게놈 속의 정보

· 생명의 설계도에는 어떤 내용이? ·

인간 게놈 프로젝트에 의해 우리가 알게 된 것은 무엇일까? 게놈을 생명의 설계도에 비유하고는 하는데, 인간이라는 생물의 설계도에는 어떤 내용이 들어 있을까? 팔과 다리는 어떻게 만들어지고, 머리는 어떻게 만들어지며, 심장은 또 어떻게 만들어지는지에 대한 매뉴얼 정보가 들어 있다는 것일까? 결론을 말하면, 그렇다! 생명의 설계도인 게놈 내에는 인간을 어떻게 만들어야 하는지 조목조목 세세하게 기록되어 있다. 다만 생명의 설계도는 그림으로 스케치되어 있지 않고 ATGC라는 네 가지 문자로 기록되어 있으며, 사실은 설계도가 아니라 오리가미, 즉 종이접기의 순서도이다.

약간 부연 설명을 해보자. 인간 게놈에는 인간이 가진 모든 형태의 구조물, 그것이 팔이건 다리, 머리, 심장이건 모두 ATGC라는 문자로 '어떻게 만들어라' 하고 서술되어 있다. 서술되어 있다라고 말하는 것은 게놈이 여느 설계도처럼 그림으로 묘사되어 있지 않고 항상 문장의 형태로 설명되고 있기 때문이다. 생물학자로서 설계도의 비유는 편리한 측면도 있지만 또 한편 상당히 왜곡된 인식을 심어줄 수 있어 마음이 불편하다. 게놈은 그림이라는 의미의 設計圖(설계도)가 아니고 說明書(설명서), 즉 책이기 때문이다. 또 한 가지 게놈 정보는 엄밀한 의미에서 설계도가 아니라 오리가미 정보이다. 어떤 부분을 어떻게 만들라고 세세하게 명령하는 것이 아니라, 각 단계별로 수행해야 할 과제가 무엇인지 순서를 알려주는 것이다. 이 방식이 얼마나 효율적인 방법인지는 아이에게 종이학을 접는 방법을 가르쳐보면 쉽게 알 수 있다. 앞에서도 언급했듯 종이학을 만드는 법을 아이에게 가르칠 때 각 모서리의 형태나 각도 등을 정밀하게 설명해주는 것은 아이에게 아무런 도움도 되지 않는다. 그저 종이를 접는 순서를 알려주면 손쉽게 익힐 수 있다. 전자가 설계도 방식이라면 후자는 오리가미 방식이다. 생명은 진화 과정에서 오리가미 방식의 효율성을 채택했다. 게놈이 가진 오리가미의 성격에 대해서는 이 부의 마지막 장 〈생명의 탄생, 배발생〉을 논의할 때 다시 설명하기로 하고, 우선 게놈 내 어떤 정보가 들어 있는지 살펴보자.

게놈은 유전자 정보

게놈 내에 들어 있는 정보 중 가장 중요한 정보는 당연히 유전자 정보이다. 그리고 이 책의 여러 꼭지에서 수차례 강조하지만 유전자란 단백질 생산 명령어이다. 인간 게놈 프로젝트를 통해 얻은 가장 큰 수확이 인간이 생산하는 모든 단백질의 목록을 완전하게 가지게 된 것이다. 1990

년대 초 인간 게놈 프로젝트가 출범했을 때 과학자들의 가장 큰 관심사는 인간 게놈이 가지고 있는 유전자의 총 수였다. 여러분도 한번 과거로 돌아가서 예측해보라. 인간 유전자가 몇 개나 되면 만족할 만한가? 참고로 우리 인간이 그야말로 뼛속까지(?) 속속들이 알고 있는 생명체인 대장균의 유전자 총 수는 약 4,000개 정도이다.[*] 이에 못지않게 잘 꿰뚫고 있는 생명체가 효모인데 효모는 약 6,000개의 유전자를 가진다. 모델동물로서 유구한 역사를 가진 초파리는 약 1만 4,000개를 가지고 있다. 그렇다면 인간은 몇 개의 유전자를 가지고 있을까?

호기심 가득한 과학자들은 인간 게놈 프로젝트가 본격적으로 착수되기도 전에 소액을 걸어놓고 유전자 총 수에 대해 베팅을 하기 시작했다. 이때 가장 많이 베팅된 수가 10만 개였다. 대부분의 생화학자들이 수긍할만한 수가 10만 개였기 때문이다. 물론 생화학자들은 그들의 연구 경험을 통해 대략적인 단백질의 총 수를 짐작하고 있었다. 그런데 게놈 프로젝트가 완료될 무렵 과학자들은 결과를 보고 깜짝 놀라게 된다. 실제 예측된 유전자의 총 수는 3만 개도 되지 않았기 때문이다. 더구나 이후 게놈 서열의 완성도가 높아질수록 기대와 달리 예상치가 점점 줄어들어, 최종적으로는 약 2만 1,000개의 유전자밖에 되지 않음을 확인했다. '허걱~ 인간과 같이 복잡한 기관과 고도로 발달한 지능을 가진 생명체가 그깟 초파리의 2배도 안 되는 유전자라니! 이건 무언가 잘못된 거야~'라는 충격이 과학계를 전율케 했다. 이 오묘한 미스터리를 이 부를 다 읽을 때쯤에는 여러

---

[*]　생물학적으로 가장 깊이 연구되었으며, 초기 분자생물학의 주요 발견을 이끌어내었던 생물은 다루기 쉽고 간단한 생명체인 대장균이다. 분자생물학 교과서의 거의 모든 내용들이 대장균 연구를 통해서 얻은 것이라 해도 과장이 아니다.

분도 이해할 수 있기를 바란다.

다시 정리해보자. 인간 게놈 내에 들어 있는 정보는 인간이 인간이기 위해 필요한 유전자 정보이다. 유전자 정보란 말은 유전자 목록만을 의미하지는 않는다. 유전자 목록에 못지않게 중요한 것이 각 유전자들의 활용 순서에 대한 정보이다.* 게놈에는 어떤 유전자들이 어떤 조직에서 언제 사용되어야 하는지에 대한 정보 또한 담겨 있다. 유전자 목록에 대한 정보는 인간 게놈 염기 서열이 끝나면 금방 알게 되는 정보이다. 컴퓨터 알고리즘을 이용하여 분석해보면 손쉽게 알 수 있기 때문이다. 그러나 유전자 활용 순서, 학술적으로 표현하면 유전자 발현 순서에 대한 정보는 은밀하게 기록되어 있어 손쉽게 알아낼 수 있는 정보가 아니다. 이 때문에 인간 게놈 프로젝트가 끝난 뒤 후속 프로젝트로 ENCODE 프로젝트를 진행하여 유전자 발현 순서에 대한 정보를 얻고자 했다(ENCODE 프로젝트에 관해서는 뒤에서 다시 이야기할 것이다).

게놈 내 정보의 구성

게놈 내 유전자 정보가 가장 중요하지만 역설적이게도 정작 유전자 목록을 만드는 데 필요한 정보량은 전체 게놈에서 극히 일부에 지나지 않는다. 말하자면 단백질의 아미노산 서열 정보로 전환되는 염기 서열은 전체 게놈의 1.1퍼센트밖에 되지 않는다. 이 부위를 엑손이라 하는데 인간 게

---

*　앞에서 게놈 정보는 오리가미의 순서도 정보라고 비유했는데, 이를 유전자 활용 순서라 이해하면 정확하다.

놈 프로젝트 초기에 많은 과학자들이 이 프로젝트의 효용성에 대해 의구심을 가졌던 이유가 게놈 내 엑손의 비율이 극히 미미했기 때문이다. 반면 단백질의 아미노산 서열 정보를 가지고 있지는 않지만 유전자의 일부인 인트론은 전체 게놈의 24퍼센트를 차지한다. 나머지 약 75퍼센트의 게놈은 유전자 간 지역(intergenic region)이라 하여 유전자와 유전자 사이의 염기 서열로 아직 미지의 땅으로 남아 있다.**

이 미지의 땅에서 가장 뚜렷하게 인식되는 염기 서열은 점핑유전자라고도 불리는 트랜스포존(transposon)이다. 인간 게놈은 무려 44퍼센트가 트랜스포존으로 이루어져 있다. 트랜스포존은 염기 서열에 따라 제각각 서로 다른 이름으로 불린다. 집시, 마리너, 코피아 등등의 근사한 이름에서 P1, Tn3, L1 등 알 수 없는 기호처럼 붙여진 이름도 있다. 이들의 특성은 염색체 상에서 마치 점핑하듯이 뛰어다니는 성질을 가진다 혹은 가졌다는 것이고,*** 또한 그 숫자가 무척 많아서 염색체 상에 여기저기 반복해서 나타난다는 것이다. 인간 게놈 프로젝트를 진행할 때 국제컨소시엄에서는 계층별 염기 서열법을 고집했는데 그 이유가 트랜스포존 때문이기도 하다. 산탄총 방식으로는 반복적으로 등장하는 트랜스포존의 배열을 알 수 없을 것이라 예측한 것이다. 인간 게놈 내에는 성질이 다른 세 가지 종류의 트랜스포존이 나타나는데, 대표적인 것이 L1, L2, L3 라는 일련번호가 붙은 긴 가닥의 LINE(Long Interspersed Nuclear Elements)

** 이 미지의 땅을 이해하는 것이 포스트게놈 시대의 과제이고 ENCODE 프로젝트의 목적이다.

*** 트랜스포존이 점핑하여 잘못 착지하게 되면 돌연변이가 될 수도 있다. 실제로 인간에게 그렇게 발병하는 유전병도 관찰된다. 따라서 많은 트랜스포존은 과거 점핑할 수 있었으나 현재는 점핑할 수 없게 된 비활성 트랜스포존이다.

과 비교적 짧은 가닥의 Alu1, MIR, Ther2 등의 이름이 붙은 SINE(Short Interspersed Nuclear Elements)이 있다. LINE은 비교적 길이가 긴(대략 6,000염기쌍 정도) 트랜스포존으로 게놈 내에 약 5,000개 정도가 완전한 형태로 존재하며, 불완전한 형태는 이보다 훨씬 더 많아서 50만 개 정도가 존재한다. 반면 SINE은 길이가 400염기쌍 이내의 크기로 짧고 게놈 내 수는 엄청나게 많다.

게놈의 구성 중 나머지 31퍼센트(75퍼센트의 미지의 땅에서 44퍼센트의 트랜스포존을 제외한 나머지)는 그야말로 미개척지이다. 현대생물학의 지식으로는 그 부분이 왜 필요한지 설명해내지 못한다. 게놈 시대에 알아낸 놀라운 사실은 이 부분도 RNA로 전사가 되고 있다는 사실과 이 RNA들이 유전자 발현 순서를 결정하는 중요한 정보가 아닐까 짐작된다는 사실이다. (이 부분은 본문 4부 4장 〈게놈 속의 암흑 물질〉에서 다시 설명할 것이다.)

게놈이 가진 정보를 단순히 구분하면 유전자 목록에 대한 정보와 유전자 발현 순서에 대한 정보로 나눌 수 있다. 유전자 목록에 대한 정보는 게놈 내에 차지하는 비중도 얼마 되지 않고 빤하게 드러나는 정보이다. 컴퓨터 프로그램만 한번 돌리면 금세 찾아내는 정보인 것이다. 반면 유전자 발현 순서에 대한 정보는 은밀하게 숨겨져 있는 정보이고, 다양한 형태로 등장한다. 이를테면 이 정보는 각 유전자의 프로모터 부위에 친절하게 놓여 있기도 하지만, 경우에 따라서는 인트론에 있기도 하고, 또는 트랜스포존 위에 놓여 있기도 하며 유전자 간 지역 중 짐작도 되지 않는 엉뚱한 부위에 놓여 있기도 하다. 현재는 이들에 대한 아무런 규칙성도 찾지 못하고 있기 때문에 실험적으로 일일이 확인할 수밖에 없다. 그러다 보니 1990년대 초반에 '쓰레기(정크 DNA)'라 불렸던 DNA는 더 이상 쓰레기가 아닌 것으로 속속 밝혀지고 있다.

2만 1,000개의 유전자 목록, 충분한가?

사실 인간이라는 생명의 복잡한 구성을 생각하면 2만 1,000개의 유전자 목록은 너무 적다. 그럼에도 불구하고 우리 생물학자들은 이 숫자로 인간을 설명해내야만 하는 어려움에 봉착해 있다. 따지고 보면 비교적 간단한 해답이 있다.

우리가 알고 있는 가장 복잡한 기계 중 하나를 들라면 비행기쯤 되지 않을까? 그 비행기를 완전히 분해하여 모든 부품을 쌓아두면 그건 그야말로 산업 쓰레기에 지나지 않는다. 그러나 이를 정교하게 재조립하면 다시 현대 과학 기술의 최고봉인 비행기가 된다. 쓰레기와 비행기의 차이는 무엇일까? 각 부품들이 어떻게 정교하게 연결되었느냐, 아니냐의 차이밖에 없다. 인간도 마찬가지다. 2만 1,000개의 유전자 목록은 그냥 아무렇게나 쌓아올린 정보 더미에 지나지 않는다. 이 정보 더미를 순서대로 정교하게 하나씩 발현시키면 인간이 만들어지게 되는 것이다. 앞에서 언급한 창발성의 효과이다.

정리하면 인간을 인간답게 만드는 것은 유전자 목록이 아니라 사실은 유전자 발현 순서에 대한 정보인 셈이다. 이를 보다 분명하게 확인시켜주는 것이 침팬지가 가진 게놈 정보이다. 인간과 침팬지의 게놈 정보는 98.7퍼센트가 동일하다. 유전자 목록을 비교해보면 더욱 똑같다. 그럼에도 불구하고 인간과 침팬지를 서로 차이 나게 만드는 것은 유전자 발현 순서에 대한 정보, 즉 오리가미의 순서 정보가 서로 다르기 때문이다. 이 정보는 포스트게놈 시대에 생물학이 풀어야 할 수수께끼이다. 이를 게놈 속의 암흑 물질이라 비유하는 이유가 여기에 있다.

4

인간 게놈 속의
암흑 물질

· ENCODE 프로젝트 ·

　우리가 살고 있는 우주 공간은 23퍼센트의 암흑 물질과 73퍼센트의 암흑 에너지로 채워져 있고 겨우 4퍼센트만이 우리의 감각기관으로 실체감을 느낄 수 있는 일반적인 물질이라 한다. 우주 공간이 워낙 광대하니 빈 공간이 우주의 거의 대부분이라는 얘기는 이해가 될 듯한데 빈 공간 속의 암흑 물질과 암흑 에너지는 도대체 뭐란 말인가? 실체를 느낄 수 없고 측정하기도 어렵지만 어쨌든 우주 공간의 질량 대부분이(96퍼센트가량이) 이들 암흑 머시기라는 놈들이란다. 물리학의 지식이 짧아 솔직히 뭔 얘기인지 잘 모르겠다. 짐작컨대 현대물리학 수준에서는 물리학자들도 아직 모르고 있다는 얘기인 듯하다. 과학자들이라고 모든 걸 다 아는 것은 아니고 밝혀진 사실만 안다. 아직 모르고 있는 자연 현상들이 남아 있어야 우리 과학자들도 계속 할 일이 생기는 것 아니겠는가! 최근 유전체학의 발달로 생물체 게놈 속을 들여다보게 되면서 여기에도 우주의 암흑 물질에 해당하는 부위가 있다는 것을 알게 되었다. 비유이기는 하지만 도대체 무엇을 하는 부분인지 알 수 없다는 측면에서 게놈 속 암흑 물질이라 할 만하다. 생물학자들에게는 새로운 신천지인 셈이다.

게놈은 디지털 정보

우리 인간의 게놈은 30억 염기쌍으로 이루어져 있다. 인간을 구성하는 유전 정보는 ATGC라는 문자로 이루어진 디지털 정보이고 염기 서열 정보라 할 수 있다. 게놈 정보는 2차원 정보이므로 ATGC 네 가지의 문자로 이루어진 염기 서열을 책 속의 알파벳처럼 인쇄할 수도 있다. 30억 개의 염기가 찍혀진 책을 생각해보라. 아마도 서울시의 전화번호부 책을 500권 정도 인쇄하는 양에 맞먹을 것이다.

염기 서열 안에 담겨져 있는 정보의 의미에 대해서도 생각해보자. 이를 컴퓨터를 구동하는 디지털 정보와 비교하면 쉽게 이해할 수 있다. 컴퓨터 정보는 원래 0과 1의 조합으로 이루어진 기계어로 저장되어 있다. 현대의 컴퓨터는 이러한 기계어를 사용자 친화적 윈도 프로그램을 이용하여 우리가 이해할 수 있는 정보 형태로 전환한 뒤 모니터에 보여준다. 같은 논리가 게놈의 정보에도 적용된다. ATGC의 배열로 이루어져 있는 게놈의 정보는 생명의 정보로 바꾸기 위해 아날로그화 과정을 거쳐야 한다. 디지털 정보가 아날로그 정보로 바뀌는 과정이 생명체에서는 단백질의 합성으로 구현된다. 게놈에 들어 있는 ATGC 형태의 염기 서열 정보는 단백질을 구성하는 아미노산 서열 형태로 전환되고, 그 결과 생물을 구성하는 다양한 세포 속에 그보다 더 다양한 종류의 단백질이 생성되는 것이다. 모든 생명 현상의 알파와 오메가에 단백질의 작용이 있다.

게놈의 물리적 구성

게놈 속의 암흑 물질에 대해 이야기하기 전에 먼저 우리가 알고 있는 물질, 즉 유전자가 어떻게 게놈 내에 들어 있는지부터 먼저 설명해야겠다. 이를 이해하기 위해 게놈의 물리적 형태인 DNA를 확대시켜보자. DNA 나선의 폭은 2나노미터[*]인데 너무 작으니 눈에 보이게 4센티미터 정도로 확대시켜보자. 그렇게 확대하면 인간 게놈을 구성하는 DNA는 지구를 한 바퀴 두를 수 있는 길이, 즉 4만 킬로미터가 된다. 인간 게놈은 X, Y 염색체를 포함하여 모두 24개의 염색체 단위로 나뉘어 있다고 했다. 그렇다면 1개의 염색체는 평균하여 보면^{**} 대략 한반도 장축 길이(1,000킬로미터) 정도 된다. 하나의 염색체에 대략 1,000개 정도의 유전자가 들어 있으니 계산해보면 유전자는 600미터 간격으로 나타난다. 버스 정류장이 대략 500미터 정도 간격으로 떨어져 있으므로 유전자는 버스 정류장 간격으로 하나씩 배치되어 있는 셈이다. 서울의 남북 간 거리는 약 30킬로미터이므로 우리의 비교에서 서울을 가로지르는 게놈 위에는 대략 50개의 유전자가

---

* 1나노미터는 10^{-9}미터다. 요즘 유행하는 나노과학의 스케일이다.

** 실제로 인간의 염색체는 24개 모두 제각각 길이가 다르다. 가장 긴 염색체가 1번 염색체이고 그 다음부터 길이가 짧아지는 순서대로 22번까지 일련번호를 붙여놓았다. 물론 X, Y 염색체는 예외다. 그런데 실험의 오차가 발생하여 가장 짧은 염색체는 22번이 아니고 21번이다. 현미경으로 관찰한 길이가 너무 비슷해서 착오를 일으킨 것이다.

놓여 있다. 유전자 하나의 길이는 대략 100미터쯤 되니까 우리가 말하는 암흑 물질은 정류장 사이의 거리 500미터에 집중적으로 들어 있다.[*] 명심 해둬야 할 것은 유전자나 유전자가 아닌 '암흑 물질' 부위나 똑같이 ATGC 의 서열로 이루어져 있다는 사실이다. 컴퓨터 프로그램의 도움 없이는 유 전자와 비유전자를 구분할 수 없다. 나는 유전자만 들여다보며 30년의 세 월을 보냈지만 특정 염기 서열을 내 눈앞에 내놓았을 때 그것이 유전자인 지 아닌지 구분하지 못한다. 내가 특별히 둔해서 그런 것은 아니고 모든 생물학자들이 그렇다.

게놈 내 정보의 비율

인간 게놈 30억 염기쌍에 들어 있는 유전자 목록은 모두 2만 1,000개 이다. 즉 인간 게놈은 2만 1,000개의 서로 다른 단백질을 생성하는 지령 문인 셈이다. 그런데 이러한 단백질을 생성하는 데 사용되는 게놈, 즉 엑 손[**]의 비율은 전체 게놈의 1.1퍼센트에 지나지 않는다. 유전자의 일부이 기는 하나 아미노산 서열에 대한 정보를 가지지 않는 인트론은 전체의 24 퍼센트를 차지하고 있다. 엑손과 인트론을 포함해도 게놈 속 유전자의 비 율은 25퍼센트밖에 되지 않는다. 나머지 75퍼센트가 게놈 속 암흑 물질 인 셈이다. 실제로는 인트론에도 어떤 기능이 숨겨져 있음이 보고되고 있 어 암흑 물질로 분류되는 게놈 부위는 대략 98.5퍼센트 정도 된다.

....

[*]   실제 인간의 유전자 평균 길이는 27킬로 염기쌍이며, 유전자 밀도는 145킬로 염기쌍당 유전자 하나이다.
[**] 엑손은 아미노산 서열로 치환될 수 있는 염기 서열을 말한다.

전체 인간 게놈의 5퍼센트 정도는 그 기능이 무엇인지는 모르지만 쥐, 개, 소를 포함한 포유동물들에 공통적으로 나타나는 염기 서열이라 한다. 무언가 기능이 있을 것이기에 서로 다른 포유동물에서 진화적으로 보존되어 있을 것이다. 그러나 여전히 그 기능을 모른다는 관점에서는 암흑 물질의 일부일 수밖에 없다. 전체 게놈의 약 50퍼센트 정도는 반복 서열로 분류되는데, 이는 수십 염기쌍에서 수천 염기쌍에 이르기까지 다양한 길이의 염기 서열 조각이 염색체의 여기저기 반복되어 산재해 있는 DNA 조각이다. 이들은 형태적 특성에 따라 위성 DNA, 미세위성 DNA, SINE(short interspersed nuclear elements), LINE(long interspersed nuclear elements) 등으로 분류된다. 2개의 염기가 반복되어 나타나는 2염기쌍 반복 서열도 흥미롭다. 예로서 GAGAGA…… 혹은 ATATAT…… 이런 식의 반복이 수백 수천 번 나타난다. 이런 서열은 반복 횟수가 사람의 가계마다 특징적으로 나타나기 때문에 유전자 지도를 그릴 때 분자 지표로 활용되기도 한다. 또한 반복 서열의 횟수는 한 개인을 인식하는 유전자 지문으로 활용되기도 한다.[***]

암흑 물질 중에서 컴퓨터 프로그램으로 그나마 쉽게 확인할 수 있는 부분이 자그마치 전체의 44퍼센트를 차지하는 트랜스포존이다. 트랜스포존은 게놈의 진화에 결정적 역할을 하기 때문에 좀 더 자세히 살펴볼 필요가 있다. 마지막으로 언급할 가치가 있는 게놈 속의 반복 서열로는 염색체의 구조적 특성을 부여하는 염색체 말단 부위(telomere)와 중심립

[***] 반복 서열의 반복 횟수가 개인마다 달라지는 이유는 감수분열 초기 교차가 일어날 때 상동염색체 간 짝짓기가 약간 미끄러지며 이루어지기 때문일 것으로 생각된다. 즉 두 상동염색체 중 하나는 약간 길어지고 하나는 짧아지는 현상이 벌어지는 것이다.

(centromere) 부위의 반복 서열이다. 이들은 DNA 복제 및 세포분열 과정에서 염색체의 구조를 일정하게 유지하기 위해 필요한 부분이다.

트랜스포존이란?

인간뿐만 아니라 모든 생명체의 게놈에는 엄청난 양의 트랜스포존이 들어 있다. 트랜스포존은 그 자체가 진화의 산물이기도 하고 진화의 원동력이기도 하다. 게놈 내 차지하는 비중이 워낙 높아 트랜스포존을 모르고는 게놈의 시대에 생물학을 이해했다 할 수는 없을 것이다. 해서 어려운 용어이지만 살펴보자. 트랜스포존(transposon)이라는 용어는 왠지 〈트랜스포머〉라는 영화를 떠올리게 한다. 다재다능하게 형태를 바꿔가면서 변신하는 로봇! 트랜스포존은 위치(포지션)를 쉽게 바꾸는(트랜스) 유전자라는 의미를 담고 있다. 위치를 자유롭게 바꾸는 유전자! 그런 유전자도 있단 말인가? 처음 듣는 사람에게는 충격이 아닐 수 없다. 멘델 유전학은 염색체 상에 고정되어 있는 유전자를 전제하지 않으면 성립되지 않기 때문이다.

이러한 놀라운 발견을 한 사람은 바버라 맥클린톡 여사이며, 내가 아는 한 식물(옥수수)을 소재로 연구하여 노벨상을 받은 유일한 과학자이다. 그녀는 옥수수 낟알 색깔의 유전 현상을 연구하면서 염색체 상의 위치를 바꾸는 유전인자, 즉 전이인자를 발견했다. 이 발견은 1950년대 당시 얼마나 충격적이었던지 학계에서 한동안 받아들여지지 못했다. 옥수수 유전 현상의 복잡성이 그 이해를 방해하기도 했지만 패러다임을 깨는 놀라운 발견*이었기에 선뜻 받아들이지 못했던 것이다. 이후 초파리에서도 전이

인자의 존재로서만 설명되는 유전 현상들이 보고되었고 대장균에서도 다양한 종류의 전이인자가 발견되었다. 식물뿐만 아니라 모든 생명체에서 보편적으로 나타나는 생명 현상임을 알게 되면서 전이인자는 트랜스포존이라는 이름을 갖게 되었다. 그녀는 1983년 단독으로 노벨생리의학상을 수상했는데 이때 유행했던 말이 '노벨상을 타기 위해서는 장수'해야 한다는 우스개였다. 전이인자의 발견 후 30년을 기다려야 했고, 그녀의 나이 81세가 되어서야 받은 노벨상이기 때문이었다.

이후에도 트랜스포존에 대한 분자생물학적 연구는 계속되어 맥클린톡 여사가 발견한 비교적 단순한 형태, 즉 자르고 붙이기(cut & paste) 트랜스포존뿐만 아니라 복사하고 붙이기(copy & paste) 유형도 발견되어 생물체의 게놈 속에서 트랜스포존이 축적되는 진화 메커니즘을 이해하게 했다. 심지어 바이러스와 트랜스포존의 경계가 불명확한 사례들이 알려지면서 바이러스와 트랜스포존은 생물체의 진화 과정에서 나타난 부산물[**]이라는 인식과 이들이 새로운 유전자의 진화를 가능하게 하는 재료 물질이라는 인식이 등장하게 되었다.

트랜스포존은 진화의 동력

트랜스포존은 생명체의 진화 과정을 추동하는 강력한 힘이다. 우선 게

---

[*] 자그마치 멘델 유전학의 패러다임을 깨는 발견이었다!

[**] 바이러스가 트랜스포존으로 바뀌는 사례뿐만 아니라 트랜스포존이 바이러스로 바뀌는 사례도 있으며, 그 중간 단계에 있는 염기 서열도 발견된다. 이 둘은 리처드 도킨스가 제시한 『이기적 유전자』의 개념에 가장 잘 맞아 떨어지는 DNA 조각인 셈이다.

놈의 구조를 형성하는 데 트랜스포존이 결정적인 역할을 했다. 생물체의 진화 과정에서 나타나는 다양한 형태의 염색체 재배열은 트랜스포존이 점핑하는 과정에서 일어난 실수 때문이었다. 진화가 진행되는 동안 게놈의 크기가 점점 커지는 이유 또한 트랜스포존 때문이다. 벼와 같은 단자엽식물인 백합은 유전자 정보량은 별 차이가 없지만 게놈의 크기가 벼의 자그마치 200배 이상이나 된다. 이러한 백합은 게놈의 거의 대부분이 트랜스포존으로 이루어져 있다. 백합이 진화하는 동안 트랜스포존이 대량으로 쌓여져갔음을 짐작케 한다. 마지막으로 트랜스포존이 진화에 기여한 공헌은 엑손들 간의 패 섞기를 통해 새로운 유전자를 만들어낸 것이다. 진핵생물의 단백질은 엑손과 엑손이 연결되어 만들어지는데 이때 각 엑손들은 많은 경우 기능을 위한 소단위로 작동한다. 따라서 트랜스포존이 점핑하는 동안 엑손이란 소단위가 서로 뒤섞여 예전에 없던 새로운 엑손 조합, 즉 새로운 유전자가 탄생하게 된다. 생물체의 게놈 정보를 들여다보면 엑손 패 섞기를 통해 새로이 만들어진 유전자의 사례를 무수히 발견할 수 있다. 이게 다 트랜스포존 때문이다!

ENCODE 프로젝트

게놈에 대한 기능적·구조적 분석이 꽤 오랫동안 이루어져왔지만 여전히 게놈 속에는 암흑 물질이라고 할 수밖에 없는 많은 부분이 있다. 우주 공간의 96퍼센트가 실체를 알 수 없는 암흑 물질과 암흑 에너지로 채워져 있듯이 98.5퍼센트의 게놈이 기능을 알 수 없는 부분으로 이루어져 있다. 이들의 기능을 전체적으로 이해해야만 우리가 생명체를 완전히 이해하게 되는 것이다. 전체적으로 게놈을 이해하려는 노력의 일환으로 제안된 프로젝트가 ENCODE 프로젝트이다. ENCODE란 'Encyclopedia of DNA Elements'의 약어로서 유전자의 구조나 형태, 프로모터 부위에 대한 분석을 포함하여 DNA가 감고 있는 히스톤 단백질의 구조에 대한 게놈 수준의 분석, DNA 메틸화 패턴, DNA 칩을 통한 전사체 분석 등을 망라한다. 한 생명체에 대한 총체적인 분석을 통해 게놈을 이해하고자 하는 프로젝트인데, 결국 게놈 속의 암흑 물질을 이해하려는 노력의 일환이다.

ENCODE 프로젝트가 우리에게 알려준 것

여기에서는 ENCODE 프로젝트의 결과를 간단히 소개하고자 한다(상당히 어려운 내용이라 비전문가에게 얼마나 도움이 될지 모르겠다). 2003년부터 1년간 파일럿 프로젝트로 인간 게놈 내 약 3,000만 염기쌍에 대해, 즉 전체 게놈 중 100분의 1을 미국의 서른다섯 연구실에서 분석하여 게놈 속에는 유전자 외에 어떤 정보들이 들어 있는지, 게놈 속의 암흑 물질이 무엇인지 탐색했다. 이후 2004년부터 본격적으로 ENCODE 프로젝트가 진행되어 인간 게놈 전체에 대한 분석 결과가 얻어졌는데, 그 결과 2012년 9월 《네이처》의 논문 6편을 포함해서 30여 편의 논문이 발표되었다.[*]

ENCODE 프로젝트는 일종의 포스트게놈 프로젝트로 2001년 인간 게놈 프로젝트가 끝난 이후 거대과학으로 무엇을 해명해야 하는가 하는 고

---

[*] Science (2012) ENCODE project writes eulogy for junk DNA. Vol. 337: p. 1159-1160. Nature (2012) ENCODE explained. Vol. 489: p. 52-54.

민에서 시작된 프로그램이다. 인간 게놈 프로젝트 결과 우리가 알게 된 것은 기대와 달리 인간이 가지고 있는 유전자의 수가 너무 적다라는 것이다. 즉 애초 베팅에서 생물학자들 사이에서 가장 많이 예측되었던 10만 개 유전자와는 상당히 거리가 있는 적은 수의 유전자, 이를 가지고 인간이라는 생물의 복잡성을 설명해야 하는 난감한 상황이 벌어진 것이다. 이에 인간 게놈 내 암흑 물질, 즉 유전자가 아닌 무려 전체 게놈의 98.5퍼센트에 해당하는 다른 부위에서 인간의 생물학적 복잡성에 대한 해답을 얻고자 했고, 이에 따라 진행된 사업이 ENCODE 프로젝트였다.

ENCODE 연구 성과를 숫자로 표현해보면, 인간 게놈 내 유전자의 수는 1차 게놈 드래프트 때의 예측 3만 5,000개보다 더 적은 2만 1,000개에 지나지 않는다. 전체 게놈의 75퍼센트는 RNA를 복사하는 전사 과정이 진행되는데 이들이 왜 전사되는지는 아직 모르고 있다. 이외에 5퍼센트를 더하여 전체 게놈의 80퍼센트가 어떤 형태로든 유전자 발현 조절과 관련되어 있는 기능성을 가진다. 이 프로젝트는 세포의 종류에 따라 유전자 발현 패턴이 다를 것이므로 전체 147종의 세포 유형을 분석 대상으로 삼았고 1,640개의 GWA(genome wide analysis: 유전체 분석) 데이터를 분석했으며, 442명의 연구자가 2억 8,800만 달러의 돈을 들여 진행한 프로젝트이다. ENCODE 프로젝트를 담당한 사람들의 입장에서는 당연한 말이겠지만 단 한 푼의 돈도 아깝지 않을 만큼 충분히 가치 있는 데이터를 생산해냈다고 그들은 주장한다. 그만큼 앞으로 연구를 수행할 때 전 세계의 많은 연구자들에게 매우 중요한 플랫폼 정보를 제공하게 된 것이다.

ENCODE 프로젝트에서 밝힌 유전자가 아닌 부위가 도대체 무엇을 하는 부위인지, 즉 암흑 물질에 해당하는 부위가 무엇인지 복잡하지만 간단하게 살펴보자. 이들은 대부분 유전자 발현 순서에 대한 정보를 가지는 것으로 생각된다. 우선 유전자 발현을 할 것인가 말 것인가를 결정하는 프로모터와 그 기능을 세련되게 보좌하는 여러 가지 DNA 염기 서열, 즉 인핸서(enhancer), 사일런스(silencer), 절연인자(insulator), 억제인자(repressor) 등의 기능을 가진 cis-인자들이다. 또한 각종 DNA 결합 단백질들*이 결합할 수 있게 자리를 내어주는 DNA 부위도 있고, 히스톤 단백질이 해독 후 변형**이 일어난 염색체 부위 등을 포함한다. 물론 그 기능을 정확히는 모르지만 단백질 정보가 아닌 각종 비부호 RNA의 정보도 포함된다. 아무튼 우리 게놈 내에는 과거 주장되었던 불필요한 쓰레기 정보(정크 DNA)가 별로 없는 것 같다.

이 프로젝트가 비교적 적은 비용으로 가능하게 된 이유는 인간 게놈 프로젝트를 진행하는 동안 이루어진 염기 서열 분석기의 혁신적 개발에 있다. 즉 파일럿 프로젝트가 진행될 때 당시에는 기껏해야 ChIP-chip 기술이 최고의 기술이었지만 이후 아예 ChIP 서열결정법이 가능해져 전사조절 단백질이 게놈 내 어디에 붙어 있는지를 매우 적은 비용으로 쉽게 확인할 수 있게 된 것이다.*** 또한 RNA 서열결정법이 나타나 전사 발현되는 모든 유전자를 한꺼번에 볼 수 있게 된 것도 특기할 만하다. 그러나 이 모든 정보에도 불구하고 생물학자로서 현재의 상황을 평가하면 우린 게놈

----

* 이들을 통칭하여 전사조절 단백질이라 한다.
** 이를 DNA라는 크리스마스 트리에 장식한 각종 장식물로 비유하면 적당할 것 같다
*** ChIP이란 전사조절 단백질이 결합하고 있는 DNA 조각을 찾아내는 기술이다.

속 암흑 물질을 여전히 이해하지 못하고 있다는 것이다. 유전자 발현 순서에 대한 정보는 참으로 은밀하게 숨겨져 있다.

5

생명의 탄생,
배발생

· 오리가미를 수행하는 보이지 않는 손 ·

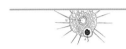

　인간 게놈 속에 들어 있는 정보가 어떻게 인간을 만들어내는지 살펴보자. 인간 게놈 안에는 크게 두 가지 정보가 들어 있다고 했다. 하나는 유전자 목록에 대한 정보이고, 다른 하나는 유전자 발현 순서에 대한 정보이다. 비유해서 설명해보면 조립형 로봇이 들어 있는 장난감 상자를 받았다고 해보자. 상자를 뜯으면 그 안에 무엇이 들어 있을까? 당연히 로봇의 각종 부품이 들어 있을 것이다. 그러나 좀 복잡한 로봇은 부품만 가지고 쉽게 완성형을 만들 수 없다. 그 안에는 각 부품의 조립 순서가 들어 있다. 유전자 목록에 대한 정보는 로봇의 각 부품에 대한 정보이고, 유전자 발현 순서에 대한 정보는 조립 순서 매뉴얼의 정보이다. 이 비유에서 약간의 차이가 있다면 유전자 목록의 정보나 조립 순서(유전자 발현 순서)에 대한 정보나 모두 ATGC의 DNA 염기 서열 정보로 들어 있어 둘 사이의 물리적 차이가 없다는 것이다.

유전자 목록과 유전자 발현 순서, 이 둘의 조합만 있으면 인간이 만들어지는 것일까? 생물학을 오랫동안 연구해온 나 또한 배발생 과정을 들여다보노라면 아뜩한 현기증과 함께 생명의 신비를 느끼게 된다. 고작 1밀리미터도 되지 않는 작은 수정란세포가 세포분열을 거듭하면서 어떤 형태가 만들어지고, 그 형태의 일부는 마치 지우개로 지우듯이 없어지고 다른 형태가 새로이 출현하면서 점점 더 복잡한 기관들이 만들어지는 배발생 과정! 저절로 경외심이 생긴다. 이런 기적 같은 일을 게놈 속의 정보만으로 기계적 관점에서 설명하려 드는 일이 무모하지는 않을까? 이것을 리처드 도킨스 교수는 『지상 최대의 쇼』라는 책에서 "우리 몸이 아홉 달 만에 해낸 일"이라 장하게 설명하고 있다. 나는 이 글에서 리처드 도킨스 교수의 관점을 게놈 정보라는 측면에서 좀 더 보완하고자 한다.*

배발생의 두 가지 원리

게놈 정보를 이용하여 태아가 생성되는 원리를 압축하여 설명하면 하나는 세포의 자기 조립 원리이고, 또 하나는 스스로 부풀어지는 오리가미 원리이다. 세포의 자기 조립 원리란 하나의 세포였던 수정란이 세포분열을 하면서 그 숫자가 늘어날 때 일정한 공간적 제약 속에서 누구의 지휘

---

* 개인적으로 나는 리처드 도킨스가 『이기적 유전자』 이후 비슷한 내용의 고만고만한 책들을 내다가 『지상 최대의 쇼』에서 한 단계 업그레이드된 지식 체계를 보여주고 있다고 생각한다. 『이기적 유전자』에 감명받은 독자라면 『지상 최대의 쇼』도 꼭 읽어볼 것을 권한다.

없이도 저절로 일정한 패턴의 구조적 변화가 진행된다는 것이다. 즉 각각의 세포가 가지고 있는 물리적 특성에 의해 저절로 배발생 경로를 따라가게 된다. 오리가미 원리란 게놈 속의 정보가 유전자 발현 순서에 대한 정보를 가지고 있어서 종이접기를 순서대로 진행하듯이 순차적인 유전자의 작용에 의해 배발생이 진행된다는 것이다. 다만 종이로 진행하는 오리가미는 그 크기가 처음부터 끝까지 변하지 않지만 세포들에 의해 진행되는 오리가미는 세포분열에 의해 점차 성장하므로 부풀어오르는 오리가미인 셈이다. 이 오리가미 비유가 참 마음에 드는 이유는 두 가지이다.

첫째는 설계도 방식에 비해 순서도 방식은 먼 과거의 조상이 까마득한 후손들에게 실수 없이 배발생을 진행하게끔 지시하는 데 훨씬 더 적절한 명령 방식이라는 것이다. 종이학을 접는 데 설계도 방식이 얼마나 무모한 설명인지 생각해보면 쉽게 이해할 수 있다. 둘째는 종이접기를 진행하는 동안에 각 부분이 어떤 형태가 될지 잘 모르는 상황과 배발생이 진행되는 동안에 세포들이 자기가 무엇을 하고 있는지 모르는 상황이 너무나 흡사하다. 실제 각각의 세포들은 의식이 있는 것이 아니므로 자기가 어떤 일을 수행하는지, 전체의 틀 속에서 자기가 만들어내는 기관이 무엇인지 모른다. 세포들은 그저 자신에게 주어진 순서도의 명령만 묵묵히 따르고 있을 따름이다. 이 두 가지 원리, 세포의 자기 조립 원리와 오리가미 원리의 조합으로 말미암아 배발생이 진행되고 사람의 경우 수정 후 8주 뒤 거의 완전한 형태의 태아가 완성된다.

세포의 자기 조립 원리

어린 시절 가장 재미있는 놀이 중 하나가 개미 관찰이었던 것 같다. 공연히 개미집을 파헤쳐보기도 하고 행군 중인 개미 열의 가운데를 작대기로 헤집어서 행렬을 교란시켜보기도 하고, 개구쟁이 아이에게 가장 인상적이었던 장면은 역시 개미 군집 간의 전쟁이었을 것이다. 무수히 많은 개미 떼들이 뒤엉켜서 싸우는 장면은 삼국지의 한 장면을 연상케 하고도 남는다. 그 개미 떼들을 바라보면서 저 쪼그만 개미들이 도대체 무슨 생각으로 전쟁을 치르고 있는 걸까, 과연 전쟁의 지휘자는 있기나 한 걸까라는 생각을 하고는 했다. 이에 못지않은 장엄함을 완벽한 통기 시스템을 갖춘 흰개미집의 건축 과정에서 볼 수 있다. 수만 마리의 흰개미가 일사불란하게 움직여 무려 1~2미터 높이의 아름다운 건축물을 완성한다. 물론 이들에게는 훔쳐볼 설계도도 없고 전 과정을 지휘하는 감독관도 없다.

미국 하버드 대학의 생물학과 교수 에드워드 윌슨 박사는 개미 떼들의 집단행동을 초자아(superego)에 의해 조종되는 개체들의 행동으로 파악했다. 그에 따르면 개미 개체 한 마리 한 마리는 사실상 일반적인 동물의 세포에 해당한다고 할 수 있다. 개미의 독특한 유전적 특성 때문에 따로 분리된 개체가 실은 하나의 커다란 초자아를 이루는 구성단위라는 설명이다. 이에 따르면 개미 떼 간의 전쟁을 누가 지휘할까, 효율적인 통기 시스템을 갖춘 흰개미집의 건축을 누가 감독할까라는 물음에 대한 답은 비교적 간단하다. 초자아의 일부로서 개미들은 각자 알아서 제 할 일을 하는 것이다.[*] 마찬가지로 세포들은 배발생 과정에서 스스로 자기가 해야 할 일을 알아서 척척 해내고 있는데 이들이 만들어내는 배발생 과정의 여러 패턴은 세포들의 자기 조립 원리에 따른 것이다. 세포들의 자기 조립 원리를 설명하기 위해 또 다른 사례를 들어보자.

천수만 방조제에서는 매년 겨울이면 겨울철새 수십만 마리가 몰려와서 아름다운 군무를 선보인다. 한꺼번에 날아올랐다가 한꺼번에 내려앉는 이들의 모습은 가히 감동적이기까지 하다. 육지뿐 아니라 바다에서도 이러한 무리들의 집단 움직임을 볼 수 있다. 바닷속 작은 물고기 떼들의 이동을 보면 마치 잘 조직된 군대의 행진을 보고 있는 듯하다. 순간적인 움직임에서 오는 빠른 방향 전환에도 불구하고 무리의 전체 틀은 전혀 흐트러짐이 없다. 커다란 하나의 초자아가 이동하고 있는 듯 착각하게 된다. 이와 같이 떼를 지어 다니는 동물들의 방향 전환은 어떻게 결정되는 것일까? 여기에는 어떤 지휘자도 안무가도 없다. 이들이 빚어내는 장엄한 광경은 그저 한 마리 한 마리의 개체가 매우 간단한 정보와 규칙에 의존해서 움직이는 것일 뿐이다. 실제로 컴퓨터 프로그램으로 겨울철새의 군무를 시뮬레이션할 수 있는데, 이때 프로그램에 필요한 입력 정보는 그저 각 점들에 매우 간단한 이동 규칙을 부여하는 것 정도이다. 이를테면 각 점들은 서로 간의 거리가 어느 정도 떨어져 있어야 하고, 경계 영역의 점이 되었을 때는 외부 자극에 대해 어떻게 반응해야 할지 등의 간단한 정보를 입력하면, 이 점들로 이루어진 집단의 움직임이 겨울철새의 화려한 군무를

---

* 개미 군집의 초자아와 개별 개미들을 고등동물과 세포에 비유한 것은 참 적절해 보인다. 우리 인간처럼 지적 능력이 뛰어난 동물도 우리 몸의 각 세포를 직접 조절하지는 못한다. 각각의 세포들은 스스로 해야 할 일을 알아서 척척 해내는 것이다. 때로는 세포들이 내 명령을 따르지 않기도 한다. 내가 고통받고 있는 류머티스란 병은 내 면역세포들이 내 관절세포들을 마구 공격하기 때문에 나타나는 병이다. (이놈들아, 나야~ 나! 왜 공격들을 해.)

▌국내 최대 철새도래지 중 하나인 서해 천수만의 가창오리떼 군무 모습.

컴퓨터 스크린에 재현해내는 것이다. 세포들의 집단 움직임도 이와 유사하다. 이를 리처드 도킨스 교수는 세포의 자기 조립 원리라 칭했다.

아마 이쯤 읽으면 성마른 독자들은 그럼 세포에 부여된 규칙, 정보는 도대체 뭐란 말인가 하고 생각하게 될 것이다. 가장 단순하게는 세포의 형태를 결정하는 세포골격(미세섬유)의 세포 내 위치와 이들이 외부 물리적 자극에 대해 어떻게 수축 반응을 할지에 대한 정보를 들 수 있다.[*] 실제로 이러한 방식으로 정보를 입력한 컴퓨터 프로그램에서는 시뮬레이션 세포들이 놀랍게도 배발생 초기 단계를 그대로 재현해냈다. 모든 동물의 배발생 과정은 수정란에서 세포분열을 진행하여 초기 8세포기, 16세포기를 거쳐, 포배기, 낭배기, 신경관 형성기를 거치게 되는데, 매우 간단한 정보를 입력한 세포들로 이루어진 컴퓨터 시뮬레이션도 포배기를 거쳐, 낭배기, 신경관 형성기를 고스란히 따라가고 있는 것이다. 이 결과는 꽤나 충격적인 결과로 배발생 과정이 의외로 매우 간단한 규칙 몇 가지에 의해 진행될 수 있음을 보여준다.

오리가미의 순서 정보

오리가미의 순서 정보에 의해 배발생이 진행된다는 사실을 명쾌하게 풀어내어 노벨상을 받은 사람이 독일 막스플랑크 연구소의 뉘슬라인폴

----

* 세포골격의 미세섬유는 액틴이라는 단백질이 중합체를 형성하면서 만들어진다. 따라서 미세섬유를 만드는 유전자 액틴과 미세섬유의 세포 내 위치를 결정해주는 유전자 3~4개의 작용에 의해 배발생의 초기 단계가 진행된다고 할 수 있다.

하르트 박사이다. 배발생의 유전적 조절에 대한 연구로 1995년 노벨상을 수상한 그녀는 이후 수많은 여성과학자들에게 롤모델이 되었고, 생물학자들 사이에 발생생물학은 여성들이 더 뛰어난 재능을 보인다는 선입관을 갖게 했던 선구적인 과학자이다. 그녀는 동물의 배발생 과정에 관심을 가지고, 이를 유전적으로 해명하기 위해 초파리를 실험 재료로 채택했다. 아이디어는 누구나 쉽게 이해할 수 있는 매우 간단한 것이었다. 초파리의 배발생 과정에 문제가 생긴 돌연변이체를 얻고 이후 이 돌연변이체들에서 망가진 유전자를 찾아서 분석한다는 것이다.[*] 이때 뉘슬라인폴하르트의 창의성이 발휘된다. 많은 유전학자들은 배발생에 돌연변이가 일어나면 엉망진창의 배아가 만들어질 것인데 이를 통해 무엇을 알 수 있을까 회의적인 입장이었다. 심지어 발생생물학의 선구자인 한스 슈페만 박사[**] 같은 분은 "발생 과정은 유전자에 의해 조절되는 과정이 아니"라고 선언하기까지 했다. 이러한 주변의 회의적인 반응에도 불구하고 그녀는 배발생 과정에 문제가 생긴 배아들은 돌연변이가 일어난 유전자의 종류에 따라 서로 다른 표현형을 나타낼 것이라 상상했다. 이에 따라 그녀는 끈기 있는 현미경 관찰을 통해 다양한 형태의 배발생 돌연변이체들을 찾아서 분류했고, 해당 유전자의 기능을 밝혀내는 데 성공했다.

뉘슬라인폴하르트의 발견 중 가장 대표적인 발견은 배발생 첫 단계에

---

[*] 초파리 돌연변이법은 뉘슬라인폴하르트 이전에 이미 잘 확립되어 있었다. 화학적(EMS라는 돌연변이 약물 처리) 혹은 물리적(방사선을 쬐는 방법) 처리에 의해 DNA에 돌연변이를 일으키면 된다.

[**] 한스 슈페만은 독일 과학자로 동물발생학의 선구자였다. 그는 양서류의 조직 이식 실험을 통해 배아 발생의 원리를 알아냈고, 이 공로로 1935년 노벨생리의학상을 수상했다. 그의 연구를 이어받은 많은 발생학자들이 이후 노벨상을 수상했으니 그는 새로운 연구 영역을 개척한 선구적 과학자이다.

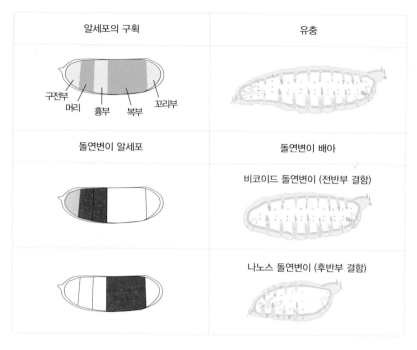

알세포의 구획	유충
구전부 머리 흉부 복부 꼬리부	
돌연변이 알세포	돌연변이 배아
	비코이드 돌연변이 (전반부 결함)
	나노스 돌연변이 (후반부 결함)

▌ **초파리 배아의 앞부분과 뒷부분을 결정해주는 유전자 비코이드와 나노스.** 돌연변이체의 표현형으로 유전자의 기능을 유추할 수 있다. 빨간색 영역은 돌연변이에 의해 영향을 받은 부위를 가리킨다.

작용하는 비코이드와 나노스 유전자의 발견이다. 비코이드 유전자에 돌연변이가 일어나면 머리, 입, 흉부 등의 발생이 제대로 일어나지 못하여 앞부분이 뭉개진 듯한 배아가 만들어진다. 물론 뒷부분은 정상적인 형태를 갖추고 있다. 반면 나노스 유전자에 돌연변이가 일어나면 꼬리, 복부 등 뒷부분의 발생이 뭉개져 있으나 앞부분은 비교적 정상적인 배아가 만들어진다. 이들은 초기 배발생 과정에서 각각 앞부분과 뒷부분의 형태를 결정해주는 유전자들이다. 이들은 흥미롭게도 초파리 알 속에서 농도 구배를 형성하고 있다. 즉 비코이드는 머리 부분에서는 농도가 높고 흉부

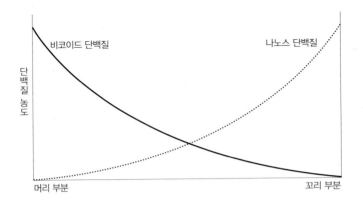

▌비코이드와 나노스 단백질의 알세포 내 농도 구배

쪽으로 오면서 농도가 서서히 떨어져 꼬리 쪽에는 거의 나타나지 않는다. 나노스는 반대로 꼬리 쪽에는 농도가 높고 흉부 쪽의 농도는 낮으며 머리 쪽으로 오면 거의 나타나지 않는다. 이러한 마스터 유전자*의 농도 구배는 초기 배아를 대략 네 부분으로 나눠준다. 결국 비코이드와 나노스의 농도에 따라 4개의 영역이 형성되면 이곳에서 각각 서로 다른 갭 유전자들이 발현된다. 이후 페어룰 유전자가 발현되면 전체 배아는 8개의 영역으로 나뉘고, 체절 극성 유전자들이 발현되면서 전체 배아가 대략 12개의 영역으로 나뉜다. 이후 각 영역에 호메오 유전자들이 발현되면서 12개의 영역이 저마다 다른 초파리 체절을 만들게끔 발생이 진행된다. 조금 설명

---

* 게놈 속에 있는 유전자들은 그 생물학적 기능에 따라 마스터 유전자와 일꾼 유전자로 분류할 수 있다. 마스터 유전자는 대개 전사조절 단백질들로서 많은 수의 일꾼 유전자들이 발현되도록 조절한다. 일꾼 유전자는 많은 효소 유전자 혹은 앞에서 예로 든 액틴과 같이 구조를 결정해주는 유전자들을 말한다. 대개 마스터 유전자에 돌연변이가 일어나면 극적인 돌연변이 표현형이 나타나지만 일꾼 유전자에 돌연변이가 일어나면 큰 변화가 나타나지 않는다. 마치 개미 군집에서 여왕개미를 헤치면 군집 전체가 위태롭게 되지만 일개미 한 마리 헤쳤다고 군집 전체에 큰 해악이 되지 않는 것과 같다.

4부. 생명은 정보다

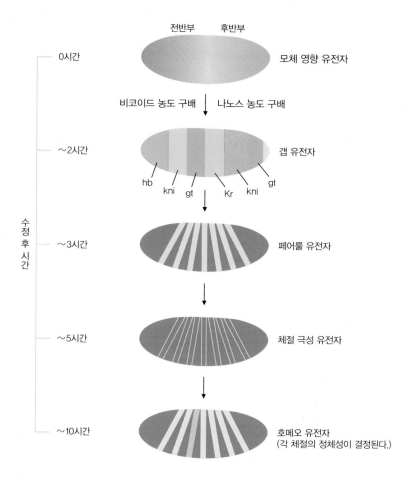

전반부　후반부

0시간 — 모체 영향 유전자

비코이드 농도 구배　↓　나노스 농도 구배

~2시간 — 갭 유전자

hb　kni　gt　Kr　kni　gt

~3시간 — 페어룰 유전자

~5시간 — 체절 극성 유전자

~10시간 — 호메오 유전자
(각 체절의 정체성이 결정된다.)

수정 후 시간

▌ **초파리 배발생 조절 유전자.** 각 단계별 유전자들은 순차적 발현 순서를 따르는데 이를 유전적 계층
구조라 한다.

▌ 화가가 초상화를 그리는 과정

이 복잡하지만 요약하면 오리가미의 종이접기 순서처럼 처음에는 비코이드-나노스, 후에 갭 유전자, 페어룰 유전자, 체절 극성 유전자, 호메오 유전자*가 순차적으로 작동하면서 초파리의 각 체절들이 서로 다른 발생 운명을 갖게 된다.

왜 이런 순차적인 유전자 발현 순서를 거치는지를 그림을 그리는 화가의 마음속으로 들어가보면 쉽게 이해할 수 있다. 예로서 내 얼굴을 캔버스 위에 그린다고 가정해보자. 화가는 처음부터 입, 코, 눈 모양을 정교하게 그리지 않는다. 그렇게 그리다간 십중팔구 각 신체 부위의 위치가 엉망으로 일그러진 엉터리 그림이 될 것이다. 이때 화가는 대략 전체적인 구도를 잡는 작업을 먼저하고 이후 조금씩 그림의 디테일을 살려나가는 방식으로 그림을 완성할 것이다. 유전자의 작용도 이와 같아서 처음에는

---

* 갭 유전자에는 적어도 네 가지 서로 다른 유전자가 있다. 마찬가지로 페어룰, 체절 극성, 호메오 유전자에도 여러 종류의 유전자들이 있다. 말하자면 이들은 기능에 따라 서로 다른 명칭이 부여된 분류군이라 할 수 있다.

4부. 생명은 정보다

배아를 크게 나누어 윤곽을 잡고 이후 조금씩 각 부분의 디테일을 살려나가는 과정을 따르는 것이다. 이런 작업 과정이 유전자 발현 순서에 따른 오리가미 순서도 방식이다. 그림의 비유와 다른 것은 각 세포들이 어떤 전지적 존재의 명령(이를테면 그림에서 화가의 마음 같은)을 따르는 것이 아니라 그때그때 게놈 속에 들어 있는 종이접기의 순서를 충실하게 따르기만 하면 된다는 것이다.

초파리의 배발생과 마찬가지로 인간과 같은 고등동물의 배발생도 유전자들의 순차적 발현에 따라 조절된다. 심지어 호메오 유전자는 초파리뿐만 아니라 인간을 포함한 척추동물에서도 발견되며 똑같은 기능을 가진다. 말하자면 인간의 배발생도 유전자 목록과 유전자 발현 순서(조립 순서) 정보가 들어 있는 게놈을 이용하여 세포의 자기 조립 원리와 오리가미 원리를 이용하여 진행된다. 유전자 목록뿐만 아니라 조립 순서도 건강한 아이의 출산에 대단히 중요하다. 산모들이 의식하던 의식하지 못하던 임신의 8할이 임신 초기 자연스럽게 유산된다고 한다. 이렇게 높은 비율로 유산되는 이유는 유전자 목록이 잘못되었기 때문이 아니라 대개 조립 과정에 문제가 생기기 때문이라 생각된다. 조립 과정에 대한 정보가 잘못 해석되어 몇몇 초기 세포들이 엉뚱한 종이접기를 수행하면 배발생이 잘못 진행되게 되고 모체는 용케 그것을 알아채어 유산을 시켜버리는 것이다. 덧붙이자면 유전병의 경우 유전자 목록이 잘못되었을 수도 있고, 조립 순서가 잘못되었을 수도 있다. 즉 유전자 목록에 대한 정보를 가진 DNA 염기 서열에 어떤 치명적인 돌연변이가 있어서 유전병이 되는 경우도 있지만 조립 순서가 잘못되어도 유전병이 나타나게 되는 것이다.

배발생의 모듈성

인간의 총 유전자 수가 2만 1,000개밖에 되지 않는다는 사실은 참 받아들이기 쉽지 않다. 이것을 이해하기 위해서는 생명체가 모듈화되어 있고, 이 때문에 다양한 신체 부위가 실은 많은 수의 비슷한 유전자와 약간의 상이한 유전자 작용에 의해 만들어진다는 사실을 이해할 필요가 있다. 생물의 신체 부속지가 모듈화되어 있다는 사실은 식물을 보면 금방 알 수 있다. 모든 식물체는 줄기와 잎이라는 간단한 단위가 반복되어 있다. 이러한 간단한 단위의 반복, 즉 모듈이 동물에서도 나타난다. 예를 들어 초파리의 경우 흉부에 3개의 체절과 복부에 8개의 체절로 이루어져 있다. 이들 각 체절들은 모듈화되어 있는 신체 부속지이다. 이들 각각의 신체 부속지들을 비교해보면 유사성과 상이성을 발견할 수 있다. 즉 비슷해 보이긴 하지만 어떤 체절에는 날개가, 어떤 체절에는 다리가 붙어 있는 등 변이가 나타난다. 유사한 구조는 동일한 유전자의 작용에 의해, 상이한 구조는 서로 다른 유전자를 사용하여 만들어내게 된다. 따라서 모듈화되어 있는 동물은 소수의 유전자로도 다양한 신체 부속지를 만들어내는 것이 가능하다.

놀랍게도 우리 인간을 포함한 척추동물도 모듈화되어 있다. 우리 몸을 보면 형태적으로 체절화되어 있지 않은 것 같지만 발생 초기를 들여다보면 뚜렷한 체절의 특성을 볼 수 있다. 이들 체절은 흥미롭게도 초파리와 같이 인간에서도 호메오 유전자의 작용에 의해 형성된다. 정리하면 모듈화되어 있는 우리 몸은 비슷한 유전자 툴킷*을 이용해 비슷한 방식으로 만들어진다. 그러나 세포마다 약간씩 서로 다른 유전자들을 활용함으로

4부. 생명은 정보다

써 다양한 형태적 차이를 만들어내게 된다. 이 때문에 2만여 개의 유전자면 아무리 복잡한 생물체라도 능히 만들어낼 수 있다.

---

* 유전자 툴킷이란 3~4개의 유전자가 하나의 조절 단위로 작동하는 유전적 회로(genetic circuit)를 말하는데 생명체의 발생을 조절하는 유전자 도구 상자로서 진화적으로 잘 보존되어 있다. 자세한 내용은 션 캐롤의 『이보디보』를 참조하라.

5부

생명은 진화한다

1

다윈의 진화 메커니즘,
자연선택 이론

· 이토록 단순한 이론! ·

2009년은 다윈의 탄생 200주년,『종의 기원』출간 150주년 되는 해라 다윈과 관련된 풍성한 이벤트가 있었다. 때마침 이화여대 석좌교수인 최재천 교수가 진화론의 사회문화 전반에 걸친 확산 운동에 열심이었던 때이다. 그해 2월 서울대학교 자연대학 공개강좌를 내가 맡아 진행하게 되어 다윈의 진화론 얘기는 참 무던히도 들었다. 그런데 그토록 많은 행사를 통해서도 다윈의 진정한 과학적 공적에 대한 오해가 불식되지 못한 감이 없지 않다.

많은 사람들이 찰스 다윈을 진화론을 처음 주창한 사람으로 오해하고 있다. 그러나 다윈은 진화론을 처음 주장한 사람이 아니다. 이미 19세기 초 프랑스의 식물학자였던 라마르크는 생물이 현재의 형태로 창조된 것이 아니고 오랜 세월에 걸쳐 변화해왔다는 진화론을 주장했다. 진화론의 선구자라 할 수 있지만 국내에서는 진화 메커니즘에 대한 잘못된 견해인 용불용설(用不用說)* 때문에 부정적 인물로 인식되고 있다. 내가 보기에는 부정적인 측면보다 세상을 고정된 것으로 보던 세계관(당시의 패러다임)을 깨고 세상을 유동적인 것으로 보는 새로운 패러다임을 제시한 긍정적인 인물로 평가되어야 마땅하다. 라마르크 이후에도 많은 과학자들이 진화론을 믿고 있었는데 다윈의 할아버지였던 에라스무스 다윈도 그중 한 사람이었다. 즉 찰스 다윈은 『종의 기원』을 쓰기 훨씬 전에 이미 진화론에 충분히 노출되어 있었다.

그렇다면 다윈이 한 일은 무엇이기에 진화론 하면 으레 다윈을 떠올리게 되는가? 그가 『종의 기원』을 통해 밝힌 것은 진화의 메커니즘, 즉 자연선택 이론이다. 진화가 어떻게 일어나는지에 대한 설명으로 다양한 사례를 들어가며 자연선택의 증거를 보여준 것이 『종의 기원』의 주내용이며, 그 논리의 단순명료성 때문에 어느 누구도 진화를 부정할 수 없게 만든 것이다. 그야말로 성직자를 포함해서 성서를 글자 그대로 믿는 당대의 많은 사람들을 코너에 몰아놓고 이래도 못 믿겠니 하고 다그친 책이 『종의 기원』이다.

* 용불용설이란 획득형질의 유전을 통해 진화가 일어난다는 주장으로 당대에 열심히 노력해서 얻은 형질이 후손에게 유전된다는 이론이다. 멘델의 유전 법칙이 발견되기 전에 만들어진 이론이라 문제가 있을 수밖에 없었다. 용불용설의 대안으로 자연선택 이론이 받아들여지면서 후에 신다윈주의 진화론자들에게 흠씬 두들겨 맞게 된다.

5부. 생명은 진화한다

자연선택 이론의 탄생 배경

다윈은 지적 능력이 누구보다 뛰어난 사람이었음에 분명하지만 또 한편으론 진화 메커니즘을 알아내기에 충분한 환경에 노출된 행운아이기도 했다. 우선 그는 어린 시절 농촌에 살면서 농부들이 농작물, 가축 등의 품종개량을 위해서 매세대 우수한 품종을 선별한다는 사실을 자연스럽게 알게 되었다. 예를 들어 우리 주변의 애완견은 품종개량을 본격적으로 시작한 지 채 100년도 안 되어 치와와나 그레이트 데인처럼 전혀 다른 생물종으로 보이는 품종을 만들어냈다. 이러한 농부의 품종 선별의 위력을 다윈은 익히 알고 있었던 것이다. 그렇다면 자연계에 생존하는 생물종들은 누가 선별(선택)하여 오늘날과 같은 형태가 되었을까? 자연에서 농부의 손과 같은 역할을 하는 것은 무엇일까 하는 질문을 어린 다윈은 자연스럽게 갖지 않았을까!

대학을 졸업한 다윈은 무료한 시간을 보내다 우연히 세계 해안 지도를 그리기 위한 항해 여정에 동참한다. 젊은이들이 으레 그렇듯이 새로운 세계를 체험해보고 싶었을 것이다. 비글호 선장의 말동무로 채용된 다윈은 5년이라는 긴 시간 동안 남아프리카, 남미, 태평양 연안을 돌면서 다양한 동식물들을 채집 분석하는 일을 했다. 그동안 그는 생물종이 환경에 따라 적응하며 변하는 것을 목격했다. 갈라파고스 섬의 다양한 생태적 지위에 적응한 핀치새의 적응방산, 그리고 안데스 산맥의 지층 관찰로 확인한 오랜 시간 경과에 따른 생물상의 변화 등이 그의 진화론을 구축하는 중요한 모티브가 되었을 것이다. 이 5년간의 비글호 항해 경험은 그의 인생을 송두리째 바꾸었고, 나아가 그의 세계관을 바꿔놓았다. 하느님이 창조한 그

▌ **개의 품종 개량.** 치와와(오른쪽)과 그레이트 데인(왼쪽)은 이토록 커다란 덩치의 차이에도 불구하
고 같은 종이다. 농부들은 100년도 되지 않는 짧은 시간 동안 엄청나게 다양한 개 품종들을 선별해
냈다.

대로 세상이 고정되어 있다는 고정불변의 세계관을 시간에 따라 생물상이 변화(진화)한다는 세계관으로 세상을 바라보는 패러다임을 바꿔놓은 것이다.

어린 시절 전원에서 자라면서 농부들의 선별의 힘을 보았던 다윈, 그는 자연 상태에서도 오랜 시간 생물종들을 변화하게 하는 힘이 존재할 것이라 생각했다. 자연에서 생물종을 선별(선택)하는 힘! 이에 대한 해답은 당시의 인구학자였던 토머스 맬서스의 『인구론』에서 자연스럽게 나왔다. 맬서스는 『인구론』에서 자연에 존재하는 모든 생물종은 엄청난 수의 자손을 낳기 때문에 물, 식량 등의 자연 자원이 도저히 충족시킬 수 없을 정도로 과잉 생산이 일어난다고 주장했다. 그런데 과잉 생산된 생물종에는 약간씩의 차이, 예를 들어 키가 크거나 작거나, 몸무게가 많이 나가거나 적게 나가거나 등의 차이가 존재하며 이는 유전적 변이의 결과이다. 다시 말하면 키 큰 조상이 평균적으로 키가 큰 자손을 낳고, 키가 작은 자손은 평균적으로 키 작은 자손을 낳게 되는 유전성을 가진다. 따라서 자연환경은 과잉 생산된 생물종의 자손 중에서 환경에 보다 적합한 유전자를 가진 적자를 선택하게 될 것이라 다윈은 생각했다. 이것이 이후 많은 인문학자들의 공격 대상이 된 적자생존의 개념이다.

자연선택 이론

자연선택 이론을 간단히 설명하면 다음과 같다.

"모든 생물종은 자연자원이 지탱할 수 없는 엄청난 양의 자손을 생산한다. 또한 모든 생물종은 약간씩의 유전적 변이를 가지고 있다. 따라서 이

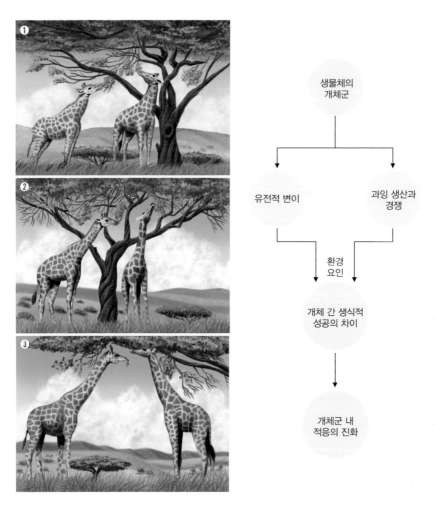

기린의 목이 길어지는 진화 과정을 자연선택으로 설명. (1) 기린 목의 길이에 유전적 변이가 나타남. (2) 목이 긴 기린이 자연에 의해 선택, 더 많은 자손을 번식. (3) 목이 긴 기린이 대다수가 됨.

많은 자손 중 어떤 자손이 살아남을 것인지를 자연이 선택한다. 이러한 선택을 수십 세대, 수백 세대 반복하게 되면 생물종은 서서히 변화, 진화하게 된다."

5부. 생명은 진화한다

도킨스 교수는 이러한 자연선택 이론을 너무나 간단하고 너무나 명료한 이론이라고 극찬하면서 이토록 간단한 이론을 창조론자들은 왜 이해하지 못하겠다고 하는지 알 수 없다며 고개를 절레절레 흔든다. 내가 보기에도 이 이론은 뉴턴의 역학 법칙이나 최근의 빅뱅 이론보다 훨씬 간단명료하다. 이런 간단한 이론이 무수히 다양한 자연 현상을 설명할 뿐만 아니라 의약학은 말할 것도 없고 경제, 사회, 문화, 정치의 여러 현상들까지 설명하고 있다. 자연선택 이론의 발견은 우리 인류가 이룩한 큰 성과 중 하나임에 분명하다.

자연선택에 의한 진화의 증거들

우리 주변에서 볼 수 있는 진화의 증거는 너무나 많아 일일이 다 열거할 수 없을 정도다. 어린아이들이 무척 좋아하는 공룡이 좋은 사례다. 그 많던 공룡은 지금 지구 상에 존재하지 않는다. 우리는 이들을 화석으로만 만나볼 수 있다. 약 1억 5,000만 년 전에 지구의 구석구석을 누비던 그들인데 말이다. 공룡은 생물체가 진화해왔으며, 현재도 진화 중에 있다는 아이들도 다 아는 결정적 증거이다. 이런 증거물들을 화석학적 증거라 한다. 화석학적 증거로 살펴보면 지구 상에 처음 출현했던 미생물의 증거도 있으며,* 약 20억 년 전 나타난 최초 진핵세포의 증거도 있고, 6억 년 전 출현한 다세포생물의 증거도 발견된다. 이들은 결코 자연이 우리에게 던지

----

* 호주 서쪽 해안가에서 발견된 스트로마톨라이트라는 미생물 화석층은 35억 년 전 암석으로 최초의 생명체에 대한 정보를 제공한다.

는 농담이 아니다.

이보다 더 흥미로운 것은 자연선택에 의해 생물이 진화한다는 증거들일 것이다. 이러한 증거로 초기 진화론자들이 들떠서 제시한 것이 산업혁명 전후의 영국 런던의 나방 색깔 변화이다. 산업혁명 이전에는 나무의 껍질에 지의류라 불리는 균류와 조류의 혼합 생명체가 잘 서식하고 있었다. 그 결과 나무의 색깔은 흰색으로 보였다. 그러나 산업혁명 이후 공기가 나빠지면서 지의류들이 나무껍질에서 사라지게 되었고, 그 결과 나무들은 원래 나무의 색상인 검정색으로 변하게 된다. 그런데 나무껍질의 색깔만 바뀐 것이 아니고 그 껍질을 보호색 삼아 살고 있던 나방들의 색깔도 흰색에서 검은색 톤으로 바뀌게 된다. 이러한 현상을 자연선택으로 설명하면 대단히 쉽게 이해할 수 있다. 산업혁명에 의해 검은색 나방이 흰색 나방보다 더 생존에 유리한 적자가 된 것이고 자연은 이들을 선택한 것이다. 비슷한 진화 과정을 내 주변에서 오십 평생 무수히 많이 관찰했다. 멀리 갈 것도 없이 최근의 시끄러워진 매미 울음소리도 그 한 예이다. 과거에는 매미들이 비교적 조용조용 울었는데 도시의 소음공해가 심해지면서 매미들이 짝짓기 성공을 위해서 점점 더 큰 소리로 울어 젖히고 있다. 덕분에 짝짓기에 성공하는 매미는 점점 더 큰 소리를 내지르는 매미가 되었고, 그런 과정을 반복하다 보니 더운 여름 날씨를 더 짜증스럽게 만드는 시끄러운 매미가 된 것이다.

물론 앞에서 든 사례는 자연선택에 의해 새로운 생물종이 출현한 사례는 아니다. 이 경우를 진화론자들은 '소진화'라고 부르는데 창조론자들은 결국 자연선택의 증거라는 것이 종의 변이를 말하는 것에 지나지 않는 것 아니냐고 항변한다. 그러나 소진화가 쌓여서 새로운 종이 출현하는 '대진화'가 일어나게 된다. 그리고 대진화는 상당히 긴 시간을 요하기 때문에 우리가 살아생전 대진화를 목격할 일은 별로 없다. 혹시 수명이 1억 년쯤 되는 인간이 있다면 몰라도……. 그럼에도 불구하고 나는 그동안 살아오면서 있던 생물종들이 없어지고, 새로운 종들이 느닷없이 출현하는 과정을 반복해서 본 듯하다. 과거에 그 흔했던 하루살이 종류가 요즘은 보이지 않는다. 유사해 보이는 하루살이는 있지만 분명 어린 시절 보았던 그 하루살이와는 다르다. 한편 어릴 때는 본적 없던 새로운 종류의 나방파리를 요즘 들어 보기도 한다. 물론 이들이 새로운 종이 출현했거나 있던 종이 멸종된 사례라 볼 수도 없을 것이다. 그러나 환경에 따라 생물종이 변한다는 훌륭한 사례는 될 것이다.

2009년 세계적 권위를 가진 과학저널《네이처》는 다윈 탄생 200주년이라『종의 기원』출간 150주년을 기념하여 자연선택에 의한 진화의 움직일 수 없는 과학적 증거 열다섯 가지를 정리하여 특집으로 발표했다.[*] 물론 자신들의 저널을 자랑하기 위해《네이처》에 실린 훌륭한 발견들 중에서 선별한 것이다. 이 내용을 읽어보면 고래가 육지에서 살던 말굽동물[**]이 진화한 결과임을 보여주는 증거, 새의 날개가 진화하는 초기 익룡의 증거들, 가시고기의 종분화가 서로 다른 크기를 선호하는 성선택[***]에 의해 일어난 증거, 다윈의 갈라파고스 핀치새들의 종분화가 일어난 분자 메커니즘 등등 대단히 흥미로운 발견들이 소개되고 있다. 그러나 이 내용들을 일

---

*   Nature (2009) www.nature.com/evolutiongems를 참조하라.

**   구제역이 한때 문제가 된 적 있어 가축을 키우는 농가들의 간담을 써늘하게 한 적 있다. 구제역이란 구제동물, 즉 말굽동물 들이 걸리는 바이러스성 질환이다.

***   성선택이란 자연선택의 일종으로 짝짓기를 할 때 까다로운 배우자 선택 기준이 종을 변화시킨다는 이론이다.

반인들이 이해하기에는 일단 영문이라 쉽지 않고, 너무 전문적인 내용이라는 아쉬움이 있다. 이에 진화의 무수히 많은 증거들을 드라마처럼 재미있게 읽을 수 있는 책을 하나 소개한다. 제리 코인이라는 미국 시카고 대학의 진화생물학자가 쓴 『지울 수 없는 흔적』이라는 책이다. 현대 진화생물학 분야의 최고봉인 리처드 도킨스 교수가 극찬한 책이기도 하다.

진화는 돌아올 수 없는 다리 건너기

자연선택에 의한 진화의 특성 중 하나는 한 번 진행되어버린 과정을 거꾸로 돌릴 수 없다는 것이다. 즉 역진화가 불가능하다는 말이다. 이 때문에 생물체에는 간혹 말도 안 되는 구조물들이 발견된다. 그 대표적 사례가 인간의 눈이다. 인간의 눈은 창조론자들의 지적 설계 이론에 따르면 가장 완벽한 형태로 설계되었어야 마땅하다. 그렇지 않다면 신성모독이 될 것이다. 불행히도 우리 눈의 구조는 신성모독의 너무나 훌륭한 사례이다. 인간의 눈을 잘못 설계된 사례로 설명할 때 항상 같이 비교하는 것이 오징어의 눈이다. 눈의 기능이라는 관점에서 보면 오징어의 눈은 인간의 눈보다 훨씬 훌륭한 설계를 가지고 있다. 우리 눈에 맹점이 있다는 사실은 다들 알고 있을 것이다. 맹점이 생기는 것은 굉장히 바보 같은 이유 때문이다. 눈동자에 맺힌 상은 망막에 맺히게 된다. 비유하자면 눈동자는 영사기이고 망막은 극장의 스크린이다. 이 스크린에 맺힌, 즉 망막에 맺힌 상이 뉴런이라는 신경다발을 통해 뇌로 전달되어야 사물을 볼 수 있다. 그런데 인간의 눈은 시신경 다발이 망막의 앞쪽에 배치되어 있어 스크린(망막)을 뚫고 지나가게 된다. 맹점이 생기는 자리가 바로 이 자리, 시신

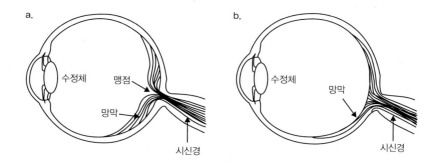

■ 사람의 눈(a)과 오징어의 눈(b) 비교

경다발이 망막을 뚫고 지나가는 자리이다. 이 때문에 사선의 어느 지점에 있는 사물은 볼 수 없는 맹점이 생긴다. 왜 이렇게 생겨먹었을까? 시신경 다발이 망막의 뒤쪽에 있으면 안 되는 것일까? 안 될 이유가 하나도 없다. 오징어의 눈은 망막의 뒤쪽에 시신경다발이 지나가게 효율적으로 설계되어 있다.

　시신경다발과 망막 스크린이 우스꽝스럽게 뒤집어져 있는 현상은 인간에게 또 다른 쓸데없는 에너지를 낭비하게 한다. 우리 눈의 시신경은 눈 앞에 방충망 스크린을 설치해놓은 것과 같은 효과를 주기 때문에 끊임없이 떨어야 한다. 이것은 마치 우리가 창에 설치된 방충망 바깥의 사물을 응시하기 위해서는 얼굴을 왔다 갔다 움직여야 하는 것과 같다. 방충망 스크린과 같이 시각을 방해하는 우리 시신경 뉴런 다발의 배치, 하느님이 우리를 골탕 먹이려고 작정하고 인간의 눈을 설계했을까? 이런 우스꽝스러운 눈의 구조는 진화가 되돌아갈 수 없는 과정임을 명백하게 보여준다. 아마 인간의 눈과 같은 고도의 장치가 진화되기 위해서는 상당히 원시적인 형태의 눈이 먼저 만들어졌을 것이다. 이 원시적인 형태의 눈 구조에서는 그 나름의 목적 때문에 망막이 시신경 뒤쪽에 놓여 있었을 것이고, 이 구조를 조금씩 세련되게 만드는 진화 과정에서 거꾸로 배치된 눈 구조를 되돌릴 수 없게 된 것이다.

그렇다면 오징어의 눈은? 오징어의 눈은 척추동물의 눈과는 독립적으로 진화되었으며, 이 때문에 훨씬 더 세련된 눈 구조가 만들어질 수 있었다. 인간의 눈은 진화가 되돌릴 수 없는 땜빵식 과정임을 적나라하게 보여준다. 이외에도 우리 몸에는 땜빵식 진화의 사례가 널려 있다. 『지울 수 없는 흔적』에서 소개된 심장까지 에둘러 갔다 후두부로 되돌아오는 되돌이 후두신경, 방광의 윗부분까지 올라갔다 음경으로 되돌아오는 정관 등, 도무지 지적이지 못한 설계들이 여기저기 나타난다. 이러한 구조들은 동물이 어류, 양서류, 파충류, 조류를 거쳐 포유류로 진화했다는 진화 과정을 받아들여야 이해가 되는 구조들이다.

2

내 손안에
일어나는 진화

· 25년에 걸친 렌스키 교수의 진화 실험 ·

생물학 공부를 시작했던 대학생 시절, 학과 공부를 하면서 진화는 자연스럽게 과학적 사실로 인지되었다. 그런 나에게 창조론을 글자 그대로 믿던 전도사 한분이 진화의 증거라는 것이 있느냐고 도발해왔을 때 다소 당황했다. 당시 내게는 그냥 자명한 사실쯤으로 인식되었을 뿐 증거라는 것이 화석기록 말고 또 있는지 애매했기 때문이다. 당시의 전도사는 화석기록이 얼마나 불완전한지 반격할 모든 준비가 되어 있었고 나는 논쟁을 피하기 급급했다. 지금은 많은 진화의 사례를 들어 납득시킬 수 있지만, 여전히 진화가 일어나고 있다는 물리적 증거를 대라면 다소 암담해진다. 그러던 차에 우연히 리처드 렌스키 교수의 진화 실험에 대한 기사[*]를 접하

----

[*]   Nature (2010) News Feature: Revenge of the hopeful monster. Vol. 463: p. 864-867.

고 무릎을 탁 치게 되었다. 그래, 내 손안에 일어나는 진화! 그 증거가 여기에 있다!

렌스키 교수의 진화 실험

리처드 렌스키 교수는 25년 전인 1988년 미국 데이비스 소재의 캘리포니아 주립대에 조교수로 발령받아 가면서 굉장히 호흡이 긴 실험을 설계하게 된다. 진화가 직접 일어나는 과정을 하나하나 살펴보는 실험을 계획한 것이다. 이를 위해 선택한 생물이 대장균이다. 사람은 기껏해야 백년 동안 3~4세대밖에 거치지 못하지만 대장균은 하루만에 6~7세대를 거치기 때문에 사람에게 일어난 수백만 년의 진화를 10여 년의 세월로 충분히 관찰할 수 있는 생물체였기 때문이다.

렌스키 교수의 실험은 누구나 할 수 있는 일이고, 누구나 생각해볼 수 있는 것이었다. 하나의 박테리아를 선별해서 배양한 다음, 이를 12개의 플라스크에 나누어 접종한다. 즉 동일한 유전 정보를 가진 12개의 대장균 종족을 12개의 플라스크에 따로따로 키운 것이다. 이를 37℃ 혼탁배양기에 하루 동안 배양하면 대장균이 플라스크에 포화될 때까지 자란다.*

다음날 아침에 렌스키 교수는 각 플라스크에서 1밀리리터의 대장균 용액을 끄집어내어 새로운 배양액 100밀리리터가 든 플라스크에 옮겨

---

* 배양액으로 사용한 배지 조성은 이렇다. 탄소공급원인 5퍼센트의 포도당에 각종 아미노산, 비타민, 미네랄 등이 포함되었고 배양액의 수소 이온 농도(pH)를 맞추기 위해 시트르산을 소량 사용했다. 이런 조성의 배지에 키우게 되면 대장균은 포도당이 동날 때까지 자라다가 이후 동면 상태로 들어가게 된다. 이때 연구자들은 대장균이 포화되었다고 한다.

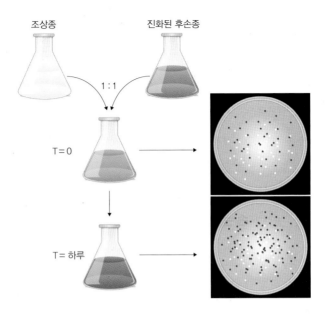

렌스키 교수의 진화 실험. 조상종과 후손종을 섞고 나서 바로 배지에 깔면(위, T=0) 빨강과 흰색 대장균이 동일한 수로 나온다. 같은 양을 1:1로 섞었기 때문이다. 섞어서 하루 배양 후 배지에 깔면 후손종을 사용한 빨강 대장균의 수가 훨씬 높게 나온다(아래, T=하루). 진화적 적응도가 후손종이 높기 때문에 시간이 지날수록 빨강 대장균의 수가 늘어나기 때문이다.

접종하고, 또 다른 1밀리리터의 대장균 용액은 5퍼센트 글리세롤 용액에 섞은 다음 -70℃ 냉동고에 급속 냉동시켜 보관한다. 새로운 배양액에 옮긴 대장균은 혼탁배양기에 계속 배양한다. 이 과정을 25년 동안 하루도 쉬지 않고 매일 반복한다.[**] 이것이 실험의 전부이다. 정리하면 매일 12개의 대장균 용액이 냉동고에 저장되고, 새로운 12개의 플라스크

....

**   실제론 25년 동안 두 번의 일시 중단이 있었다. 그 이유는 뒤에서 설명할 것이다.

가 혼탁배양기에서 배양되는 것이다. 물론 냉장고에 저장된 대장균에는 세대번호가 기록된다. 이를테면 플라스크 1번의 1일, 2일, 3일 혹은 2번의 1일, 2일, 3일 등등…… 매일 12개씩 새로 만들어지니 1년이 지나면 365×12=4,380개의 대장균이 생기게 된다. 25년 후에는 10만 개 정도의 대장균이 만들어지니 이 실험에 필요한 가장 중요한 장비는 -70℃ 냉동고이다.

여기까지 읽으면 그게 무슨 실험이냐 할 것이다. 이 실험의 요지는 매일 1밀리리터씩 대장균을 따서 신선한 배양액으로 옮겨줌으로써 대장균이 자연적으로 진화하게 내버려두는 것이다. 그리고 12개의 플라스크를 사용함으로써 12번의 서로 독립적인 진화 과정을 살필 수 있게 한 것이다. 옮겨주기만 하는데 진화가 일어나는 이유는 본문 5부의 4장 〈진화의 동인〉을 읽으면 이해할 수 있을 것이다. 어쨌든 시간이 지나면서 저절로 진행되는 진화를 25년 동안 꾸준히 관찰한 집념의 사나이 렌스키 교수는 실험 진행 후 20년쯤 뒤 학계에 엄청난 주목을 받으며 혜성같이 떠오르게 된다. 그는 매일같이 냉동고에 저장한 '살아 있는 화석 대장균'을 최근 발달한 분자생물학과 유전체학의 기법으로 분석하면서, 그간 진화론자들이 화석학적 기록만 가지고 제안했던 많은 진화 이론을 실험적으로 증명하게 된다. 그중 대표적인 학설 하나가 진화에 대한 단속평형설이다. 진화생물학계의 거두 스티브 제이 굴드 박사가 화석학적 기록들은 진화가 점진적으로 진행되는 것이 아니라 단속적으로, 즉 오랜 기간 동안 아무런 변화가 일어나지 않는 안정 상태이다가 어느 순간 갑자기 진행되는 불연속성을 보인다라고 제안한 이론이 단속평형설이다. 렌스키 교수가 분석한 대장균들도 이러한 단속평형설에 따른 진화 양상을 보이고 있다. 진화를 실제 실험을 통해서 입증하다니 이 얼마나 놀라운 아이디어인가. 이런 기발한 아이디어에 넋이 나간 사람이 나만은 아닐 것이다. 리처드 도킨스 교수는 그의 실험에 매료되어 『지상 최대의 쇼』라는 책에서 한 장을 따로 할애하여 렌스키 교수의 연구 결과를 자세히 소개하고 있다. 이제 그의 실험을 찬찬히 들여다보자.

진화를 시작하는 렌스키 교수의 12부족

렌스키 교수는 『구약성서』에 이스라엘 민족의 역사를 시작한 12부족을 상징이라도 하듯이 같은 조상의 대장균을 12개의 집단으로 나누어 배양하기 시작했다. 다만 각 세대별 진화가 진행되면서 진화의 정도, 즉 적응도를 비교하기 위해 6개의 부족은 아라비노즈 첨가 배양액에서 염색되지 않는 부족으로, 나머지 6개의 부족은 빨갛게 염색되는 부족으로 키웠다. 발색이 되거나 안 되는 부족들을 섞은 다음에 하루 동안 배양 후 고체 배지에 키우면 빨간 대장균이 많은지, 흰 대장균이 많은지, 즉 어느 부족이 적응도(생존 능력이라 이해하면 된다)가 높은지 확인할 수 있다. 본문 302쪽 그래프에서는 처음 실험을 시작한 1세대 흰색 조상종과 2,000세대 이후의 빨간색 후손종을 섞은 다음 적응도를 검사한 실험 결과를 보여주고 있다. 하루 동안 배양한 후 고체 배지 위에 올려놓으면 빨간색 후손종이 훨씬 많은 수가 나타난다.[*] 이는 2000세대가 지나면서 이 종족의 진

----

[*] 세대가 동일한 조상종, 흰색과 빨강색을 섞어주면 똑같은 빈도로 고체 배지에서 나타난다. 즉 아라비노즈 배지에서 염색되는지 여부는 적응도에 영향을 미치지 않는다.

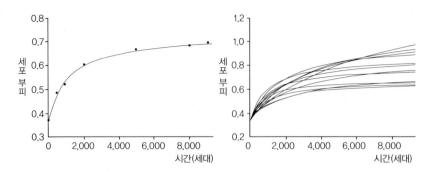

a. 1부족의 박테리아 크기

b. 12부족의 박테리아 크기

▌ **렌스키 교수의 진화 실험.** (a) 진화가 진행되면서 박테리아의 크기가 점점 커진다. (b) 박테리아의
크기가 커지는 진화는 12부족 모두에서 나타난다.

화적 적응도가 증가했음을 보여준다. 유사한 실험을 서로 다른 12부족의
교차 실험에서 확인해보면 염색 여부와 상관없이 항상 후손종이 조상종
에 대해 진화적 적응도가 높은 것으로 나타났다. 시간이 지나면서 5퍼센
트 포도당 배양액에 잘 자라는 종으로 점차 진화된 결과이다. 이들 후손
종 들의 형태적 변화를 관찰해보니, 흥미롭게도 세포 부피가 세대가 거듭
될수록 커지는 것을 발견했다. 이러한 세포 크기의 변화는 마치 '인구율
증가' 곡선처럼 처음에는 빠르게 나중에는 완만히 증가하는 양상을 보였
다. 또한 12부족의 대장균 모두 유사한 패턴의 세포 크기 증가율을 보였
는데, 이는 서로 독립적으로 진행된 12부족의 진화가 유사하게 진행됨을
시사한다.

이제 이 실험을 통해 알게 된 몇 가지 중요한 진화적 결과를 정리해보
자. 두 부족, 염색이 되는 부족 Ara-1과 염색이 안 되는 부족 Ara+1을 세

대별로 쫓아가면서 유전적 변화를 관찰한 결과 2만 세대를 거치면서 모두 59개의 유전자에 돌연변이가 일어나 있음을 확인했다. 놀랍게도 각 부족에서 유사한 유전자 상의 돌연변이가 일어났는데 이는 동일한 방향으로 진화가 진행된다는 것을 의미한다. 엄밀히 말하면 무작위로 일어나는 돌연변이 가운데 일정한 방향의 자연선택이 일어나고 있는 것이다. 이를 각 세대별 변이 추이를 관찰한 실험에서 확인할 수 있다. 여기서 얻어진 결론은 자연선택이 점진적이며, 단계적, 누적적으로 진행되고 있다는 것이다. 또한 후손종들의 진화적 적응도를 세대별로 관찰해보니 앞에서 언급한 단속평형설에 따른 적응도의 증가 양상을 뚜렷이 나타내고 있었다. 이 결과를 보고 놀라지 않은 생물학자는 아무도 없을 것이다. 실험을 통해 입증하는 것이 영원히 불가능할 것 같았던 진화 이론이 실험을 통해 입증된 것이니까 말이다.

아마 렌스키 교수의 진화 실험에서 최고의 성과는 새로운 종이 출현

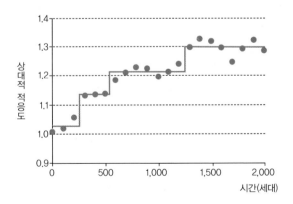

▌ 단속평형설을 보여주는 대장균의 진화적 적응도 증가 곡선

하는 것을 관찰한 일일 것이다. 그는 12부족 대장균 중 한 부족에서 3만 3,000세대 이후 혼탁도가 갑자기 증가한 새로운 종을 발견했다. 이를 엘렌마이어 플라스크 속에서 나타난 신종이라는 개념으로 'Escherichia erlenmeyeri'라 명명했다. 이 종은 대장균과 달리 시트르산을 탄소공급원으로 활용할 수 있는 종이었으며, 이러한 종이 나타나기 위해서는 적어도 세 번의 진화적 변이가 순서대로 일어난 것으로 보인다. 이 때문에 12번의 독립적 진화 실험에서 오직 한 번만 나타난 것이다. 창조론자들이 그토록 공격했던 새로운 종의 출현 증거, 그 해답이 여기에 있다. 놀랍지 아니한가?

렌스키 교수의 준비된 행운

렌스키 교수의 호흡이 긴 25년간의 실험이 빛을 발하게 된 데에는 과학 기술의 발전 또한 한몫을 했다. 실험을 시작할 때 당시에는 상상도 하지 못했던 다양한 기술들이 나타나면서 대장균 화석은 엄청난 정보 저장고가 되었다. 가장 혁신적인 기술의 진보는 역시 게놈 염기 서열 결정 기술일 것이다. 실험을 시작할 당시만 해도 게놈 염기 서열을 밝혀내는 일이 이토록 쉬워질지는 상상조차 하지 못했다. 이제는 냉동고에 저장된 대장균 화석 중 아무거라도 꺼내면 하루아침에 전체 염기 서열을 분석하고 어디에 어떤 돌연변이가 일어나 있는지 확인할 수 있다. 10만여 개의 대장균 스톡은 그야말로 진화적 보고이다. 또한 이 화석들은 살아 있기 때문에 언제든지 진화를 테이프 감듯이 되돌릴 수 있다. 이를테면 E. erlenmeyeri라는 신종이 출현하기 위해서 어떤 진화적 변이가 필요한

지를 앞 세대의 스톡에서 끄집어내어 진화를 다시 진행시켜볼 수 있다. 상상할 수 있는 모든 진화 실험을 가능하게 한 것이 결국 기술의 진보 덕분이다. 그런 면에서 렌스키 교수는 생물학 기술 진보의 최대 수혜자이다.

두 번의 실험 중단

렌스키 교수의 이런 훌륭한 '살아 있는 화석' 실험도 두 번의 중단 과정을 거쳤다. 첫 중단은 아예 실험을 포기할까 하는 고민 때문이었다. 2000년대 초반 그는 디지털 생물, 즉 시뮬레이션을 통해 구현한 생명체를 이용해 진화 실험을 할 수 있다는 사실에 매료되어 대장균을 배양하는 실험을 중단할까 고민하게 되었다. 컴퓨터 시뮬레이션 실험을 하면 대장균보다 훨씬 빠른 속도로 진화를 관찰할 수 있기 때문에 대장균의 빠른 증식 속도의 장점이 무력해진다. 다행히 그의 아내가 설득하여 10년 이상을 진행해온 실험을 중단하는 불상사를 막았다고 한다. 돌이켜보면 참으로 안타까운 중단이 될 뻔 했다. 생물체에서 일어나는 돌연변이를 컴퓨터가 정확하게 재현해줄 리는 없기 때문이다. 이를테면 시트르산을 탄소공급원으로 사용하는 대장균을 컴퓨터가 스스로 고안하는 것은 불가능하다.

두 번째는 렌스키 교수가 과학계의 스타가 되고 난 다음 미시건 주립대학에서 좋은 조건으로 스카우트되면서 학교를 옮기는 과정에서였다. 물론 이렇게 며칠 중단된다고 해서 실험에 문제가 될 것은 하나도 없다. 대장균은 언제든지 글리세롤 용액에 살아 있는 화석으로 저장할 수 있으니까 말이다.

3

신종플루의 진화

· 빠르게 진화하는 독감 바이러스 ·

삼라만상 중에 불변의 진리가 있다면 모든 것이 변화한다는 것이다. 그러한 변화의 한가운데에서 생물체는 진화한다. 생물체는 복제와 변이의 특성을 가지고 있기 때문에 생물체에게 진화는 필연이다. 말하자면 복제할 수 있는 능력을 가진 어떤 실존(entity)도 복제 에러를 피할 수 없으며, 이 에러들 중 일부는 자연에 의해 선택된다. 즉 이전의 실존보다 자연에 더 잘 적응하는 복제 에러가 우연히 생기면 이 복제 에러는 시간이 지남에 따라 점점 늘어나 이전의 생명체를 대체하는 자연선택이 일어나게 된다. 이러한 자연선택이 되풀이되면서 진화가 진행되어 오늘날 지구 상에 볼 수 있는 다양한 생물종이 나타난 것이다. 복제성을 가진 실존의 변이와 자연선택, 이를 우리는 겨울독감의 원인 바이러스*인 신종플루에서 볼 수 있다.

5부. 생명은 진화한다

2009년 신종플루, 돌아온 탕아!

2009년 한 해 동안 일어난 신종플루의 창궐은 우리 인류에게 많은 교훈을 안겨주었다. 전 세계 어디나 하루이틀이면 갈 수 있는 글로벌 시대에 대유행병의 창궐을 막으려면 국가적으로는 어떤 대처가 필요한지, 감염을 피하기 위해 개인적으로는 어떤 보건 조치가 필요한지 등 다양한 교훈을 얻게 되었다. 덕분에 개인병원들이 감기 환자가 없어져서** 경영에 심각한 타격을 입었다고 호소할 정도로 보건에 관한 한 훌륭한 교훈을 남기기도 했다. 생물학자들 역시 좋은 교훈을 얻었다. 신종플루의 창궐과 소멸은 진화 메커니즘을 설명하는 데 있어서 이보다 더 좋은 교육 자료가 없을 정도로 훌륭한 사례이다.

신종플루는 인플루엔자(플루) 바이러스에 의해 매개되는 질병이고 겨울철 독감과 같은 질병이다. 이 바이러스는 몸체를 구성하는 두 종류의 단백질, 헤마글루티닌(hemaglutinin)과 뉴라미니데이즈(neuraminidase)의 첫 글자를 따서 이름을 결정한다. 헤마글루티닌에는 모두 16종의 서로 다른 변이 단백질이 있고, 뉴라미니데이즈에는 모두 9종의 서로 다른 변

---

* 바이러스는 유전 정보를 저장하는 핵산과 이를 둘러싼 단백질 외투로 이루어져 있다. 경우에 따라 단백질 외투 바깥에 다시 한 겹의 인지질로 구성된 막을 가지고 있기도 하다. 바이러스는 생명의 다섯 가지 특성(본문의 18쪽 참조) 중 복제(생식)와 변이의 특성만 갖고 있고 물질대사를 하지 못하기 때문에 생물과 무생물의 중간쯤 되는 존재로 생각하고 있다.

** 신종플루 때문에 외출하고 돌아오면 꼭 손을 씻는 습관이 생겼는데 이 때문에 일반 감기조차도 예방되어 겨울철 병원을 찾는 환자의 수가 크게 감소했다. 독감의 바이러스는 인플루엔자이나 일반 감기의 바이러스는 아데노바이러스로 서로 다른 종류이지만 둘 다 외출 후 손을 씻는 습관에 의해 훌륭히 예방된다.

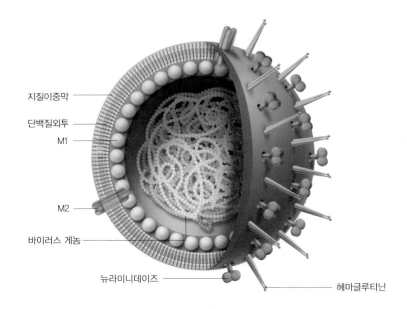

지질이중막 ────

단백질외투 ────

M1 ────

M2 ────

바이러스 게놈 ────

뉴라미니데이즈 ────

──── 헤마글루티닌

▌ **인플루엔자 바이러스의 구조**

이 단백질이 있다. 변이 단백질이란 본질적으로 같은 단백질인데 아미노산 서열상의 작은 변화로 조금씩 서로 다른 것을 말한다. 어쨌든 이들의 이름을 편의상 1, 2, 3, 4 하고 붙인 것이다. 이들 변이 단백질의 유형에 따라 플루 바이러스의 이름을 H1N1, H1N2, H3N4, H5N1, H7N9 등등으로 부르게 된다. 이 때문에 이론적으로는 $16 \times 9 = 144$종의 서로 다른 플루 바이러스가 존재할 수 있다. 2009년 한 해 동안 우리 인류를 공포에 떨게 했던 바이러스는 H1N1으로 정확히 91년 전인 1918년에서 1919년까지 5,000만 명의 인류를 죽음으로 몰고 갔던 스페인 독감[*]의 원인 바이러

....

[*] 우리나라에서도 이 해에 무오년 독감이라는 것이 창궐하여 자그마치 14만여 명이 희생되었다.

스이기도 하다. 그래서 H1N1을 돌아온 탕아에 비유하고는 했다.

신종플루와 관계된 몇 가지 보건의학적인 사실을 살펴보자. 다행인지 불행인지 2009년의 신종플루는 육체적으로 병약할 것으로 생각되는 노인들은 거의 걸리지 않았고 열 살 이내의 어린이들이 집중적으로 걸렸다. 또한 이 대유행병은 돼지 인플루엔자에서 유래한 것으로 보인다. 왜일까?

2009년 연구 논문에서 인플루엔자 헤마글루티닌 단백질의 3차 구조를 확인한 결과 91년 전 스페인 독감과 2009년 신종플루의 헤마글루티닌 단백질 간에는 놀라울 정도의 구조적 유사성이 발견된다. 스페인 독감의 플루에 대한 항체를 주사한 생쥐는 2009년 신종플루에 대해 면역성을 보이며 반대로 2009년 신종플루에 대한 항체를 주사한 생쥐는 스페인 독감 플루에 대해 면역성을 가진다. 이 실험 결과 또한 구조적 유사성에 대한 강력한 증거이다. 어떻게 1919년의 플루와 2009년의 플루가 비슷해졌을까?

플루 바이러스의 공격과 인간의 면역 방어

플루 바이러스는 생체 내에 침투해 들어가기 위해서 헤마글루티닌 단백질을 이용한다. 즉 헤마글루티닌 단백질을 닻으로 이용하여 사람 기관지 세포의 세포막 위에 정박을 하고 침투해 들어오게 된다. 인간의 면역 체계는 플루가 침투해 들어오지 못하게 하기 위해 헤마글루티닌 단백질의 3차 구조를 인식하고 결합하는 항체를 생성한다. 그러나 이러한 방어막은 곧 붕괴된다. 플루가 인간의 항체가 자신의 형태를 인식하지 못하도록 빠르게 진화하기 때문이다. 이러한 형태적 변화의 중심에 헤마글루티닌이 있다. 헤마글루티닌은 매우 빠르게 진화하는 단백질로 덕분에 우리

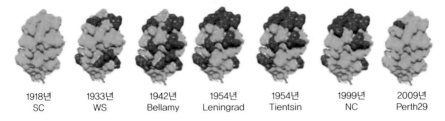

인플루엔자의 헤마글루티닌 단백질 구조의 진화. 초록색은 아미노산 사슬을 나타내며, 빨간색은 당 사슬 구조를 나타낸다. 아미노산 사슬 구조의 변화없이 당 사슬 구조만 계속해서 바뀌고 있다. 2009년 신종플루와 1918년 스페인 독감은 비슷한 구조의 헤마글루티닌 단백질을 가진다.

| 1918년 SC | 1933년 WS | 1942년 Bellamy | 1954년 Leningrad | 1954년 Tientsin | 1999년 NC | 2009년 Perth29 |

인간이 매년 가을만 되면 독감 백신 주사를 다시 맞는 번거로움을 숙명적으로 받아들이게 만든다. 진화는, 혹은 유전적 변이는 무작위로 진행되는 것이어서 어떤 해는 백신 주사가 잘 듣기도 하고 어떤 해는 전혀 듣지 않기도 한다. WHO에서 플루의 변이를 정확히 잘 예측하면 듣는 것이고 잘 못 예측하면 아니함만 못한 꼴이 된다. 아직 예측이 맞지 않는 경우가 제법 있는 것을 보면 플루 진화의 불예측성을 실감케 한다.

신종플루의 교묘한 위장과 반전

이제 스페인 독감과 2009년 신종플루 간의 관계를 알아보자. 현재 겨울 독감은 모두 스페인 독감의 자손들인 셈이다. 스페인 독감이 창궐했다가 소멸되었다는 것은 1918년 당시 대유행했던 플루 바이러스에 대한 항체가 인간 개체군 집단 내에 잘 형성되었다는 것을 의미한다. 그러나 플루는 변이를 통해 인간의 면역 체계를 벗어나는 방법을 찾아냈다. 헤마글루티닌 단백질에 당 사슬을 연결시키는 방법을 통해서 인간의 항체가 더 이상 헤마글루티닌 단백질을 인식하지 못하게 위장을 해버린 것이다(본문 310쪽 그림 참조). 군대에 갔다 온 사람은 나뭇가지를 이용해 자신을 위장해본 경험들이 있을 것이다. 비슷한 방식의 위장 전술이다. 인간의 항체와 인플루엔자 바이러스 간에는 서로 쫓고 쫓기는 군비경쟁이 무한히 반복된다. 당 사슬로 위장한 헤마글루티닌은 다시 이를 인식하는 항체의 개발을 통해 무력화되고, 그러면 바이러스는 또다시 다른 부위에 당 사슬을 갖다 붙이는 식으로 위장을 하게 된다. 이 과정을 계속 되풀이하다 보면 더 이상 당 사슬을 갖다붙일 마땅한 장소가 없어지게 된다. 그러면 어떡하나?

어떡하면 될까? 플루 바이러스는 다른 종류의 헤마글루티닌 단백질이 있다. 그래서 새로운 독감은 조만간 H1N1이 아닌 다른 종류, 즉 H5나 H7으로 넘어갈 가능성이 있다. 그러나 인체에 잘 적응된 바이러스 입장에서는 H1N1을 다른 방법으로 변형시켜 또 써먹을 것을 고려하지 않을까? 그래서 만들어진 것이 대머리 H1N1이다. 스페인 독감이 유행하던 당시의 당 사슬이 거의 없는 H1N1으로 되돌아가는 진화를 한 것이 2009년의 신종플루이다. 기막힌 반전이 아닐 수 없다. 물론 핵산의 염기 서열은 꾸준히 진화해왔기 때문에 1918년 스페인 독감의 플루 바이러스와 비교해 2009년의 신종플루는 염기 서열이 상당히 다르다. 그럼에도 불구하고 단백질의 3차 구조는 기가 막히게 비슷해진 것이다. 덕분에 과거 플루에 대한 항체를 가진 노인들은 신종플루에 잘 걸리지 않게 되었다.

그렇다면 돼지에서 유래했다는 것은 어떤 의미일까? 비교적 생활사가 짧은 돼지나 닭 등의 가축에도 유사한 플루 바이러스가 있다. 간간히 잊지 않고 우리 농가에 피해를 주는 조류 독감이 이들 때문이다. 숙주 특이성 때문에 이들은 일반적으로 사람에게 전염이 되지 않지만 종간의 경계를 넘는 일이 간혹 일어나기도 한다. 상대적으로 생활사가 짧은 사육 돼지에서는 H1N1의 진화 속도가 느려[**] 1918년 스페인 독감 대유행 당시의 대머리 H1N1 형태 그대로 머물러 있다. 이것이 사람에게 넘어오는 순간 인간의 면역 체계가 듣지 않는 대유행 상황을 유발하는 것이다. 돼지를 진화적 온장고(warm freezer)라 비유한 학자들이 있는데 참 적절한 비유인 듯하다.

신종플루 진화의 분자 메커니즘

어떻게 인간의 면역 체계와 플루 간의 쫓고 쫓기는 공진화가 진행되었을까? 이제까지 배운 생물학 지식을 총동원해 이해해보자. 요즘 문제를 일으키는 독감 바이러스는 H1N1 유형의 인플루엔자이다. 이 플루 바이러스들은 국제보건기구인 WHO에서 크게 번성하는 해(이를 대유행이라 한다)마다 채집하여 냉동고에 얼려놓았다. 즉 바이러스 화석을 만들어둔 것이다. 2009년 신종플루가 대유행할 때 각 시기별로 채집되었던 플루를 끄집어내어 기관지 세포에 닻을 내리는 단백질, 헤마글루티닌 H1의 3차 구조를 결정해봤다. 그 결과 지난 90여 년간 플루가 어떻게 진화해왔는지

---

* 2007년 겨울과 2013년 겨울의 조류 독감은 우리 농가에 치명적인 손해를 끼쳤다. 그보다 더 큰 피해는 닭, 오리 당사자들이었을 것이다. 멀쩡하게 잘 살고 있는 닭, 오리들을 근방에 조류 독감이 발병했다는 이유로 살처분해버렸으니…….
** 돼지에서 플루의 진화 속도가 느린 것은 돼지의 평균수명이 인간보다 짧기 때문이다. 플루 바이러스가 충분히 진화하기 전에 돼지가 죽어버리기 때문에 플루의 진화 속도는 느리게 된다.

를 단박에 알 수 있었다. 스페인 독감 당시의 H1 단백질은 당 사슬이 전혀 없는 대머리 헤마글루티닌이었다. 이후 대략 10년 간격으로 채집한 플루의 H1단백질 구조를 보니 1954년까지는 점차 당 사슬이 늘어났으며, 이후에는 당 사슬이 점차 줄어들어 2009년에는 거의 당 사슬이 없는 대머리에 가까운 헤마글루티닌이 되었다. 즉 플루 바이러스가 인간의 면역 체계로부터 자신을 위장하기 위해 1954년까지는 점차 당 사슬을 늘리는 방향으로 진화했으나 그 이후에는 당 사슬을 줄이는 방향으로 진화한 것이다. 그 결과 1918년 플루와 2009년 플루는 인간의 면역세포가 구분할 수 없을 정도로 비슷해진 것이다. 인간의 면역 체계가 바뀌는 동안 플루 바이러스도 바뀌어져가는 공진화를 볼 수 있다.

이러한 공진화의 분자 메커니즘은 의외로 간단하다. 1918년 플루의 H1단백질에는 아스파라긴-X-세린/스레오닌의 아미노산 서열을 가진 부위가 단백질의 표면에 없었다.[***] 그러나 플루 바이러스 게놈의 어느 부위에서 염기 서열이 CAU에서 AAU로 바뀌는 돌연변이가 한 번에 히스티딘-X-세린/스레오닌의 아미노산 서열이 아스파라긴-X-세린/스레오닌으로 바뀌게 된 것이다.[****] 이 결과 원래 당 사슬이 붙을 수 없는 곳에 당 사슬이 붙게 된다. C가 A로 바뀌는 돌연변이는 얼마나 쉽게 일어날 수 있을지 상상해보라. 바이러스처럼 빨리빨리 복제되는 복제체는 하룻밤에도

***   당 사슬화 효소의 기질이 아스파라긴-X-세린/스레오닌의 아미노산 서열이다. 이때 X는 20종의 아미노산 무엇이든 상관없다는 것이고 세린/스레오닌은 두 아미노산 중 어떤 것이든 상관없다는 의미다.

**** 이러한 염기 하나에 일어나는 돌연변이를 점돌연변이라고 하는데, 다음 장 〈진화의 동인〉에서 이 것이 얼마나 쉽게 일어나는 돌연변이인지 이해하게 될 것이다.

이런 돌연변이가 여러 번 일어날 수 있다. 그리고 이들 중 단백질의 표면 부위를 변화시킨 돌연변이는 당 사슬로 위장한 플루가 되어 인간의 면역 체계로부터 벗어나게 된다. 인간의 면역세포는 기존의 매끈한 플루 바이러스의 표면만을 인식하기 때문이다. 이렇게 인간이 면역력을 잃게 되면 이들은 1933년처럼 대유행 독감 플루가 된다. 자연선택 이론으로 해석하면 인간의 면역 체계가 선택을 하는 힘이 되고 당 사슬로 위장한 플루가 적자가 되는 것이다.

1933년의 플루 바이러스는 대유행하여 전 세계 인구의 많은 이들을 독감으로 고생하게 만들었다. 그러나 곧 인간의 면역 체계는 당 사슬로 위장한 플루를 인식하여 항체를 만들어내고 이들을 퇴치하게 된다. 이 때문에 한동안 독감이 기승을 부리지 않는 평온한 겨울철을 지낼 수 있었다. 그 뒤 10년쯤 후 1942년에 다시 한 번 독감이 맹위를 떨치게 되는데, 이때의 플루는 훨씬 더 잘 위장한, 즉 H1 단백질 표면의 더 많은 곳에 당 사슬을 부착한 플루였다. 곧이어 인간 집단에 새로 등장한 플루에 대한 면역이 형성되고 다시 독감은 수면 밑으로 가라앉고, 이런 방식으로 플루의 표면에 당 사슬은 늘어만 갔다. 적어도 1954년까지는……. 그러나 이후에는 흥미롭게도 당 사슬의 수가 줄어드는 진화가 일어나게 된다. 아마도 H1 단백질의 표면에 당 사슬을 붙이게끔 하는 돌연변이의 가능성이 다 소진되고 난 이후에는 거꾸로 당 사슬이 연결되지 못하는 아미노산 서열로 바뀌게 된 것일 터다. 어쨌든 인간 집단에 만연한 면역 체계를 피하는 것이 플루가 번성하는 방법이니까, 당 사슬이 붙던 곳이 붙지 못하는 곳으로 바뀌는 돌연변이 또한 AAU가 AAG 등으로 바뀌는 간단한 점돌연변이에 의해 가능하다. 1970년대 이후에는 이런 방향의 진화가 매우 뚜렷하게 진행되었고 그 결과 2009년에는 1918년의 플루처럼 거의 대머리 H1으로 바뀌게 된 것이다. 정리하면 이렇다. 신종플루의 게놈 돌연변이는 매우 쉽게 일어나고 이 중 일부는 치명적일 수 있다. 이것들이 인구에 확산되느냐의 여부는 인간의 면역 체계에 의해 선택된다. 이 얼마나 깔끔한 자연선택의 사례인가!

조류 독감과 숙주 특이성

일반적으로 사람에게 독감을 일으키는 플루 바이러스는 H1N1이고 조류 독감으로 그 위세를 떨쳤던 바이러스는 H5N1이나 H7N9이다. 인간의 플루 바이러스는 주로 기관지를 통해 전염되고, 조류 독감 플루는 구강이나 항문을 통해 전염된다. 이들 플루에 대한 수용체 단백질이 다르기 때문에 그렇다. 그러나 두 바이러스가 게놈 체계가 비슷하기 때문에 가끔 숙주 특이성의 장벽을 넘기도 한다. 그 장벽을 넘는 순간 이 바이러스는 매우 치명적인 바이러스가 된다. 이 때문에 조류 독감이 무서운 것이다. 실제로 조류 독감 바이러스인 H7N9이 2013년 3월 중국에서 사람에게 전염되어 24명의 환자가 발생했고 그중 8명이 죽기도 했다.

숙주 특이성의 장벽을 넘는다는 것은 바이러스의 입장에서는 진화한 것이고 분자 수준에서는 돌연변이가 일어난 것이다. 이러한 숙주 장벽과 관련하여 2011년 겨울 과학계에 모라토리움을 선언하는 해프닝이 있었다. 플루 바이러스 전문가인 네덜란드의 론 푸시에 교수와 미국 위스콘신 대학의 요시히로 카와오카 교수가 대단히 위험한 실험을 하여 《사이언스》와 《네이처》에 게재 승인을 받은 것이다. 이들은 조류 독감을 일으키는 바이러스 H5N1을 돌연변이시켜 포유동물인 흰담비(족제비과 동물)에 감염될 수 있게 만들었다. 흰담비는 인간과 매우 유사한 플루 바이러스 수용체를 가지고 있어 이렇게 얻어진 돌연변이 바이러스는 곧 인간에게 감염될 수 있는 치명적인 바이러스이기도 하다. 이 소식을 들은 전 세계의 보건당국은 비상이 걸렸고, 결국 압력을 행사해《사이언스》와《네이처》가 이 논문을 논쟁이 마무리될 때까지 발표하지 않기로 모라토리움을 선언했다.[*]

플루 과학자의 불장난?

모라토리움을 선언하는 소동을 피운 것은 이 논문이 발표되면 인류에 치명적인 해독이 되는 생물 무기의 제조법이 테러리스터의 손에 넘어갈 수도 있기 때문이다. 이후 1여 년에 걸친 학계의 심사숙고 끝에 모라토리움이 해지되었다. 그런데 2013년 6월에는 이보다 더 치명적인 논문이 중국 과학자에 의해《사이언스》에 발표되었다.[**] 우리나라 사람들에게는 그 이름도 친숙한 '하얼빈'의 질병통제 예방센터의 연구원 첸 후알란 박사가 조류 독감의 원인 바이러스인 H5N1과 인간 독감의 원인 바이러스인 H1N1의 유전자들을 서로 섞어주어 포유동물에 전염되는 바이러스를 만들어낸 것이다. 이때 사용된 실험동물은 흰담비 대신에 기니피그를 선택

....

[*] Science (2012) News & Analysis: Flu controversy spurs research moratorium. Vol.335: p. 387-389.

[**] Science (2013) News Focus: Veterinarian-in-chief. Vol. 341: p. 122-125.

했으며, H5N1과 H1N1의 가능한 모든 유전자 조합을 전염성을 갖는지 테스트해보는 무식한 실험을 진행했다. 이런 종류의 무식한 실험(엄청난 인원과 물량이 요구되는 실험)을 일본 학자들이 한다는 애기는 종종 들었는 데 이젠 중국 학자들도 그런 실험을 하고 있나 보다.

어쨌든 이 단순무식한 실험은 성과를 거두었고 《사이언스》에 그 결과를 당당히 게재했다. 이미 한 번 모라토리움 파동을 겪었기 때문에 이번 엔 별 저항 없이 그냥 발표되었나 보다. 문제는 이런 종류의 불장난이 초래하게 될 엄청난 재앙을 너무 간과하고 있는 것이 아닌가 우려된다. 우리 인간은 다양한 종류의 H1N1 바이러스에 대해서는 항체를 가지고 있어 큰 문제없이 약간의 독감 증세를 앓고 지나간다. 그러나 H5 유형의 플루는 아직 우리 인류가 경험하지 못한, 즉 항체가 널리 확산되어 있지 않기 때문에 한 번 인간 집단에 감염성이 생기면 대재앙으로 발전할 수 있다. 최근 영화 〈월드워 Z〉나 〈독감〉에서 묘사된 대재앙이 순식간에 일어날 위험이 있는 것이다. 이 때문에 론 푸시에 교수와 야시히로 카와오카 교수가 흰담비에 전염성 있는 H5N1 돌연변이를 만들었을 때 전 세계가 그 난리를 친 것이다. 이번엔 아예 H1N1 유전자 조각을 집어넣어 변이 플루 바이러스를 만들었으니······ 난 소름이 끼친다. 그녀가 만들었다는 127종의 변이 바이러스 중에는 도대체 어떤 놈이 들어 있을지, 그리고 관리 소홀로 그 놈이 실험실에서 뛰쳐나오는 불상사가 생기지는 않을지, 이건 불장난이 좀 심하다는 생각이 든다.

불장난을 도대체 왜 하느냐? 신종플루의 창궐을 미연에 방지하고 대비하기 위함이다. 전염성이 강한 조합의 플루 바이러스에 대해 미리 백신을 가지고 있으면, 전 세계 어느 지역이라도 이러한 바이러스가 창궐할 기미가 보이면 재빨리 백신을 투입하여 조기에 확산을 차단해버리는 것이다. 예상된 독감 바이러스에 대해 매해 독감백신을 미리 개발해두는 것과 같은 이치다. 이를테면 영화 〈감기〉와 같은 대창궐을 막을 수 있을 것이다.

신종플루에서 얻은 진화적 교훈

2009년 신종플루의 대유행은 생물학자들에게 매우 훌륭한 진화의 산 교훈이 되었다. 우선 복제기작을 가진 바이러스가 자연선택을 통해 진화한다는 사실을 일반인들에게 명쾌하게 인식시켰다. 또한 인간과 신종플루 간의 끊임없는 군비경쟁, 공진화의 사례를 봄으로써 생물체가 어떻게 진화하는지 그 메커니즘을 이해할 수 있게 된 것이다. 신종플루 진화의 분자 메커니즘을 이해하는 연구는 분자진화학(molecular evolution)의 훌륭한 사례이다. 최근의 분자진화학 연구 결과는 플루의 진화에서 본 원리가 그대로 종의 분화에도 적용됨을 보여준다. 《네이처》에 발표된 열다섯 가지 진화 사례[*] 중 갈라파고스 핀치새의 진화가 좋은 예이다. '다윈의 핀치새'라 불리는 다양한 부리 모양을 가진 갈라파고스의 핀치새는 여러 종들이 부리의 굵기와 길이 등에 따라 갈라파고스 섬의 다양한 생태적 위치를 점하고 살고 있다. 이들의 부리 모양은 어떤 서식지에 살 것인가를 결정하는 매우 중요한 요인인데, 이 부리 모양을 결정하는 분자기작이 칼모듈린과 BMP4라는 단백질의 활성 여부이다. 이 활성은 두 유전자 프로모터 부위의 간단한 염기 서열 차이에 따라 달라진다. 즉 두 유

---

[*] Nature (2009) www.nature.com/evolutiongems를 참조하라.

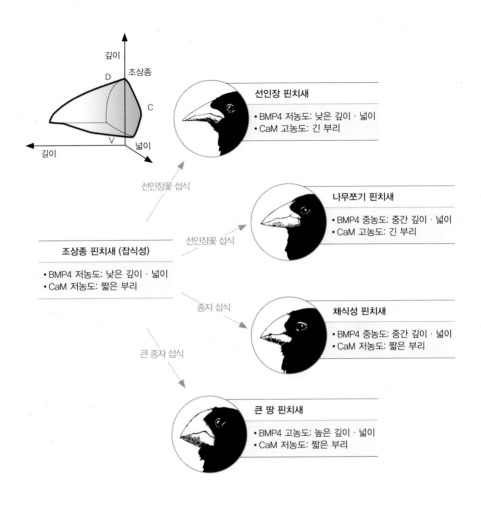

깊이

조상종

D

C

넓이

V

길이

선인장 핀치새
- BMP4 저농도: 낮은 깊이 · 넓이
- CaM 고농도: 긴 부리

선인장꽃 섭식

나무쪼기 핀치새
- BMP4 중농도: 중간 깊이 · 넓이
- CaM 고농도: 긴 부리

선인장꽃 섭식

조상종 핀치새 (잡식성)
- BMP4 저농도: 낮은 깊이 · 넓이
- CaM 저농도: 짧은 부리

종자 섭식

채식성 핀치새
- BMP4 중농도: 중간 깊이 · 넓이
- CaM 저농도: 짧은 부리

큰 종자 섭식

큰 땅 핀치새
- BMP4 고농도: 높은 깊이 · 넓이
- CaM 저농도: 짧은 부리

▎ **갈라파고스 핀치새의 부리 형태 진화.** 선인장 핀치새, 나무쪼기 핀치새, 채식성 핀치새, 큰땅 핀치 새가 부리의 형태에 따라 서로 다른 서식지에 적응하면서 진화한 적응방산을 보여준다. 부리의 모양은 칼모듈린(CaM) 단백질과 BMP4 단백질의 활성에 따라 결정되는데 적응방산의 분자 메커니즘을 훌륭하게 설명한다.

전자 프로모터 부위의 염기 서열 상 돌연변이가 다양한 부리의 형태를 결정지었고, 이들이 저마다 적합한 서식지에 생존하게 되면서 종분화가 진행된 것이다.

4

진화의 동인

· 돌연변이는 자연의 섭리 ·

생물의 가장 중요한 특성 중 하나가 복제성이다. 자손을 낳고 번식시키는 행위가 바로 복제성에서 비롯되는데, 생물은 정말 자손을 번성시키기 위해 무슨 짓이든지 다 한다. 황제펭귄은 매서운 남극의 눈폭풍 속에서 허들링을 통해 새끼를 지켜내고 사마귀 암컷은 짝짓기 중인 수컷을 잡아먹는다. 번식을 위해 생물이 보여주는 놀라운 행동은 모두 오랜 진화 과정을 통해 그 생물종이 터득한 것이다. 이러한 비유는 자연선택의 원리를 이해하는 데 종종 방해가 된다. 사실은 그 생물종이 터득한 것이 아니고 자연이 조금이라도 번식에 도움이 되는 행동을 하는 개체들을 지속적으로 선택한 것이다. 적절한 비유는 '자연선택을 통해 생물종이 끊임없이 빚어져서 오늘에 이르렀다'일 것이다.[*] 이러한 비유에는 자연스럽게 변화, 즉 돌연변이의 개념이 도입된다. 생물종의 여러 개체 중 특정한 성질을 가진 개체를 자연이 선택하기 위해서는 개체들 간의 차이가 필요로 한데, 돌연변이가 이러한 차이의 궁극적 원천이고 진화의 동인이기 때문이다. 생물체는 왜 돌연변이가 숙명일까? 이를 분자적 관점에서 들여다보자.

변이의 발생

돌연변이가 일어나는 이유로 가장 먼저 들 수 있는 것이 복제 에러이다. DNA가 복제되기 위해서는 DNA 중합 효소의 작용이 필요하다. 이 효소는 매우 단순한 원핵생물에서 인간처럼 고등한 동물에 이르기까지 모든 생물체가 가지고 있는 효소이다. 이 효소는 인간의 과학 기술이 절대로 흉내낼 수 없는 정확성을 가진다. 1,000만 개의 유전자를 복제할 때 한 번 정도 실수하는 효소인데 우리 인간이 만들어낸 어떠한 기계도 이 정도의 정확성을 가지지는 못한다. 아마 우리 인류문명이 몇백만 년 더 가더라도 그런 고도의 정밀성을 가진 기계는 결코 만들어내지 못할 것이다. 이 때문에 최근의 공학적 이슈는 어떻게 보다 정밀한 기계를 만들 것인가에서 어떻게 약간의 오차를 허용하고도 잘 작동하는 기계를 만들 것인가로 옮겨가고 있다. 사실 생각해보면 변화 혹은 변이는 우주의 기본 법칙이다.

절대영도인 -270℃로 떨어진 차가운 우주에 살지 않는 한 물질의 운동

---

* 조각가가 끌과 칼을 이용해 조각작품을 빚어내듯이 자연선택은 생물종을 오랜 진화 시간을 통해 조금씩 빚어낸다. 참 좋은 비유인 것 같다!

은 필연적이며,[**] 물질의 운동이 있는 한 열역학 법칙에 따르는 확률의 세계에서 살 수밖에 없다. 이 세계는 오차를 피할 수 없는 세계이다. 원래 이야기로 다시 돌아가자. DNA 중합 효소는 그 엄청난 정확성에도 불구하고 복제 에러를 일으킨다.[***] 그리고 그 에러는 생물체의 게놈에 조금씩 축적되는데 이들 중 특별히 생물의 표현형에 영향을 미치고 자손의 번성에 도움을 주는 복제 에러는 자연에 의해 선택된다.

두 번째 변이가 일어나는 이유는 그야말로 화학적 이유다. DNA 염기 중 시토신은 대부분 아미노 형태로 존재하지만 1만 개당 하나 꼴로 이미노 형태로 존재하기도 한다. 아미노 형태의 시토신은 정상적인 염기쌍 G와 결합하지만 이미노 형태는 A와 결합한다. 이때 짝짓기의 실수가 일어나게 되는 것이다. 다행히 생물체에는 이러한 짝짓기 실수가 발생했을 때 이를 발견하고 수정하는 DNA 수선 기작이 잘 갖추어져 있다. 그러나 수선 기작이 미처 찾아내지 못한 실수는 다음 세대로 유전될 수도 있다. 아마 이러한 실수는 드물 것이고, 더구나 생식세포에 일어나야 한다는 조건 때문에 생물체의 변이는 그렇게 빠른 속도로 진행되지는 않는다. 그러나 진화라는 사건은 무려 40억 년이라는 장구한 시간 동안 진행된 것이다. 어떤 일이라고 가능하지 않겠는가!

세 번째 DNA에 돌연변이가 일어나는 이유는 환경적 요인을 들 수 있다. 우리 환경에는 엄청나게 다양한 돌연변이원이 있다. 햇빛 속에는 자외

[**] 1965년 노벨물리학 수상자인 리처드 파인만의 『파인만의 여섯 가지 물리 이야기』를 읽다 보니 절대 영도에서도 원자 내 입자들은 진동 운동을 하고 있다고 한다.

[***] 인간은 복제 에러에 의해 새로 태어나는 신생아의 전체 유전자 중 평균 100개의 유전자에 돌연변이가 일어난다고 한다. 우리 인간은 유전자 수준에서는 그 누구도 완벽하지 않다!

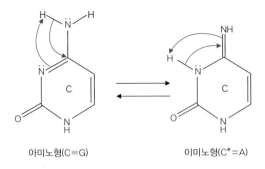

아미노형(C≡G)　　　　　　　이미노형(C*=A)

┃ DNA 염기의 이성질체화. 시토신이 아미노 형태에서 이미노 형태로 바뀌면서 CG 염기쌍이 CA 염기쌍으로 바뀌어 돌연변이가 일어난다.

선이 항상 들어가 있다. 자외선은 우리가 실험생물체를 돌연변이로 만들기 위해 인위적으로 쬐어주는 빛이기도 하다. 식물체가 만들어내는 많은 종류의 2차 대사물 중 돌연변이원으로 작동하는 물질들도 있고, 우리 인간이 불을 사용하게 되면서 먹게 된 탄 고기에도 상당량의 돌연변이 화학 물질이 들어 있다. 이를테면 도처에 돌연변이를 일으킬 수 있는 물리적·화학적 요인들이 깔려 있다. 아마 초기 지구에는 이러한 물리적·화학적 돌연변이원들이 지금보다 훨씬 풍부했을 것이고 이 때문에 초기 원시지구에서 돌연변이는 꽤 빠른 속도로 진행되지 않았을까 짐작된다.

　앞에서 살펴본 다양한 돌연변이 요인들 때문에 사실 우리 생물체에는 어떡하든 돌연변이를 막기 위한 여러 가지 분자 메커니즘을 가지고 있다. 우선 DNA 중합 효소는 빠른 속도로 DNA 복제를 진행하면서도 동시에 염기쌍이 잘못 짝지어졌을 때 이를 수정하는 기능을 가지고 있다. DNA 중합 효소 단백질의 한 부분이 이러한 수정을 위해 특화된 부분인데, 이를 제거하면 복제 에러는 늘어나겠지만 DNA 복제를 더 빠른 속도로 진행시킬 수 있다. DNA 중합 효소는 정확성을 위해 속도를 다소 포기한 것이다. 이런 DNA 중합 효소의 수정 작업에도 불구하고 여전히 에러는 일어나고, DNA 복제 후에도 물리적·화학적 이유로 DNA에 손상이 발생하기 때문에 생물체는 DNA 복제 후 수선을 하는 DNA 수선 기작도 가지고 있다. 생명체의 입장에서는 대개 돌연변이가 유해하므로 어떡하든 돌연변이가 일어나지 않게 점검, 또 점검하는 것이다.

유전자 수준의 변이

앞에서 언급한 사례들은 염기 수준에서 일어나는 변이 방식이다. 그러나 진화는 유전자 수준의 변이에 의해서도 진행된다. 생물체가 어느 정도 복잡한 형태를 갖춘 이후에는 아마 유전자 수준의 변이가 훨씬 더 큰 진화의 동력이었을 것이다. 염기 수준이 아니라 이보다 더 큰 유전자 수준의 변이는 주로 바이러스와 그 사촌인 트랜스포존이 점핑하면서 유전자들의 염색체 상 위치를 변동시키며 일어난다.

바이러스가 유전자의 진화를 추동한다는 사실을 알게 된 것은 아마 1971년 닉슨 대통령이 '암과의 전쟁'을 선포한 이후 생물학 분야에서 이룬 최고의 성과일 것이다. '암과의 전쟁'을 선포하면서 엄청난 연구비가 기초의학 분야에 투자되었고 다양한 암의 발병 원인들이 연구되기 시작했다. 이때 비교적 초기에 발견된 사실 중 하나가 많은 암의 발병 원인이 바이러스 때문이라는 것이었다. 바이러스에 감염되면 바이러스는 종양유전자(oncogene)를 인간세포 속에 발현시키는데 이들 종양유전자들은 세포주기*의 엄격한 통제를 해제하고 무한정 분열하게 하여 암세포 덩어리

고장난 악셀에 의한 암 발생. 세포주기를 조절하는 원종양유전자에 돌연변이가 일어나 세포분열이 증폭된다.

를 만들어낸다. 암 연구를 통해 우리가 알게 된 것은 모든 세포분열은 잘 통제된 가운데서 진행되어야 하며, 이것이 통제되지 못하면 암이 발생한다는 것이었다. 종양바이러스들은 대개 세포주기를 조절하는 메커니즘에 영향을 미쳐 브레이크가 필요할 때 액셀러레이터를 밟는 방식으로 세포분열을 촉진시키고 암을 발생시킨다. 또 한 가지 놀라운 발견은 이들 종양유전자들이 원래는 인간의 유전자였다는 것이다. 말하자면 종양바이러스들이 인간에게서 훔친 유전자가 종양유전자이다. 원래 인간의 유전자를 원종양유전자(protooncogene)라 하는데 이들은 모두 세포주기를 조절하는 유전자들로서 정확한 장소와 정확한 시기에만 발현되어 세포주기를 통제하게끔 되어 있다. 그러나 원래의 유전자 근처에 바이러스가 삽입

---

* 세포주기란 세포가 세포분열을 하기 위해 G1, S, G2, M이라는 일련의 단계를 거치는 것을 말한다. 본문 1부 1장 〈세포들의 젊어지기〉를 참조하라.

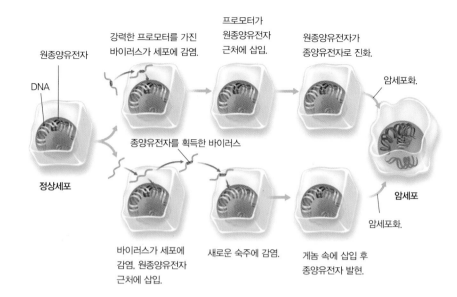

원종양유전자

DNA

강력한 프로모터를 가진
바이러스가 세포에 감염.

프로모터가
원종양유전자
근처에 삽입.

원종양유전자가
종양유전자로 진화.

암세포화.

정상세포

종양유전자를 획득한 바이러스

암세포

암세포화.

바이러스가 세포에
감염. 원종양유전자
근처에 삽입.

새로운 숙주에 감염.

게놈 속에 삽입 후
종양유전자 발현.

▌ **종양유전자의 진화.** 바이러스가 원종양유전자를 종양유전자로 전환시키는 두 가지 방식. 강력한
프로모터를 가진 바이러스가 원종양유전자 근처에 삽입되면 이것이 종양유전자가 된다(위). 바이
러스가 원종양유전자 근처에 삽입되었다가 숙주에서 빠져나올 때 원종양유전자를 가지고 나오면
이것이 종양유전자가 된다(아래).

되면서 프로모터가 전혀 통제되지 않고 계속 발현되게 바뀌어버리면 자
동차의 고장난 액셀러레이터처럼 작용하여 암을 유발하게 된다. 더구나
이 고장난 액셀러레이터를 바이러스가 증식 과정에서 자신의 게놈 속에
싸잡아가버리면 이 바이러스는 그때부터 종양바이러스로 진화하게 된다.
이들은 다른 일반 바이러스에 비해 훨씬 더 잘 증식이 되어 자연의 선택
을 받게 된다.

종양유전자의 진화는 바이러스가 어떻게 진화의 동인이 되는지를 적
나라하게 보여준다. 이들 바이러스들은 숙주가 가지고 있던 유전자를 필

요에 따라 훔쳐가기도 하고, 자신의 목적에 맞게 변형을 시키기도 하면서 유전자를 진화시키는 것이다. 바이러스의 흔적은 우리 게놈의 구석구석에 남아 있다. 이들이 유전자의 진화를 일으켰다고 추정되는 다양한 사례를 게놈 속에서 보기도 한다. 이러한 바이러스와 유사한 작용을 하는 것이 트랜스포존이다. 트랜스포존도 바이러스와 마찬가지로 게놈 속에서 자유롭게 뛰어다니며 위치를 바꾸는 작용을 한다. 뿐만 아니라 점핑을 하는 도중 게놈 속 유전자들의 배열을 바꾸기도 한다. 말하자면 바이러스와 트랜스포존이 하는 일은 본질적으로 유사하다. 최근에는 바이러스가 트랜스포존으로 진화한 사례도 보고되었고 이와 반대로 트랜스포존이 바이러스로 진화한 사례도 보고되고 있다. 말하자면 바이러스와 트랜스포존은 이웃사촌이며, 리처드 도킨스 교수의 『이기적 유전자』의 본성을 가장 잘 드러내는 DNA 조각이다. 생물종의 게놈을 들여다보는 구조 유전제학이 활발하게 진행되면서 분명해진 발견 중 하나가 아닐까 싶다.

염색체 수준의 변이

생물 진화의 역사를 보면 다양한 동식물들이 폭발적으로 출현한 캄브리아기 대폭발 시기가 있다. 약 5억 년 전 고생대가 시작되는 시기이다. 이때 진화를 추동한 원동력은 염기 수준이나 혹은 유전자 수준에서의 변이보다 염색체 수준의 커다란 변이였던 것으로 생각된다. 식물에서는 흔히 일어나는 현상 중에 하나가 게놈 전체가 중복되는 다배체화이다. 즉 2n 상태의 게놈이 4n 혹은 8n이 되는 것이다.* 이러한 다배체화를 통해 다양한 종분화가 일어난 것이 참나무이다. 관악산에 올라가다 보면 상수리나무, 굴참나무, 신갈나무, 떡갈나무, 갈참나무, 졸참나무 등 6종의 서로 다른 참나무들을 볼 수 있다. 이들이 다배체화를 통해 서로 다른 종이 된 좋은 예이다.

동물에서도 유사한 사례가 있다. 동물의 각 체절 정체성을 결정해주는 유전자 혹스(Hox)는 초파리에서 처음 발견된 이후 인간을 포함한 포유동물에서도 발견되었다. 간단한 동물인 초파리만 해도 최소한 14개의 체절이 있으니 혹스 유전자는 1개의 유전자가 아니라 여러 개의 유전자로 이루어진 유전자 집단임을 짐작할 수 있다. 이들 유전자 집단이 초파리에는 하나의 염색체 위에 나란히 배열되어 있다. 각 체절별 알맞은 유전자 발현을 위해 이들은 반드시 나란히 배열되어 있어야 한다고 한다. 흥미롭게도 이들 유전자 집단의 배열 순서는 인간을 포함한 포유동물에서도 그대로 보존되어 있다. 그러나 차이가 하나 있다. 포유동물에서는 이 유전자 집단이 한 벌만 있는 것이 아니고 네 벌이나 있다. 이에 흥미를 느낀 진화생물학자들이 다양한 동물에서 혹스 유전자 집단의 배열을 관찰해보니 원시 척추동물로 분류되는 창고기까지는 혹스 유전자 집단이 한 벌만 있었다. 이후 혹스 유전자 집단이 중복되어 상어에서는 두 벌이 나타난다. 이후 가오리에서 한 번 더 중복되어 양서류 이상의 동물에서는 혹스 유전자 집단이 네 벌이 되었다. 이러한 혹스 유전자 집단의 배수화는 진화 과정에서 게놈 수준의 다배체화가 일어났음을 보여주는 훌륭한 증거가 된

---

* 고등동식물은 이배체, 즉 게놈이 2n이다. 이들이 감수분열 과정에서 반수체(n)가 되면서 정자, 난자와 같은 배우자가 된다. 그런데 감수분열이 잘못 진행되면 2n 상태의 배우자가 만들어질 수 있고 이들 간의 수정에 의해 4n의 개체가 만들어질 수 있다. 이러한 다배체화 현상은 동물보다 식물에서 더 자주 일어난다.

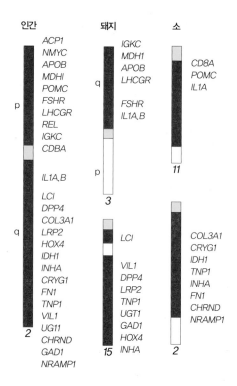

│ 포유동물에서 관찰되는 염색체 재배열. 인간 염색체 2번에서 보이는 유전자 배열이 돼지의 3번과 15번 염색체에서 관찰되고, 소의 2번과 11번 염색체에서 관찰된다. 빨간색 막대 부위는 유전자 동일배열을 보이는 부위이고 흰색 막대 부위는 종별로 고유한 유전자 배열 부위이다. 노란색 부위는 세포분열 때 염색체를 양극 방향으로 잡아당기기 위해 방추사가 결합하는 부위이다.

다. 흔치는 않지만 동물에서도 다배체화를 통해 생물종이 진화한다. 진화의 시간은 장구하다. 무슨 일인들 못 일어나랴!

이러한 다배체화가 일어나는 분자 메커니즘은 감수분열 과정의 실수로 생각된다. 2배체(2n)인 모세포가 감수분열하는 과정에 모든 염색분체를 한 세포에 몰아주는 실수가 일어난 것이다. 이러한 실수는 연구실에서 종종 관찰된다. 이런 실수가 일어난 2n 상태의 정자와 난자가 공교롭게도 만나서 수정하게 되면 4배체(4n)가 될 것이다. 아마도 식물이 동물보다 다배체화가 쉽게 진행되는 이유는 많은 식물들이 자가수분을 통해 자손을 얻기 때문이다. 즉 자신이 만든 꽃가루를 자신이 만든 암술머리에 수분시켜 자손을 얻으면 2n이 된 정세포, 난세포가 만날 확률이 상대적으로 높게 된다.

게놈 전체를 구조적으로 들여다보면 거의 모든 생물종에서 확인되는 염색체 수준의 변이가 염색체 재배열이다. 염색체의 부분부분이 이리저리 옮겨다닌 흔적들이 가까운 근연종들에서 쉽게 발견되는데 이것은 염색체가 재배열된 결과이다. 예를 들어 포유동물의 염색체를 들여다보면 유전자 동일배열*이 발견되는데, 이러한 동일배열은 염색체 전체는 아니지만 상당히 큰 덩어리 수준에서 나타난다. 생물종의 분화 과정에서 염색체가 재배열되기 때문이다. 포유동물, 인간과 돼지, 소의 상동염색체를 배열해놓은 본문 330쪽 그림을 보자. 인간 염색체 2번이 돼지의 염색체 3번과 15번으로 나뉘었고, 소의 염색체 11번과 2번으로 나뉘어 있는 것을 볼 수 있다. 이러한 현상은 인간, 돼지, 소가 진화적으로 갈라질 때 염색체 재배열이 일어났음을 단적으로 보여준다.

염색체 재배열이 일어나는 이유는 크게 두 가지이다. 첫째는 트랜스포존이 장소를 이동하기 위해 점핑하는 과정에 염색체의 큰 덩어리를 함께 옮겨갈 때 재배열이 일어난다.** 둘째는 감수분열 과정 중의 실수 때문이

----

* 영어로 'Synteny'를 번역한 것인데 적절한 우리말 용어가 아직 없다. 염색체에 존재하는 일련의 유전자들의 배열이 서로 다른 생물종에서 똑같이 나타나는 유전자 구성의 상동성을 말한다.
** 바버라 맥클린톡 여사가 트랜스포존의 존재를 입증하는 사례로 옥수수 낟알에서 염색체 재배열을 직접 현미경으로 관찰하고 보고했다.

다. 감수분열 전기 과정에 엄마의 염색체와 아빠의 염색체를 뒤섞기 위해서 상동염색체 간의 교차가 일어난다.[*] 이 교차는 본질적으로 같은 염기 서열이 나란히 배열될 때 상동염색체 간에 일어나는 것이다. 그런데 모든 생물의 게놈 내에는 반복 서열이라는 것이 존재한다. 그것도 대단히 많은 양이…….[**] 이 반복 서열은 교차 과정에서 엄청난 실수, 염색체 간 잘못된 짝짓기가 일어나게 한다. 그렇게 잘못 짝지어진 상태로 교차가 일어나면 새로운 조합의 염색체가 등장하게 된다.

이상의 염색체 수준의 변이는 캄브리아기 이후의 폭발적인 종분화에 결정적 역할을 했을 것이다. 정리하자면 초기 생물의 진화에는 염기 상의 진화가 가장 중요한 역할을 했을 것이고, 이후 복잡성을 갖춘 생물종들이 출현하면서 유전자 수준의 진화가 활발하게 일어났을 것이다. 최종적으로 다양한 동식물이 출현하기 위해서는 염색체 수준의 진화가 일어났을 것으로 생각된다.

---

[*]   본문 2부 3장 〈유전적 다양성〉을 참조하라.
[**] 본문 4부 4장 〈게놈 속의 암흑 물질〉에서 간단히 소개한 반복 서열은 모든 생물체의 게놈에도 적용된다.

5

유전자의 생성

· 유전자는 어떻게 만들어질까? ·

대장균과 같은 원핵생물은 유전자를 고작 4,000~5,000개 정도밖에 갖지 않는다. 당연한 말이지만 유전자의 수는 복잡한 생물로 나아갈수록 점차 증가한다. 진핵생물이지만 단세포생물인 효모는 6,000개 정도의 유전자를 가지고 있고, 초파리는 대략 1만 7,000개 정도 가지고 있다. 인간을 포함한 포유동물은 2만 개가 조금 넘는 유전자를 가진다. 이러한 유전자들은 도대체 어떻게 생겨났을까? 생물이 단순한 생명체에서 고등한 생명체로 진화하는 과정에 점차 유전자의 수가 늘어났다는 것은 유전자가 새로 생성되는 메커니즘이 있음을 의미한다. 생물학의 발전은 유전자가 어떻게 생성되었는지에 대한 새로운 정보를 제공하고 있다. 유전자 생성에 대해 간단히 살펴보자.

유전자의 초기 진화

유전자가 최초에 어떻게 만들어졌을지는 과학이라기보다 진화 소설에 가깝다. 이 사건은 생물의 진화가 아니라 화학적 진화(chemical evolution) 과정에서 일어나는 일이기 때문이다. 리처드 도킨스 교수의 저서 『이기적 유전자』에는 이 부분이 제법 그럴듯하게 묘사된다. 그의 논리를 잠깐 빌려 오자. 태초에(원시지구에) 복제를 할 수 있는 물질이 출현했다. 이 복제자는 '따뜻한 작은 연못'[*]에 널려 있는 자연적으로 생성된 생명의 재료 물질(핵산, 염기, 아미노산, 당 등)을 이용하여 자신을 복제하며 그 수를 늘려가기 시작했다. 복제 과정에서 이 복제자는 약간의 실수를 저지른다.[**] 이렇게 출현한 복제 에러 중 어떤 복제자는 이전의 복제자에 비해 수월하게 복제하는 능력을 가졌다. 이들은 곧 그 활동 무대인 따뜻한 작은 연못의 지배자가 된다. 아마 이 지배자는 이전의 복제자가 가지고 있던 생명의 재료 물질을 해체하여 자신의 복제에 이용하기도 했을 것이다. 이 지배자는 곧이어 복제 능력이 더 뛰어난 새로운 복제 에러에게 지배자의 자리를 내놓게 되었으며, 이러한 복제와 변이는 끊임없이 되풀이되었을 것이다. 이 과정에 한 번의 대도약이 있게 된다. 복제자 간의 협동과 분업이 일어나면서 여러 개의 복제자가 하나의 원시생명체 속에 들어가 팀플레이를 하게 된다. 그러면서 보다 효율적인 팀플레이를 수행하는 복제자 연합이 따뜻한

---

[*] 다윈은 화학 진화가 일어난 장소, 즉 무기물에서 유기물이 생성되고, 이들이 결합하면서 최초의 생명체가 출현한 장소를 따뜻한 작은 연못이라 비유했다.
[**] 앞 장에서 복제하는 물질이 왜 필연적으로 실수하는지를 열역학적으로 간단히 설명했다.

작은 연못의 지배자가 되고 이러한 협업 체계는 점차 세련된 형태로 진화하고 궁극적으로 가장 세련된 복제자 연합이 출현했을 터인데 이들 복제자들이 유전자의 시조일 것이다.[***]

생명에 필요한 최소 유전자

유전자의 초기 진화를 통해 만들어진 유전자의 시조는 몇 개 정도나 되었을까? 물론 이건 진화 소설이므로 우리는 답을 영원히 알 수 없다. 그러나 생명에 필요한 최소 유전자의 수를 통해 가늠해볼 수는 있을 것 같다. 하나의 세포가 스스로 복제 및 증식을 하면서 살아가기 위한 최소의 유전자는 몇 개이면 될까? 이런 질문에 대한 답도 우리 과학자들은 구한다. 재미있는 질문이지 않은가! 이 질문에 대한 해답을 구하기 위해 분자생물학자들이 분투한 시기가 1990년대이다.[****] 이들은 이미 알려진 미생물 중 가장 적은 수의 유전자를 가진 마이코플라즈마 제니탈리움(*Mycoplasma genitalium*)과 헤모필루스 인플루엔자(*Hemophilus influenza*)의 비교를 통해 250개의 유전자가 최소 숫자일 것으로 추정했다. 그러나 이후 유전자를 하나씩 망가뜨리면서 그래도 여전히 생존에 지장을 주지 않는 유전

[***] 생명으로 나아가는 최초의 복제자를 우리는 현재 RNA일 것이라 생각하고 있다. 이 RNA가 언제 어떻게 DNA에게 자리를 넘겨주었는지는 모른다. 어쨌든 현재의 생명체는 DNA를 복제기계로 활용하고 있다. 즉 유전자는 일부 바이러스를 제외하고 모든 생명체에서 DNA이다. 화학 진화나 RNA 월드는 이 장에서 설명하려는 주제에서 다소 벗어나므로 더 알고 싶은 독자는 내 연구실 홈페이지 'Tour in Biology' 섹션 http://ilhalee.snu.ac.kr/newbbs/tour.php를 참조하기 바란다.

[****] J. Maniloff (1996) PNAS Vol. 93: 10004-10006. The minimal cell genome: "On being the right size" E. V. Koonin (2000) Ann Rev. Genomics Hum. Genet. (2000) Vol. 01: p. 99-116.

자들을 소거하는 방법으로 생명의 최소 유전자가 대략 80개 정도밖에 되지 않는다는 사실을 알게 되었다. 아마 이들 중에서 유전자의 시조들이 있을 것이다. 어쩌면 이것보다 더 작은 수의 유전자로 최초의 생명체가 살아가지 않았을까? 당시의 환경은 지금보다 훨씬 더 환원력이 높았고 다양한 생명의 재료 물질들이 주변에 널려 있었을 것이기 때문이다. 이들 유전자의 시조는 처음에는 복제의 기능만 가지면 충분했지만 팀플레이를 하게 되면서는 점차 협업과 분업에 필요한 다양한 생물학적 기능(DNA 복제, 전사, 해독, 간단한 물질대사)이 필요해졌을 것이다.

엑손 재조합을 통한 유전자의 생산

아마 최초의 유전자는 상당히 거칠었을 것이다. 진핵생물의 유전자는 단백질의 아미노산 서열로 번역되는 엑손과 번역되지 못하고 잘리는 인트론으로 구성된다.[*] 이것은 초기 유전자가 생성될 때의 거친 상태를 보여주는 것인지도 모른다. 초기 유전자는 이렇게 의미가 없는 인트론이 군데군데 삽입되어 있어, 인트론을 잘라내는 특별한 기작이 필요했을 것이다. 생물체는 인트론을 제거하는 방식에 있어 두 가지 서로 다른 전략을 취하게 된다. 원핵생물은 게놈을 효율적으로 활용하기 위해 인트론을 아예 게놈에서 제거하는 방법을 선택했으며, 진핵생물은 이와 달리 DNA 정보를 RNA 정보로 복사한 뒤, 즉 전사가 끝난 뒤에 인트론을 제거하는 스플라이싱 방법을 선택했다. 이렇게 함으로써 원핵생물은 게놈의 크기를 가능

----

[*]   본문 3부 2장 〈유전 정보를 복사하는 전사〉를 참조하라.

한 단출하게 만들었고, 진핵생물은 진화 가능성을 엄청나게 확장시켰다. 이제 엑손 재조합에 의해 유전자 진화가 일어나는 얘기를 해보자.

게놈을 들여다보는 구조유전체학이 발달하면서 우리가 확실하게 깨달은 사실 중 하나는 엑손 재조합이 진화에 커다란 영향을 미쳤다는 것이다. 엄청나게 많은 수의 유전자가 엑손 재조합을 통해 만들어졌다. 이를 이해하기 위해서 몇 가지 기본적인 사실을 잠깐 소개한다. 우선 많은 단백질이 몇 개의 도메인으로 구성되어 있다는 사실이다. 많은 효소 단백질들이 실제 효소 반응이 진행되는 활성 부위와 효소 활성을 제어하는 조절 부위로 도메인화되어 있다. 생물의 발생에 커다란 역할을 하는 전사조절 단백질의 경우에는 DNA에 결합하는 결합 부위와 전사를 촉진하는 활성 부위로 도메인화되어 있다. 그런데 흥미롭게도 이러한 단백질의 도메인은 제각각 별도의 엑손을 구성하는 경향이 있다. 즉 효소의 경우에는 활성 부위가 하나의 엑손을 조절 부위가 또 다른 엑손을 구성한다는 것이다. 이렇게 하나의 엑손이 하나의 도메인으로 되어 있기 때문에 앞서 언급한 염색체 재배열과 유사한 엑손 재배열이 트랜스포존 등에 의해 비교적 쉽게 일어나게 된다. 말하자면 A라는 전사조절 단백질의 결합 부위와 B라는 전사조절 단백질의 조절 부위가 결합되면 지금까지 존재하지 않았던 전혀 새로운 전사조절 단백질이 만들어진다. 처음 애기장대라는 식물의 게놈을 들여다보았을 때[**] 전사조절 단백질 간의 엑손 재조합에 의해 얼마나 다양한 전사조절 단백질이 만들어지는지를 보고 감탄했던 기억이

....

**   애기장대 게놈은 2000년에 발표되었고, 그 발표 논문 중 일부에 이러한 엑손 패 섞기를 통한 전사조절 단백질의 진화가 언급이 되어 있다.

있다. 이러한 엑손 재조합의 주인공은 바이러스와 트랜스포존이다. 트랜스포존이 우리 생명체의 진화에 미친 영향은 끝이 없다!

유전자 수평 전달

생명체의 진화 과정에 유전자의 수를 늘리는 데 한몫 했을 현상 중에 하나가 유전자의 수평 전달이다. 일반적으로 유전자는 부모에서 자식으로 유전을 통해 전달된다. 이러한 유전자 전달 방식을 유전자 수직 전달 (vertical inheritance)이라 한다. 이와 달리 멘델 유전학의 원리에 의하지 않고도 유전자가 전달되는 방식이 있으니 이를 유전자 수평 전달[*]이라 한다. 이러한 수평 전달은 세대에서 세대로 전달되지 않고 바이러스나 박테리아를 통해 하나의 숙주에서 다른 숙주로 전달된다. 2010년 발표된 논문인데 일반 신문에도 보도된 적 있는 재미있는 과학 기사가 있었다. "일본인은 미국인들에게 없는 해초 소화 효소 유전자를 가진다"는 기사다. 이것이 전형적인 유전자 수평 전달의 예이다. 김, 미역 등의 해초류를 먹는 식습관을 가진 일본인들은 장 속에 해초류를 분해하는 장내 박테리아를 가지고 있다. 물론 미국인들은 해초류가 식단에 거의 올라가지 않는 국민이기에 그런 장내 박테리아를 가지고 있을 이유가 없다. 이 장내 박테리아가 오랜 기간 일본인의 장 속에서 공생하다가 자신의 해초 소화 효소 유전자를 인간에게 기분 좋게 선사한 것이다. 이런 일이 일어나는 방

---

[*] 유전자 수평 전달은 영어로 'horizontal inheritance' 또는 'lateral inheritance, lateral transfer'라 부르기도 한다.

법은 바이러스가 박테리아의 유전자를 물어와 인간의 장 세포에게 전달하는 것이다. 희박하기는 하지만 장내 박테리아가 죽으면서 조각조각 분해된 박테리아의 DNA가 일본인의 장세포 속에 우연히 끼워 들어갔을 수도 있다. 그러나 바이러스가 유력한 유주얼 서스펙트이다.

유전자 수평 전달은 자연계에서 꽤 흔하게 일어난다. 식물의 잎에서 오랫동안 기생했던 진딧물이 식물의 카로티노이드 생합성 효소 유전자를 자신의 게놈에 가지고 있는 경우, 스트리가라는 기생식물이 숙주인 감자의 유전자를 받아서 자신의 게놈에 간직한 경우 등등, 특히 유전자 수평 전달을 흥미롭게 보여주는 사례로 미토콘드리아와 엽록체의 유전자가 진핵생물의 핵 속 DNA로 전이되는 것을 들 수 있다. 동식물이 가진 게놈 속에는 미토콘드리아나 엽록체 기원의 유전자들이 꽤 많다. 실은 이러한 유전자 전이는 현재도 진행 중이다. 식물 게놈에서 엽록체 기원의 유전자 수를 세어보면 식물종마다 꽤 다른데, 이는 엽록체의 유전자가 수평 전달에 의해 핵으로 전이되는 현상이 현재 진행형임을 시사한다.

유전자 수평 전달은 전체 생물권 내에 있는 모든 유전자들을 생물들이 서로 공유하게 해준다. 다른 생물이 오랜 진화 과정을 통해 장만한 유전자를 수평 전달을 통해 쉽게 획득할 수 있으니, 각 생물종들이 비교적 쉽게 유전자의 수를 늘릴 수 있게 된다. 마지막으로 완전히 새로운 유전자는 어떻게 만들어지는지 살펴보자. 이를 유전자의 탄생**이라 한다.

....

** 'de novo gene birth'라고 논문들에서는 기술하고 있다.

유전자의 탄생

일반적으로 새로운 유전자가 생성되는 방법은 기존의 유전자가 중복된 후 하나가 변형되는 방식이라 생각하고 있다. 좀 더 자세히 설명하면 중요한 기능을 수행하는 유전자가 유전자 복제 과정을 거쳐 2개가 된다. 그러면 둘 중 하나에 돌연변이가 일어나도 생물체에 치명적인 손상을 미치지는 않는다. 따라서 복제된 또 하나의 유전자는 융통성을 가지게 되어 진화적 변이 과정을 거쳐 다른 기능을 가진 새로운 유전자가 된다. 이 이론에 따르면 새로운 유전자의 생성은 이미 존재하던 유전자에서 비롯된다. 그렇다면 그야말로 새로이 만들어지는 유전자, 즉 유전자의 탄생은 일어나지 않을까? 이에 대한 새로운 이론을 소개할까 한다.

하버드 대학의 마크 비달 교수는 포스트게놈 시대를 대표하는 유전체학자라 할 수 있겠다. 지난 2012년 여름 오스트리아 비엔나 학회에서 기조강연 연사로 초청받은 그는 한눈에 알아볼 수 있는 자유로운 영혼의 괴짜 과학자였다. 그를 보는 순간 단박에 그의 매력에 빠져들었다면 과장일까! 기조강연 연사로 소개받으면서 걸어 나오는 그는 그야말로 괴짜의 모습 그대로였다. 양말을 신지 않은 맨발에 구두의 뒤축을 구겨 신고 나오다가 신발이 발에 걸리적거렸는지 연단에 섰을 때는 이미 한쪽 구두가 그의 행동반경을 이탈하고 없었고, 그나마 남아 있던 한쪽 구두마저 강연 도중 내팽개쳐버려 결국 맨발로 강연을 진행하게 되었다. 아마 구두가 그의 자유로운 영혼에 걸리적거리는 장애물이었던가 보다.

그렇게 진행된 강연은 청중 전체의 마음을 일찌감치 휘어잡았고, 그의 창의적 아이디어의 끝이 어디일까 궁금하게 만들었다. 결국 유전체학에서 출발한 그의 아이디어는 진화의 최첨단 이론을 만들어내는 데까지 물 흐르듯이 연결되었고, 유전자의 탄생이 어떻게 가능했는지를 설명하는 절묘한 이론에 이르게 되었다. 생물학을 공부하는 분들은 원논문을 꼭 읽어 보길 권한다.* 유전자가 어떻게 완전히 새롭게 생성되느냐! 비달 교수는 이 논문을 통해 유전자의 원형(proto-gene)이 어떻게 생성되고, 어떤 진화 과정을 거쳐 유전자를 탄생시키며, 결국은 소멸되는지를 일목요연하게 설명하고 있다.

간단히 소개하면, 생물체의 게놈 부위에는 유전자 부위뿐만 아니라 유전자 간 지역(intergenic region, nongenic region)이 엄청난 양으로 존재하는데 이 부위도 전사를 통해 RNA 발현이 일어나고 있다. 그동안 왜 이러한 발현이 일어나야 하는지에 대한 다양한 연구가 진행되어왔고, 이것이 유전자 발현을 정교하게 조절하기 위한 메커니즘으로 작동한다는 여러 증거들이 제시되어왔다. 놀랍게도 사람의 경우 게놈의 1.5퍼센트만이 유전자 부위임에도 불구하고 전체 게놈의 무려 85퍼센트가 전사를 통해 RNA를 생성하고 있다. 비달 교수는 이러한 부위가 새로운 유전자의 탄생을 위한 재료 물질이라고 본 것이다. 이렇게 RNA를 전사할 수 있는 부위 중 일부가 진화적 변이를 거쳐 리보솜에 의한 해독도 할 수 있게 되고, 이러한 펩티드 조각이 점점 길어지면 결국 유전자가 된다는 것이다. 펩티드 조각이 길어지기 위해서는 생성된 펩티드가 진화적 적응에 도움이 되는 특성을 가져야 할 것이다. 왜인지 모르나 영양 부족 상태에서는 펩티드를 생성하는 원형 유전자들의 발현이 증가한다. 이는 유전자 탄생의 재료물

----

* Carvunis et al. (2012) Proto-genes and de novo gene birth. Nature, Vol. 487: p. 370-374.

유전자 간 지역

유전자 A   유전자 B

↓ 돌연변이 축적, 프로모터 생성

GTG   비부호 RNA 생성

↓ 돌연변이, 개시코돈 생성

ATG   TAG   해독, 짧은 펩티드 형성

↓ 종결코돈의 돌연변이

ATG   AAG   TAG   펩티드 길이 증가

↓ 종결코돈의 돌연변이

ATG   AAG   TAC   TAG   단백질 부호 유전자 탄생

❙ **새로운 유전자가 탄생되는 과정의 단계적 도식화.** (1) 두 유전자 A와 B 사이에 돌연변이가 축적되면서 프로모터가 생성되어 비부호 RNA가 전사된다. (2) 돌연변이에 의해 해독이 시작되는 ATG 개시코돈이 만들어지면 아주 짧은 가닥의 펩티드가 형성된다. (3) 이후 돌연변이에 의해 펩티드 길이가 점점 길어지면 단백질을 부호화하는 새로운 유전자가 탄생하게 된다.

질인 펩티드 생성이 어려운 환경 조건에서는 진화적 적응도를 증가시킴을 시사한다. 정리하면 진화 과정에서 축적되는 유전자 간 부위의 돌연변이가 점차 펩티드의 합성을 가능하게 만들었고, 나아가 펩티드의 길이가 길어지게 만들어서 궁극적으로 하나의 완전한 단백질을 만드는 유전자의 탄생으로 이어진다는 것이다(위 그림, 유전자 탄생 모식도 참조).

이러한 유전자 탄생의 개념 자체는 새로운 것이 아니다. 이를테면 침팬지와 사람의 게놈을 비교함으로써 인간의 유전자 중 일부가 'de novo' 기원을 가진다고 주장하는 논문이 최근에 발표되기도 했다.[*] 비달의 창의성은 유전자의 탄생이 어떤 분자 메커니즘을 통해 일어나는지를 보인 데 있다.

---

[*] Wu et al. (2011) De novo origin of human protein-coding genes. PLoS Genet 7: e1002379

6

생명의 진화

· 35억 년이라는 장구한 시간 ·

앞에서 우리는 진화가 일어나는 물리적·화학적 근거와 실제 자연선택에 의해 진화가 일어나는 빼어난 사례를 살펴봤다. 이제 그런 자연선택의 메커니즘에 의해 40억 년간 지구 상에서 펼쳐진 생물의 역사를 더듬어보자.

아마 화석학적 기록으로 발견된 최초의 생명체는 35억 년 전 화석, 호주의 스트로마톨라이트에서 발견된 원핵생물일 것이다. 이들은 점차 지구 생태계를 점령해 들어갔고 원시지구의 대기 환경 자체를 바꿔놓았다. 15억 년이라는 긴 시간 동안 원핵 생물체는 더딘 걸음이지만 조금씩 조금씩 진화하여 세포내막계를 갖춘 진핵생물을 만들어냈다. 이때의 진핵생물은 아마 단세포였을 것이고 아주 간단한 생명 활동만 가능했을 것이다. 20억 년 전에는 광합성을 하는 생물이 출현하면서 지구의 대기를 완전히 바꿔버리는 사건, 산소대방출(great oxidation event)이 진행된다. 이후 전체 공기의 20퍼센트를 산소가 차지하는 산화성 대기가 되면서 생물종의 급격한 교체가 진행되었다. 산소가 충만한 대기에서 보다 효율적인 물질대사*가 가능해졌고, 보다 다양한 형태의 생물종이 나타나기 시작했다. 지금으로부터 약 6억 년 전 다세포생물이 처음으로 나타났고, 이들이 수많은 동식물을 만들어냈다. 이때까지 모든 생물체는 물속에서 살았다. 하지만 약 5억 년 전 이들이 육지로 상륙하여 그때까지 공터로 남아 있던 생태계를 차지하며 급속도로 빠르게 새로운 생물종을 만들어내게 된다. 결국 생명의 역사 마지막 1분을 남겨놓고 우리 인류가 출현하여 지구를 제패한다.** 마치 여기가 처음부터 제 땅이었던 것처럼······.

화학적 진화: 진화 소설

진화의 첫걸음은 어떻게 시작되었을까? 즉 최초의 생명은 어떻게 출현했을까? 이를 생명의 진화에 앞선 '화학적 진화(chemical evolution)'라 부른다. 화학적 진화를 통해서 최초의 원시세포가 출현했을 것이고, 이후 생물학적 진화를 통해서 보다 세련된 생명체들이 지구 생태계 곳곳에서 출현하게 되었을 것이다. 화학적 진화에 대해 처음 고민한 사람은 다윈 자신이었다. 그는 『종의 기원』 저술 이후 친구에게 보낸 편지에서 '따뜻한

---

* 세포호흡의 에너지 효율은 대략 40퍼센트 정도 되지만 무산소 상태의 에너지 효율은 2퍼센트 정도밖에 되지 않는다.
** 지구의 역사를 12시간으로 환산하면 인류는 마지막 1분을 남겨놓고 무대에 등장한 것이다.

작은 연못'이라는 최초의 생명이 출현했을 것으로 짐작되는 장소에 대해 언급하고 있다. 당시에는 생명의 기원에 대해 주목한 사람은 거의 없었다. 대부분의 사람들은 인간의 조상이 원숭이란 말인가 하는 이슈에 핏대를 올리고 있었으니 말이다. 하지만 생명의 분자 DNA가 밝혀지고, 물리학과 지질학의 발달로 지구의 나이가 무려 45억 년이나 되었다는 사실을 알게 되면서, 최초의 생명체가 어떻게 출현했을까에 관심을 가지게 되었다. 비로소 생명의 기원, 즉 화학적 진화가 학문의 대상이 되기 시작한 것이다.

이 문제에 대한 선구자는 소련의 생화학자 오파린이었다. 그는 1936년 『생명의 기원』이라는 책을 통해서 지구 상에 존재하던 무기물이 유기물로 변환되었고, 이들이 결합하면서 최초의 원시 생물체가 출현했을 것이라 제안했다. 이를 '오파린 가설' 혹은 자연발생설이라 한다. 영국의 생물학자 할데인이 이에 가세하여 '자연발생설'의 시나리오를 체계적으로 구축했다. 이 시나리오에 따르면, 지구의 초기 원시대기는 현재와 달리 메탄, 수소, 수증기, 암모니아 등으로 이루어진 환원성 대기였고 자외선, 열 등이 도처에 널려 있어 반응성이 높은 상태에서 아미노산, 당, 핵산염기 등 생명의 재료 물질들이 생성되었다. 이들은 바다로 떠밀려가 어느 해변가 바윗덩어리 속의 움푹 패인 물웅덩이에서 농축되어 생체고분자 물질들을 만들었고, 이어 간단한 물질대사를 수행하는 원시세포로 조립되었을 것이다. 이러한 가설을 직접 실험으로 입증한 사람이 시카고 대학의 유리와 밀러이다. 그들은 1953년 인공 방전기를 제작하여 오파린-할데인 가설에서 제안되었던 대기 조건을 제공한 뒤 방전 실험을 수행했다. 그 결과 놀랍게도 무기물에서 아미노산과 간단한 핵산염기 등이 생성되는 것을 보았다. 이 실험은 당시 많은 과학자들을 놀라게 했으며, 이후 화학적 진화를 진지한 연구 주제로 삼는 과학자들이 꾸준히 나타나게 되었다.

생명의 재료 물질인 단량체가 중합체로 중합되기 위해서는 열역학적 문제를 해결해야 했는데, 이를 극복하기 위해 제안된 아이디어가 바닷속 용암 분출구, 해저 열수공 근처에서 중합 반응이 진행되었다는 이론이다. 해저 열수공 주변은 항상 따뜻한 온도가 유지되어 화학적 반응 에너지가 높고 고압이 유지되는 상태이므로 자연적인 상태에서는 불가능한 화학적 결합이 가능할 것이라 생각했던 것이다. 이 아이디어는 생명이 바닷속에서 기원했을 것이라는 일반적인 추론과도 잘 부합된다. 이후 열수공 주변의 환경을 모사한 다양한 실험이 이어졌다. 특히『생명의 기원』에서 제안한 아이디어가 기발했다. 이에 따르면 단단한 화강암 암벽 속에 스며든 생명의 재료 물질이 층층으로 포개진 미세구조 속에서 비교적 쉽게 화학 결합했을 것으로 추론하고 있다. 즉 단량체들의 자유로운 회전 운동을 억제함으로써 축중합 반응이 매우 잘 일어나는 환경을 만든다는 아이디어이다.

생명의 화학적 기원은 여전히 소설 수준의 이야기이고 실험적으로 입증한다는 것이 무모해 보인다. 그럼에도 불구하고 '생명의 기원'이라는 주제는 '우주의 기원'이라는 주제와 쌍벽을 이루는 최고의 과학적 물음임에는 분명하다. 이러한 문제에 도전하고 있는 노벨상 수상자 잭 조스택 교수의 연구는 대단히 흥미롭다. 조스택 교수는 텔로미어 연구로 이미 2009년 노벨생리의학상을 수상한 과학자이다. 이런 분이 진화 소설처럼 여겨지는 화학적 진화를 연구하고 있다니 당연히 관심이 갈 수밖에 없다. 그는 생명이 출현하기 위한 다양한 조건들을 다섯 단계로 나누고 각 단계별 프로세스를 실험실에서 구현하고 있다. 그는 최근 세포분열이 일어나

▌ 호주 서부 샤크만 해안가에서 발견되는 최초의 미생물 화석 스트로마톨라이트.

는 원시세포의 조건을 찾아냈고, 효소가 없는 상태에서 일어나는 RNA 합성 조건도 발견했다.[*] 자못 흥미진진한 연구가 노벨상 수상자라는 명성을 가진 과학계의 대가에 의해 진행되고 있는 것이다. (파이팅!)

최초의 생명체 원핵생물

가장 오래된 생명체의 화석은 호주 지역에서 발견되는 스트로마톨라이트 화석이다. 이 화석은 여러 층의 세균과 퇴적물로 구성된 쐐기 모양의 퇴적암을 형성하고 있다. 방사성 동위원소로 암반의 연대를 측정하니 대략 35억 년 전에 형성된 퇴적암 층이었다. 따라서 최초의 생명체는 대략 40억 년 전쯤 시작되었을 것이라 추측한다. 지구가 태양계에서 떨어져 나와 형성된 지 5억 년이 지난 시점이었다. 이후 원핵생물은 다양한 진화적 시도를 했을 것으로 짐작된다. 어떤 생물체는 독립영양을 통해 스스로 에너지를 만드는 방법을 고안해냈을 것이다. 대략 27억 년 전쯤 광합성하는 능력을 가진 원핵생물, 남세균이 출현한 것이다. 이들은 광합성을 통해 에너지를 얻을 뿐만 아니라 이 과정에 산소를 방출해냈는데, 이들의 수가 얼마나 빨리 증가했는지 20억 년경에는 산소대방출이라는 엄청난 지질학적 사건을 저지른다. 이때의 암반층을 보면 붉은 줄무늬 암석층이 또렷이 나타난다. 산소에 의해 철이 산화된 산화철이 퇴적되며 형성된 것이다.

---

[*]　Science (2013) News Focus: The life force. Vol. 342: p. 1032-1034.

진핵세포의 출현

산소대방출에 의해 지구의 대기는 산소가 풍부한 산화성 대기로 바뀌게 된다. 이 때문에 생명체들의 물질대사도 무산소 대사에서 에너지 효율이 대단히 높은 세포호흡으로 바뀌었고, 더욱 다양한 생명체가 출현하게 된다. 21억 년 전의 화석에 처음으로 복잡한 내막계를 갖춘 진핵생물들이 나타났다. 원핵생물과 달리 이들은 아마 세포 내 골격을 발달시켰을 것이다. 이러한 세포 내 골격은 세포의 식세포 작용을 도와 다른 생물체를 잡아먹는 데 유리했을 것이다. 식세포 작용의 결과 핵막, 소포체, 골지체와 같은 내막계가 만들어지고, 미토콘드리아와 엽록체와의 세포 내 공생이 가능해졌을 것이다. 미토콘드리아는 리케차라는 호기성 세균을, 엽록체는 남세균이라는 혐기성 세균을 잡아먹어 세포내공생을 하게 된 것이다.[*] 세포내공생은 여러 생물학적 연구 결과 생명의 역사상 단 한 번 일어난 것이 아니고 여러 차례에 걸쳐서 일어난 것으로 생각된다. 그래서 최근에는 연속 내부공생을 통해 진핵생물이 기원했을 것으로 보고 있다.

다세포생물의 기원

다세포생물이 지구 상에 출현한 것은 대략 6억 년 전쯤이다. 이때까지 지구 상에 생존하던 다양한 조류, 식물, 원생동물, 곰팡이류 등의 단세포생물이 아마도 군체 생활을 거쳐 다세포생물로 진화한 것으로 보인다. 군

---

* 호기성 세균이란 공기, 즉 산소를 좋아하는 세균, 혐기성 세균이란 공기를 싫어하는 세균을 말한다.

체를 이루고 살아가는 생물은 현재도 많이 볼 수 있다. 대표적 예가 볼복 스인데, 이들은 현재 단세포에서 다세포로 진화해가는 중에 있다. 이후 고생대 초기 캄브리아기의 처음 2,000만 년 동안 주요 동물 문들이 폭발적으로 등장하게 된다. 아마 이때 생물의 다양성이 최대로 증가했을 것이다. 동물의 출현과 비슷한 시기에 식물도 출현했고 함께 나란히 육지를 정복하기 시작했다. 이때가 대략 5억 년 전쯤이다. 캄브리아기 대폭발과 시기가 일치한다. 식물은 육상으로 올라오는 과정에 처음에는 축축한 습지에 적응했고 나중에 제대로 된 육지에 정착한 것으로 보이는데 이 때문인지 아직도 식물은 뿌리 속 곰팡이와 공생하고 있다. 식물을 다른 대륙으로 옮겨가 이식하면 잘 자라지 못하는 이유가 새 거주지에는 토양 속에 이주 식물이 공생하던 곰팡이가 없기 때문이다. 식물과 곰팡이의 공생이 아직도 생존에 대단히 중요함을 알 수 있다.

대륙판을 타고 서핑을 즐긴 공룡들

공룡은 아이들의 과학적 호기심을 불러일으키는 최고의 생물이다. 현존하지 않는 것이 아쉬울 따름이다. 이들 공룡은 대략 2억 5,000만 년 전에서 6,500만 년 전 사이에 지구를 점령했다. 그런데 이 시기는 공교롭게도 판게아라는 대륙들이 한 덩어리로 뭉쳐진 초대륙에서 각각의 대륙으로 나뉘던 시기였다. 그러다 보니 공룡들은 본의 아니게 대륙판을 타고 전 세계 여기저기로 흩어지는 보드서핑을 즐긴 셈이다. 사실 즐겼다는 표현은 좀 그렇다. 그들은 대륙판들이 이동하고 부딪치면서 일어나는 엄청난 자연재해, 화산과 지진 등의 피해를 고스란히 입었다. 더구나 1억

6,000만 년 전에는 화성과 목성 사이의 두 소행성이 충돌하면서 지름 10 킬로미터 이상의 운석 300여 개와 지름 1킬로미터 이상의 파편 14만 개 등 이른바 '밥티스티나 소행성 일족'이 형성되었고, 이들 가운데 지구로 향한 지름 10킬로미터짜리 커다란 운석이 6,500만 년 전 멕시코 유카탄 반도 일대에 떨어지면서 지름 180킬로미터의 칙술룹 분화구를 만들었다. 이러한 운석 충돌로 지구는 화재와 먼지구름으로 뒤덮였고, 더불어 일어난 지각변동으로 먹이와 산소가 부족해진 공룡은 멸종하게 되었다.[*] (지리 복도 없지~ 쯧쯧쯧!)

육상동물의 진화와 인간의 출현

수많은 동식물이 멸종되었지만 여전히 살아남은 동물들은 공룡이 남기고 간 빈 생태계를 차지하면서 급속히 확산되었다. 이때의 동물은 주로 절지동물(곤충과 거미)과 척추동물(양서류, 파충류, 조류, 포유류)이었다. 식물로는 현재 우점종을 차지하고 있는 현화식물(꽃피는 식물을 이렇게 고상하게 부른다~)이 대략 1억 년 전에 등장했다. 우리 인간의 기원이 되는 유인원은 600~700만 년 전에 등장했고, 우리 인간은 마지막 순간 1분 전에 짠하고 나타났다. 이제 우리 인간의 진화에 대해서도 살펴보자. 최근 극적인 화석의 발견이 꽤 많이 이루어져 인간의 진화에 대해서도 할 말이 많다.

....

[*]   Nature (2007) News & Views: Lethal billiards. Vol. 449: p. 30-31.
      Bottke et al. (2007) An asteroid breakup 160 Myr ago as the probable source of the K/T
      impactor. Nature Vol. 449: p. 48-53.

7

인간의 진화

· 우리만 있었던 게 아니야! ·

1860년 6월 30일 영국 옥스퍼드 대학 대강당에서는 역사적인 진화론 대 창조론 공개 토론회가 열렸다. 『종의 기원』이라는 베스트셀러가 출간된 지 겨우 반년밖에 되지 않은 때였다. 이미 영국의 교양인들은 말할 것도 없고 전 세계(당시의 전 세계는 기껏해야 유럽 대륙을 의미)의 지식인들이 이 책을 읽고 충격을 받거나 환호하거나 하고 있던 상황이었다. 다윈의 급진적 세계관에 위협을 느낀 종교계에서는 진화론이 맞는지 창조론이 맞는지 공개 토론회를 통해 가려보자고 제안했다. 소심한 다윈**은 자신이

....

** 다윈이 소심했던 이유는 건강상의 이유와 학문적인 이유 두 가지로 나눠볼 수 있다. 다윈은 5년간의 비글호 항해 동안 원인을 모르는 풍토병에 걸린 것으로 보인다. 이후 다윈은 평생 골골하며 살았다. 학문적인 이유는 자연선택 이론의 기초가 되는 개체군 내 유전적 변이의 원인을 설명하지 못했던 한계 때문이다. 당시 유전학의 패러다임이었던 '혼성유전'의 개념으로는 왜 개체군 내 유전적 변이가 계속 유지되는지를 설명할 수 없었다. 멘델의 유전 법칙을 접하지 못한 다윈이 안타깝게 여겨진다. 다윈 사

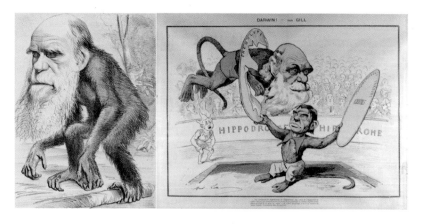

■ 윌버포스 주교의 독설에서 아이디어를 얻은 풍자화. 다윈의 진화론을 비틀어 공격하고 있다.

직접 토론회에 나서지 못하고 '다윈의 불독'이라 불렸던 토머스 헉슬리[***]를 토론자로 내세운다. 이 토론의 말미에서 창조론의 대변자로 나섰던 윌버포스 주교의 독설은 두고두고 세간에 화제가 되었다. 그는 헉슬리에게 물었다.

"진화론이 맞다면 당신네 할아버지, 할머니 중 어느 쪽이 원숭이요?"

이에 헉슬리가 맞받아쳤다.

"당신처럼 진실과 마주하기를 두려워하는 사람보다 원숭이 두 마리의

후 그의 책상을 정리하면서 멘델이 발표한 논문이 들어 있던 서류 봉투가 발견되었다. 그는 친구에게서 받은 이 논문을 개봉하지 않고 책상 위에 쌓아둔 것이다. 이 논문을 읽었더라면 당대 최고의 석학인 다윈이 멘델의 법칙을 이해하지 못했을 리 없고 진화론 논쟁에서 소극적이지 않았을 것이다.

*** 토머스 헉슬리는 다윈 시기 논쟁을 즐겼던 혁신적 사상가로서 진화론을 보편타당한 자연의 법칙으로 이해하고 널리 전파하기 위해 애를 썼던 생물학자이다. 덕분에 '다윈의 불독'이라는 다소 조롱 섞인 별칭을 얻었다. 『멋진 신세계』의 저자 올더스 헉슬리의 할아버지이다.

자손이 되는 것을 선택하겠습니다."

이 일화는 인구에 회자되면서 좋은 익살의 소재가 되었다. 많은 풍자화가들이 머리는 다윈이고 몸은 원숭이인 그림들을 그려내기 시작했다. 이 그림들은 당시 사람들이 『종의 기원』에 담긴 내용들을 얼마나 곡해하고 있었는지를 단적으로 보여준다. 그리고 이러한 곡해가 150년이 지난 지금까지 계속되고 있다.

인간의 조상은 원숭이가 아니다!

354쪽 그림은 재미있기는 하지만, 그리고 창조론을 굳게 신봉하는 사람들의 입장에서는 통쾌하기까지 하겠지만 자연선택 이론을 그들이 얼마나 잘못 이해하고 있는지를 단적으로 보여준다. 인간의 조상은 원숭이가 아니다. 똑같은 이유로 원숭이의 조상 또한 원숭이가 아니다! 진화론에서 주장하고 있는 것은 인간과 원숭이의 조상이 한때 같았다는 것이다. 그리고 이 조상은 몇 가지 공통점을 가지고 있긴 하겠지만 지금의 원숭이와 인간 어느 것과도 다르다. 최근의 분자생물학적 연구에 따르면 인간과 원숭이의 공통 조상이 대략 600만 년 전 유인원과 인간으로 분가했다고 한다. 이 공통 조상에 대한 화석은 남아 있지 않지만 이들은 4족 보행을 했을 것이며 나무 위에서 대부분의 시간을 보내었을 것이다.

우리 인간의 직계 조상으로서 가장 먼 시기의 화석이 2000년대 후반부터 활발히 발굴되고 있다. 이들은 아디피테쿠스(Ardipithecus), 혹은 줄여서 아디(Ardi)라고 불리는 화석인데 대략 450만 년 전 화석이다. 아디는 4족 보행에서 2족 보행으로 넘어가는 전환기에 있는 인간종으로 보이며

골격 구조 등을 분석해보면 인간의 특성과 침팬지의 특성을 동시에 가지고 있다. 인간과 원숭이 사이의 잃어버린 고리에 해당하는 화석인 셈이다. 현재까지 대략 4~5종의 아디가 발굴되었다.

이들과 갈라져나온 것이 그 유명한 오스트랄로피테쿠스(남쪽의 유인원이라는 의미를 담고 있다)이다. 오스트랄로피테쿠스는 대략 300만 년 전 아프리카에서 살았던 원시 인류의 초기 종으로서 인류가 속한 호모 사피엔스의 가까운 친척뻘이다. 우린 인간과 같이 직립보행했을 것으로 생각되나 아직 도구를 이용하지는 못했던 것으로 보인다. 두개골의 형태 또한 뇌 용량이 침팬지와 다르지 않고 주둥이가 툭 튀어나와 있다. 본격적으로 두뇌 발달이 일어나기 전의 원시인류로 보아야 할 것이다. 오스트랄로피테쿠스 이후에 등장한 호모족은 손재주가 있는 사람이라는 의미의 호모 하빌리스이다. 호모 하빌리스는 문헌에 따라 오스트랄로피테쿠스 하빌리스라고 불리기도 한다. 오스트랄로피테쿠스와 구분하기 어려운 호모족임을 짐작할 수 있다.

호모 사피엔스의 출현

직립보행을 하는 원시인류가 400만 년 전에 출현했지만 이들은 여전히 원숭이 수준의 지능에서 크게 벗어나지는 못했다. 아직 작은 두개골의 크기 때문에 두뇌 용량이 커지지 못한 것이다. 그런데 아프리카 사바나 지역에 거주하던 오스트랄로피테쿠스의 친척종 하나가 두개골의 크기가 커지기 시작했다. 이 친척종은 호모 하빌리스, 호모 에렉투스, 호모 하이델베르겐시스, 호모 네안데르탈렌시스 등 20여 종을 포함하는 호모종으로 분화했다. 이들은 사바나 지역의 가뭄이라는 극한 상황에서 똑똑한 놈들만 살아남는 험악한 자연의 선택을 받은 것으로 보인다. 대략 200만 년 전부터 뇌 용량이 커지기 시작하는데, 이때가 공교롭게도 사바나 지역이 사막화해가는 시점과 맞물린다. 이때부터 호모 에렉투스라 불리는 꼿꼿하게 서서 다니는 직립인간이 나타난다. 자바원인이나 베이징원인이 모두 호모 에렉투스에 속하는데 이들 호모 에렉투스 종은 꽤 넓은 지역에 걸쳐서 생존하고 있었던 것으로 보인다.

이후 호모 에렉투스에서 3종의 인간이 분지되어 나온다. 하나는 호모 네안데르탈렌시스이고 다른 하나는 호모 사피엔스, 또 다른 하나는 아주 최근에 발견되어 정식 학명을 갖지 못한 데니소바인이다. 우리와 사촌간인 호모 네안데르탈레시스, 즉 네안데르탈인은 30만 년 전쯤에 유럽 전 지역의 패자가 되었으며 현생인류와 같이 도구를 사용하고 동굴 속에서 집단 거주를 하면서 간단한 언어도 구사했을 것으로 추측된다. 그러나 그들이 남겨놓은 유적의 문화 발전 속도*가 현생인류에 비해 느린 것으로 보아 현생인류에 비해서는 지능이 떨어졌을 것이다. 반면 아프리카 지역에서 약 50만 년 전 새로 출현한 호모 사피엔스는 20만 년 전 아프리카 지역을 빠져나와 유럽 지역의 네안데르탈인을 밀어내기 시작했다. 이들은 뛰어난 지능을 이용하여 덩치가 더 컸던 네안데르탈인을 몰아내고 그들이 쓰던 동굴까지 빼앗았다. 결국 네안데르탈인은 생태적 지위(ecological niche)가 같을 수밖에 없는 현생인류에 밀려 3만 년 전 멸종하게 된다. 데

---

* 석기의 제작 형태, 혹은 종교적 주술에 사용되었을 것으로 생각되는 조개껍질 장신구의 모양 등이 네안데르탈인이 남긴 유적지에서는 오랜 기간 변화 없이 똑같은 형태로 나타난다.

니소바인은 시베리아 지역에서 발견된 새로운 호모종으로 최근의 뛰어난 DNA 염기 분석법으로 확인해본 결과 게놈이 네안데르탈인과도 다르고 현생인류와도 다른 제3의 호모종으로 보인다. 짐작컨대 호모 에렉투스가 유럽에서는 네안데르탈인으로 진화했고, 아시아 지역에서는 데니소바인으로 각각 독립적으로 진화한 것이 아닌가 생각된다. 이것은 많은 학자들에 의해 제기되었던 두 번의 '아웃 오브 아프리카'설을 지지하는 증거이다. 즉 인간이 아프리카 대륙을 두 번에 걸쳐서 빠져나왔는데 한 번은 호모 에렉투스가, 또 한 번은 호모 사피엔스가 역사적 엑소더스를 감행했다는 것이다.

인간의 뇌용량이 커지기 시작한 것은 화석학적 기록으로 보아 대략 200만 년 전쯤으로 보인다. 이후 꾸준히 뇌용량이 커져서 침팬지의 4배에 이르는 현재의 크기가 완성된 것은 대략 10만 년 전쯤이었다. 반면 언어 기능은 10만 년 전에서 4만 년 전 사이에 완성되었다고 한다. 그동안 인간은 계층적 언어를 탄생시켰고, 문법 구조를 개발하지 않았을까 추측된다. 이 진화 과정에서 주목할 만한 일은 두개골의 형태가 주둥이가 툭 튀어나온 침팬지 형태에서 점차 주둥이가 들어가면서 현생 인류와 같은 밋밋한 형태로 바뀌어져 갔다는 것이다. 이런 형태적 변화를 보여주는 화석들을 나란히 배열해보면 인간의 진화도 점차적으로, 단계적으로 진행되었음을 볼 수 있다. 더 이상 창조론자들이 반박하는 증거로 내세우는 '잃어버린 고리'가 없다. 이상 설명한 인류의 진화가 뚜렷이 보여주는 것은 지구 상에 우리만 있었던 게 아니라는 것이다. 고인류는 한때 서로 같은 생태적 지위를 두고 경쟁을 할 수밖에 없었고, 그 결과 네안데르탈인은 멸종의 길을 걸은 것이다.

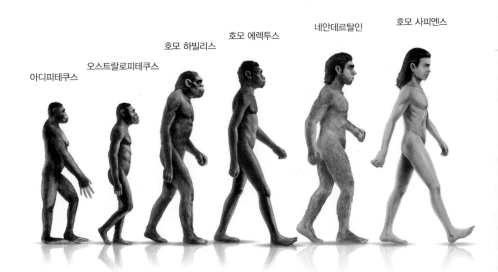

아디피테쿠스 오스트랄로피테쿠스 호모 하빌리스 호모 에렉투스 네안데르탈인 호모 사피엔스

▌인간의 진화

정보 매체의 변환

인간의 두뇌가 발달하고 언어가 만들어지면서 생물의 진화 과정에서 혁신적인 변화가 일어난다. 그동안 정보 매체는 DNA였고 RNA가 보조적인 정보 장치였다. 그러나 이제 생명체는 언어와 문자라는 새로운 형태의 정보 매체를 만들어냈다. DNA 정보 매체가 생명체의 몸을 만들어냈다면, 언어와 문자라는 정보 매체는 문명을 만들어냈고 급격한 속도로 환경을 변화시켰다. 이제 유전자(gene)가 아니라 밈(meme)[*]이 세상을 주도하기 시작했다.

진화에 간섭하는 인류

인류가 문명을 시작한 지 대략 1만 년쯤 되었다. 그런데 지난 1만 년의 기간보다 지난 100년이 훨씬 더 큰 세상의 변화를 가져왔다. 밈이 가져다준 세상의 변화는 너무 엄청나서 일일이 열거할 수조차 없다. 그중 하나만을 소개한다면 인간이 진화에 직접 손을 대기 시작했다는 것이다. 그동안 생명의 진화는 인간의 능력 밖의 일이었다. 그런데 고작 50년도 채 되지 않는 짧은 시간 동안에 우리 인간들은 분자생물학이라는 학문을 통해서 생명의 열쇠를 풀어헤쳤다. 그 덕에 우리는 유전자 변형 기술을 획득했고, 이 기술을 이용하여 GM 작물이나 GM 가축 등을 생산하기 시작했

---

[*]   리처드 도킨스가 『이기적 유전자』에서 유전자(gene)에 대응하는 문화복제자의 개념으로 밈(meme)이라는 용어를 만들어냈다.

다. 이러한 인위적 유전자 변형은 필연적으로 자연적인 생물 진화 과정을 교란시키게 된다. 이미 GMO 작물 근처의 초지에 슈퍼잡초가 등장하기 시작했다고 아우성이다.^{**} 슈퍼잡초가 등장하면 생태계에 커다란 혼란이 일어날 것이고 이는 진화 과정을 왜곡시키게 될 것이다.

우린 인간은 자신의 유전자도 변형시키기 시작했다. 10년 이내에 반드시 이루어질 것으로 생각되는 생명공학 기술이 유전자 치료이다. 유전자 치료의 첫걸음은 유전병 환자의 치료에서 시작될 것이다. 이는 납득할 만한 명분이 있다. 그러나 이 기술이 아주 용이해지게 되면 미용적 목적으로, 혹은 똑똑한 아이를 얻고 싶은 욕심에, 혹은 올림픽에서 금메달을 따올 욕심으로, 나아가 뛰어난 전투력을 가진 군대를 양성할 목적으로 이 기술이 활용될 수도 있다. 이때부터는 우리 인간이 자신의 유전체를 직접 다듬기 시작할 것이다. 진화를 추동하는 자연의 힘 대신에, 목적성을 가진 인간의 힘에 의해 진화가 진행되는 것이다. 생물학자를 포함하여 철학자, 인류학자, 사회학자 등 모든 영역의 전문가들이 지혜를 모아야 할 때이다.

**   실은 등장할 것이라고 아우성이지만, 아직 이를 입증할 만한 확실한 근거가 2014년 현재 없다.

에필로그

지난 가을 처음으로 길상사를 찾았다. 서울 도심에 이런 호젓한 장소가 있다니…… 경내를 둘러보며 법정 스님이 남기신 흔적들을 느낄 수 있었다. 길상사의 맑은 공기를 마시며, 연잎차를 마시며, 스님을 흘러갔던 色(색)들이 내 안으로 들어오는 묘한 감상에 젖었다. 생명을 흐름으로 정의하며 이 책을 써나가고 있던 때라 법정 스님을 흘러갔던 원소들이 내 안으로 들어오는 그 느낌은 대단히 강렬했다. 이후 영웅이나 위인들이 살아 생전 활동했던 무대를 방문하게 되면 늘 그분들의 일부가 내 안으로 흘러 들어오는 기분 좋은 감상에 젖는다. 이를테면 명량해전의 격전지 울돌목에서는 이순신 장군의 숨결이 느껴졌고, 장군과 내가 같은 원소들을 공유하고 있다는 일체감을 맛보기도 했다.

나는 이 책에서 리처드 도킨스의 『이기적 유전자』에 함의되어 있던 주장을 공공연히 드러내었다. 인간은 그저 규칙적으로 배열된 물질 덩어리라고! 이 책은 발표된 지 이미 40년이 다 되어가는데도 여전히 독자들을 충격에 빠뜨린다. 단지 생명은 복제기계로서의 본성을 가진다고 주장했을 뿐인데, 그의 책을 읽으면 특히 신앙심이 깊은 사람들은 대혼란에 빠진다. 심지어는 모욕감을 느끼기도 한다. 어떻게 인간을 이 따위 존재로 비하할 수 있냐고……. 그런데 그의 글이 충격을 주는 이유는 맞는 이야기들이기 때문일 것이다. 도킨스 교수의 주장이 얼토당토않은 맹랑한 애기라면 그런 극렬한 반응을 보여야 할 이유가 없다.

생명은 물질이 고도의 규칙성으로 배열된 고분자화합물이고, 그나마 생명체를 구성하는 물질들은 하나의 흐름으로 잠시 머물렀다 흘러가버린다. 이러한 생명의 정의만으로는 생명의 존엄성을 찾아내기 쉽지 않다. 그렇지만 여전히 인간은 존엄한 존재이며, 종교나 초월적 존재의 힘을 빌리지 않더라도 여전히 그 의미로 충만한 존재이다. 그 근거를 생물학에서 발견할 수 있다. 이제 책의 갈무리로 생명의 고귀함과 인간의 존엄성에 대한 생물학적 근거를 정리해보자.

생명의 고귀함

지구를 인공위성에서 내려다보면 푸른 행성으로 보인다고 한다. 지구가 푸른색으로 보이는 것은 지구 표면을 가득 덮고 있는 생명체들 때문이다. 특히 산소를 뿜어내는 나무들이 있어 더욱 푸른색으로 빛난다. 이들 식물들은 지구 생태계가 건강하게 돌아가도록 하는 생기력의 원천이다. 식물은 태양 에너지를 화학 에너지로 전환하여 유기물을 만들고, 부산물로 산소를 방출하여 지표면에 숨을 불어넣는다. 식물이 만들어낸 유기물은 지구 생명체들이 생명의 흐름을 지속하도록 해주는 원동력이다.

지구 생태계의 모든 물질들은 끊임없이 순환하며 흘러가는 하나의 거대한 흐름을 형성한다. 생명체를 거대한 하나의 흐름으로 바라본 이가 서울대학교 물리학과 명예교수이신 장회익 교수이다. 그는 세상의 모든 생명들이 하나의 거대한 집합체로 긴밀하게 연결되어 있는 존재(entity)로 규정하여 온생명이라는 개념을 만들어냈다. 이 온생명의 개념에 따르면 모든 생명체는 존귀하다. 어느 생명체 하나 허투루 존재하는 생명체는 없다. 모든 생명체들은 서로 밀접하게 영향을 주고받고 있기 때문이다. 하나의 생명이 건강하지 않으면 다른 생명 또한 건강하지 않게 되고, 궁극적으로는 온생명이 건강하지 않게 된다. 우리 인간이 전 지구적인 생태 환경의 변화에 예민하게 반응하는 이유이다.

생명은 그 자체로 존귀하다. 지구 생태계에 생존하는 생물종은 진핵생물만 대략 870만 종쯤 된다고 한다. 박테리아를 포함한 원핵생물의 종수는 아예 세는 것이 불가능하다. 지표면을 가득 메우고 있는 미생물들을 모두 분류하는 것은 불가능한 작업이기 때문이다. 이 모든 생명체는 오랜 진화의 과정, 자그마치 40억 년째 진행되고 있는 무자비한 진화 경쟁의 최종 승리자들이다. 현재의 생물종이 다듬어지기 위해 얼마나 많은 생물종들이 도태되어갔을까? 자연선택이라는 무자비한 자연의 끌이 깎고 다듬으며 빚어낸 생물체가 현재의 생물종인 것이다. 이들 생명체 하나하나를 들여다보면 그 아름다움에 감탄하게 된다. 완벽한 형태의 좌우대칭, 혹은 방사대칭, 자연이 절대로 만들어낼 수 없을 것 같은 완벽한 직선과 원형 등등, 우리 주변에는 아름다움이 넘쳐난다. 40억 년 동안 갈고닦은 생명이 어찌 존귀하지 않을 수가 있겠는가!

생명체들은 오랜 진화 과정을 거치면서 다양한 유전자들을 만들어냈다. 푸른빵곰팡이와 같은 생명체는 혁명적 의약품인 페니실린을 생산하는 유전자를, 버드나무는 아스피린을 생산하는 유전자를, 주목나무는 효과 좋은 항암제인 택솔을 생산하는 유전자를 만들어냈다. 이외에도 우리 주변에는 우리가 알게 모르게 유용한 의약품을 생산해낼 다양한 생명체들이 존재한다. 하지만 환경이 피폐해지면서 이 많은 유용한 유전자, 천연 의약품들이 사라져가고 있다. 우리가 환경 파괴를 우려할 때, 가장 안타까운 것이 미발굴 상태에서 그냥 멸종되어가는 생물들이다. 수십억 년의 진화를 통해 개발된 소중한 유전 자원들이 함께 소멸되기 때문이다. 멸종을 막고 건강한 생태계를 유지하기 위해 전 세계적인 노력을 기울이는 이유가 여기에 있다. 오랜 진화 과정을 거치면서 선택되어져온 유전자들은 그 자체가 보배이다. 더구나 이들 유전자들은 유전자 수평 전달을 통해 전 생물권에서 공유하고 있다. 말하자면 이 유용한 유전자들은 우리 인류의 소유가 아니라 전 생물권이 나눠가져야 하는 공동 자산이다. 이 소중한 자산을 인간의 기술문명으로 파괴시키는 것은 안 될 일이다.

모든 생명은 같은 조상의 후손이다. 이 지구 상에 생명이 어떻게 시작되었는지는 모르지만, 어떤 매우 단순한 생명이 발생했고, 이것이 다양한 형태로 진화했다. 형태나 기능이 전혀 다르게 보이는 생명도 정보와 기능이라는 측면에서 보면 모두 동일한 특성을 가진다. 모든 생명은 ATGC라는 네 가지 염기를 이용하여 정보를 저장하고, 모두 20종의 아미노산으로 이루어진 단백질을 가지고 있는 것이다. 따지고 보면 모든 생명이 그래야 할 아무런 화학적 · 대사적 이유가 없다. 단지 이들이 같은 조상의 후손이기 때문이다. 인간이 다른 생물들과 같은 조상을 가지고 있다는 사실만으로도 우리가 모든 생명들을 소중하게 여겨야 하는 충분한 이유가 되지 않을까!

인간의 존엄성

인간과 침팬지의 게놈 염기 서열을 비교해보면 겨우 1.3퍼센트의 차이밖에 나지 않는다. 고작 1.3퍼센트의 차이가 인간과 동물의 경계라니 놀라운 일이다. 한편 인간들 개개인 간의 게놈 염기 서열 차이는 약 0.1퍼센트 정도 된다. 말하자면 0.1퍼센트에서 1.3퍼센트 사이의 어떤 차이가 인간을 인간으로 만들어준 것이다. 그 어떤 차이는 분명 언어 능력이나 지능과 밀접하게 연관되어 있을 것이다. 최근에 발견된 언어유전자 FOXP2에 대한 연구 결과는 매우 흥미롭다. 이 유전자에 돌연변이가 있는 어느 영국 가족은 문장을 정확히 구성하지 못하는 문법장애와 발음을 정확히 못하는 발음장애를 가지고 있다고 한다. 이 유전자는 대뇌피질 부위에서 발현되는 전사조절 단백질에 대한 명령어인데, 발성기관의 정상적 작동과 문법구조의 이해를 위해 필요한 유전자이다. 이 유전자의 염기 서열을 인간과 침팬지에서 비교해보았더니 두 영장류 사이에서는 고작 아미노산 2개의 차이밖에 없었다고 한다. 이것은 고작 염기 서열 2개의 차이만으로 인간과 침팬지의 언어 능력 차이를 설명할 수 있음을 시사한다. 30억 염기쌍 중에 단 2개의 차이에 의해서란 말이다.

가까운 미래에 지능을 결정해주는 유전자 또한 발견될 것이다. 이 유전자도 언어유전자 FOXP2와 마찬가지로 인간과 침팬지 사이에 아주 사소한 차이를 보일 것으로 예상된다. 게놈 염기 서열의 차이라는 관점에서 들여다보면 인간과 동물의 경계는 참으로 사소하다. 그러나 침팬지는 아무리 뛰어난 침팬지라도 평균 이하의 인간에 비할 바가 못 된다. 아무리 어리석은 인간이라 할지라도 그들은 어떤 침팬지에 비해 우월한 능력과 지능을 가진다. 그 이유는 우리 인간의 게놈에 축적된, 침팬지에서는 찾아볼 수 없는 어떤 본질적 차이 때문이다. 그 본질적 변이를 우리 인류는 지난 600만 년 동안 게놈 내에 차곡차곡 쌓아가면서 오늘과 같은 뛰어난 지능과 품성을 갖게 된 것이다. 생명의 진화 역사로 보면 40억 년의 최정점이요, 영장류의 역사에서 보면 600만 년의 최정점에 이른 진화의 산물이 인간이다. 그 긴 시간 동안 자연선택이라는 자연의 끌로 깎고 다듬어 오늘에 이른 것이니 이 어찌 존귀하다 하지 않을 수가 있으랴!

최근의 분자생물학적 결과를 보면, 우리 현생 인류는 20만 년 전 '아웃 오브 아프리카'를 통해 아프리카를 빠져나와 순식간에 전 세계로 확산되었다. 우리 인간들 간의 게놈 서열 변이는 짧은 시간 동안의 진화에서 유추할 수 있듯이 동질성이 대단히 높다. 침팬지들 간의 게놈 서열 차이와 비교해보면 이러한 동질성은 더욱 돋보인다. 그럼에도 불구하고 우리 눈에는 전 세계에 매우 다양한 인종이 살고 있는 것처럼 보인다. 다른 동물의 눈으로 보면 사실 인간은 서로 너무나 비슷해 구분하기 쉽지 않은 생물종임에도 말이다. 하지만 인간은 모두 제각각이다. 전 세계 70억 인구 중 어느 누구도 유전적으로 동일한 사람은 없다. 지난 50만 년 동안 지구 생태계를 살아온 1,000억 명의 인구 중 어느 누구도 유전적으로 동일한 사람은 없었다(물론 일란성 쌍생아를 제외하고는……).

나는 인간의 존엄성을 여기에서 찾을 수 있다고 생각한다. 인간 한 사람 한 사람이 소중한 이유는 그들 각자가 유일무이한 존재이기 때문이다. 세상의 모든 인간은 50만 년의 긴 인류 역사 동안 단 한 번도 출현한 적 없는 희소한 존재들인 것이다. 유전자 패 섞기를 통해 무한히 다양한 조합의 유전 정보를 가진 개인이 매년 출현하고 있고, 이들은 각자 자신의 잠재력을 이러저러한 방법으로 테스트하면서 자기실현을 위해 애쓰고 있다. 한 인간의 정체성은 우선 유전적으로 결정된다. 게놈 속에 들어 있는 정보에 따라 그 사람의 본성이 결정되고, 일정한 테두리 속에서 한 개인의 품성이 발현된다. 그러나 유전자 숙명론을 받아들일 필요는 없다. 우리의 뇌 속 뉴런 네트워크는 대단히 가변성이 커서 개개인이 어떤 삶의 경험들을 했느냐에 따라 전혀 다른 뉴런 네트워크가 만들어지기 때문이다. 이것은 마치 똑같은 석고상을 가지고 조각을 했는데도 어떤 조각가가 다듬었느냐에 따라 작품의 가치가 달라지는 것처럼, 우리의 뇌도 어떤 경험과 실천을 했느냐에 따라 전혀 다른 인격체로 발전하게 되는 것이다. 바로 이것이 인간 개개인이 각자 자기실현을 위해 힘을 기울여야 하는 이유이다.

최근의 생물학적 연구 성과를 보면 한 개인의 삶의 경험들이 자신의 게놈을 조금씩 변형시키게 되고, 그러한 변형이 심지어 후손에게 전달될 수도 있다고 한다.[*] 21세기에 웬 라마르크의 용불용설이냐고 터무니없는 소리라고 일축할 사람도 있겠지만, 생물학의 흐름으로 보면 한 개인이 획득한 품성 혹은 형질이 후성유전학적 방법[**]으로 자신의 게놈에 새겨지기

---

[*]   The sins of the father (2014) Nature News Feature Vol. 507; p. 22-24.

[**]   후성유전학(Epigenetics)이란 DNA 염기 서열 상의 정보에 따라 유전되는 것이 아닌 다른 방법, 이를테면 DNA 메틸화 패턴의 유전 등에 따른 유전 현상을 말한다. 식물에서 많이 보고된 현상으로 DNA 메틸화가 되면 유전자가 발현되지 못하게 되고, 이런 발현 억제는 DNA 메틸화를 통해 다음 세대에 유전된다. 이러한 후성유전학적 유전 방법에는 DNA 메틸화뿐만 아니라 DNA가 감고 있는 히스톤 단백질의 화학적 변형도 있다. 이를 4부 4장 〈인간 게놈 속 암흑 물질〉에서는 DNA라는 크리

도 하고, 나아가 다음 세대에 전달될 가능성도 다분히 있다. 아마 가까운 미래에 라마르크는 재평가받게 될 것이라 확신한다. 완전한 인격체를 만들기 위해 수양하고 정진하는 우리의 노력들이 결국에는 인간 유전자군(gene pool)***의 변화, 즉 인류의 진화에 도움을 주게 될 것이다.

스마스 트리를 감싸고 있는 장식에 비유했다. 이러한 장식은 희박하기는 하지만 유전될 수 있다.

*** 유전자군은 집단유전학적 개념으로 특정 종을 구성하는 개체들 전체가 가지고 있는 유전자의 총합이라는 의미이다. 우리 인류는 하나의 유전자군을 형성하고 있다.

이일하 교수의 생물학 산책

감사의 말

이 책을 쓰는 내내 옆에서 용기를 돋아주고 삶의 활력을 채워준 사랑하는 아내 양희에게 고마움을 전한다. 일반인의 시각에서 이 글이 어떻게 읽힐지 꼼꼼하게 점검해준 서울대학교 식물발달유전학 연구실의 대학원생과 연구원, 어려운 부분을 쉽게 이해할 수 있도록 간단명료한 그림을 그려준 박장규 그림작가와 전미혜 디자이너, 책을 계획하고 전체적인 틀을 잡는 데 도움을 준 궁리의 변효현 편집팀장에게 깊은 감사를 드린다.

- 리처드 도킨스, 『만들어진 신』, 이한음 옮김, 김영사, 2007.
  『지상 최대의 쇼』, 김명남 옮김, 김영사, 2009.
- 벨크 & 보든, 『생활 속의 생명과학』, 김재근 외 옮김, 바이오사이언스, 2011.
- 에르빈 슈뢰딩거, 『생명이란 무엇인가』, 전대호 옮김, 궁리, 2007.
- 제레드 다이아몬드, 『총, 균, 쇠』, 김진준 옮김, 문학사상사, 2005.
- 제리 코인, 『지울 수 없는 흔적』, 김명남 옮김, 을유문화사, 2011.
- 폴 데이비스, 『생명의 기원 : 제5의 기적』, 고문주 옮김, 북스힐, 2000.
  『파인만의 여섯 가지 물리 이야기』, 박병철 옮김, 승산출판사, 2003.
- 후쿠오카 신이치, 『생물과 무생물 사이』, 김소연 옮김, 은행나무, 2008.

- J. Maniloff (1996) PNAS Vol. 93; 10004-10006. The minimal cell genome: "On being the right size"
- Bottke et al. (2007) An asteroid breakup 160 Myr ago as the probable source of the K/T impactor. Nature Vol. 449; p. 48-53.
- Carvunis et al. (2012) Proto-genes and de novo gene birth. Nature, Vol. 487; p. 370-374.
- Cocconi & Morrison (1959) Searching for interstellar communications. Nature (1959) Vol. 184; p. 844-846.
- E. V. Koonin (2000) Ann Rev. Genomics Hum. Genet. (2000) Vol. 01; p. 99-116.
- Gibson et al. (2010) Creation of a bacterial cell controlled by a chemically synthesized genome. Science Vol. 329; p. 52-56.
- Jeon, K. W. & Ahn, T. I. (1978) Temperature sensitivity: A cell character determined by obligate endosymbionts in amoebas. Science Vol. 202; p. 635-637.
- L. T. Morran et al. (2011) Running with the red queen: host-parasite coevolution selects for biparental sex. Science Vol. 333; p. 216-218.
- Nature (2007) News & Views; Lethal billiards. Vol. 449; p. 30-31.
  (2010) News Feature; Revenge of the hopeful monster. Vol. 463; p. 864-867.
  (2012) ENCODE explained. Vol. 489; p. 52-54.
- Science (2012) ENCODE project writes eulogy for junk DNA. Vol. 337; p. 1159-1160.
  (2012) News & Analysis; Flu controversy spurs research moratorium. Vol.335; p. 387-389.
  (2013) News Focus; The life force. Vol. 342; p. 1032-1034.
  (2013) News Focus; The man who bottled evolution. Vol. 342; p. 790-793.
  (2013) News Focus; Veterinarian-in-chief. Vol. 341; p. 122-125.
- Wu et al. (2011) De novo origin of human protein-coding genes. PLoS Genet 7; e1002379

이일하 교수의 생물학 산책